Zum ersten Mal in der Geschichte wagt sich ein Wissenschaftler an die Ergründung unseres heiligsten Festes. Fragen von eminenter Bedeutung gilt es zu klären: Kann der Rentierschlitten des Weihnachtsmannes wirklich so schnell fliegen, dass er es schafft, über 800 Millionen Haushalte an einem einzigen Abend anzusteuern? Stimmt die Theorie, dass seine Leibesfülle auf einen genetischen Defekt und Rentier Rudolfs rote Nase auf eine arktische Virusinfektion zurückzuführen ist? Wie kam es zur Jungfrauengeburt? Welcher evolutionsbiologische Sinn steckt hinter dem Schenktrieb?

Der Autor Roger Highfield ist Herausgeber des *New Scientist*, der weltgrößten Zeitschrift für Wissenschaft und Technologie. Er hat zahlreiche Artikel und Bücher veröffentlicht und moderiert regelmäßig populäre naturwissenschaftliche Sendungen bei der BBC.

ROGER HIGHFIELD

Warum ist der Weihnachtsmann so dick?

DIE WISSENSCHAFT DER WEIHNACHTSZEIT

Deutsch von Anita Ehlers

Rowohlt Taschenbuch Verlag

In Erinnerung
an meinen Vater

Die deutsche Erstausgabe erschien 2000
unter dem Titel «Können Engel fliegen?»
im Rowohlt Verlag GmbH, Reinbek bei Hamburg.

Neuausgabe November 2009

Veröffentlicht im Rowohlt Taschenbuch Verlag,
Reinbek bei Hamburg, November 2000
Copyright © 1999 by Rowohlt Verlag GmbH,
Reinbek bei Hamburg
«Can Reindeer Fly? The Science of Christmas»
Copyright © 1998 by Roger Highfield,
erschienen bei Metro Books, London
Umschlaggestaltung ZERO Werbeagentur, München
(Illustrationsnachweis: FinePic, München)
Satz Apollo MT (InDesign) bei
Pinkuin Satz und Datentechnik, Berlin
Druck und Bindung CPI – Clausen & Bosse, Leck
Printed in Germany
ISBN 978 3 499 62593 0

INHALT

DANKSAGUNG

*Ich habe mit diesem Büchlein den Geist eines Gedankens
beleben wollen, der meine Leser nicht mit sich selbst,
miteinander, mit der Jahreszeit oder mit mir uneins
machen soll. Er möge ihr Haus auf angenehme Weise
erfüllen, und niemand möge ihn vertreiben wollen.*
Ihr treuer Freund und Diener,
C. D.
Dezember 1843

Wie Charles Dickens im Vorwort zum *Weihnachtslied* möchte auch
ich «den Geist eines Gedankens beleben».

In Dickens' klassischem Buch offenbaren die Geister der Weihnacht aus Vergangenheit, Gegenwart und Zukunft dem Geizkragen
Ebenezer Scrooge den wahren Sinn und Geist von Weihnachten
und verwandeln ihn in ein überzeugendes Symbol der Wohltätigkeit.

Auch ich möchte den Leser wie ein guter Geist bei der Hand
nehmen, um ihm die Weihnachtszeit zu erhellen und ihm die Festtage mit ihren Bräuchen aus einer ungewohnten Sicht zu zeigen,
nämlich der der Wissenschaft.

Die Weihnachtszeit mit ihren Festlichkeiten bietet willkommenen Anlass, eine Vielzahl von Bereichen zu erkunden, die von
der Biotechnologie und den Fraktalen bis zur Neuropharmakologie und Nanotechnologie reichen. Ich würde mich freuen, wenn
ich Ihnen Appetit auf die Wissenschaft machen oder zumindest
Ihre Neugierde wecken könnte. Jede Veränderung in Ihrer Ein-

stellung zur Wohltätigkeit wäre natürlich eine willkommene Dreingabe.

In den vergangenen zehn Jahren habe ich alljährlich zu Weihnachten für den *Daily Telegraph* über wissenschaftliche Fragen geschrieben, die der Jahreszeit entsprachen. Ich danke meinem Redakteur Charles Moore und seinem Vorgänger Max Hastings, dass sie mich gewähren ließen. Gulshan Chunara war mir wie immer eine unschätzbare Hilfe. Viele Anregungen zu Teilen dieses Buchs gehen auf Gespräche mit meinen Kollegen Aisling Irwin, David Johnson, Laura Spinney, Tom Standage und Robert Uhlig zurück.

John Brockman und Katinka Matson ermutigten mich, einen ersten Entwurf zu unterbreiten. Großer Dank gilt auch Little Brown, Metro und Rowohlt, die dieses Projekt unterstützt haben, und insbesonders Rick Kot für seine warmherzige Bestätigung und Hilfe. Es war zudem eine Freude, an einem dritten Buch mit Susanne McDadd von Metro zusammenzuarbeiten.

Ich möchte folgenden Menschen und Organisationen danken, die mir geholfen haben, der Wissenschaft hinter den Weihnachtsfeierlichkeiten auf die Spur zu kommen: Leonard Adleman, Denis Alexander, Anthony Astbury, Linda Bartoshuk, Gerard Bond, dem British Antarctic Survey, Donald Brownlee, L. P. Bucklin, Stephen Burley, David Cheal, Chris Clayton, Malcolm Cooper, Winnifred Cutler, Piero Dolara, Jonathan Dorfman, Jeffrey Friedman, Takanari Gotoda, Steven Guest, Alan Hirsch, Nina James, Steve Jones, Barry Kemp, Krishna Podila, Sir Harry Kroto, Laurie Lucchina, Patrick McGovern, George Masterton, Dale Matthews, Wendy Mechaber, John Metz, Michael Molnar, John Moore, Kenneth Pargament, David Peel, Raj Persaud, David Phillips, Bill Proebsting, Sir Martin Rees, Norman Rosenthal, Nigel Scott, David Skuse, John Maynard Smith, Kristina Staley, Andrew Strassman, Joergen Taageholt, Fred Turek, UNICEF, Alan Watkins, George Williams und Ian Wilmut.

Ronald Parkinson vom Victoria and Albert Museum in London hatte die Freundlichkeit, mir einen Vormittag zu widmen, um über die riesige Sammlung von Weihnachtskarten des Museums zu reden. Linda Capper war eine große Hilfe, als es darum ging, Kontakt zu den Mitarbeitern der British Antarctic Survey aufzunehmen.

Eine Reihe von Menschen haben Teile des Buchs oder auch das ganze Manuskript gelesen, um sicherzustellen, dass die wissenschaftlichen Fakten verständlich dargestellt sind. Dafür danke ich: meiner Frau Julia, meinen Eltern Ron und Doris Highfield und meinen Freunden Samira Ahmed, Peter Coveney, Tony Manzi, Eamonn Matthews, Brian Millar, Sharon Richmond und Martin Winn. Der Reverend Dr. John Platt vom Pembroke College, Oxford, verdient Erwähnung, weil er mir freundlich versicherte, dass die religiösen Abschnitte meines Buchs nicht blasphemisch sind.

Besonderer Dank gilt Graham Farmelo vom Science Museum für seine vielen und konstruktiven Hinweise aufgrund der ersten Fassung, Robert Matthews für seine Rechenbegabung und seine Kenntnis von Murphys Gesetz, und meiner Mutter, die mir deutsche Artikel und Weihnachtsbücher übersetzt hat.

Ich stehe in der Schuld einer Reihe von Wissenschaftlern, die mir ihre Meinung zu Teilen dieses Buchs mitteilten. Ich behandele in meinem Buch so viele Bereiche, dass ich mir einer Sache ganz sicher bin: Eine Reihe von Schnitzern sind geblieben, für die allein ich verantwortlich bin. Ich danke den Folgenden, die mir geholfen haben, die schlimmsten zu beheben: Miguel Alcubierre, Peter Atkins, Peter Barham, Sam Berry, David Bonthron, Roy Bradshaw, Roger Buckland, Carole Burgoyne, Linda Capper, David Clary, Roger Cone, Cary Cooper, Peter Coveney, Glenn Cox, Peter Davies, Dan Dietrich, Robert Fast, Sabine Eber, Ron Evans, Matthew Freeman, Adrian Furnham, David Gems, Alexei Glebov,

Richard Gross, Rose Gubitosi-Klug, Sunil Gupta, Laurance Hall, Odd Halvorsen, Patrick Harding, James Horne, David Hughes, Ilpo Huhtaniemi, Colin Humphreys, Dan Keathley, David Kelly, Gerd Kempermann, Harold Koenig, Tom Lachlan-Cope, Michel Laroche, Dale Lewison, Robin Lovell-Badge, Patrick McElduff, Stanley McKnight, Neil Martin, Dave Mela, Randolf Menzel, Daniel Miller, Les Noble, Adrian North, José Pardo, Daniele Piomelli, Caroline Pond, David Price-Williams, Wolf Reik, Allen Riordan, Margaret Robins, Delwen Samuel, Larry Silverberg, Gene Stanley, Ian Stewart, Scott Swartzwelder, Luca Turin, Mark Uncles, Dietmar Voelkle, Nigel Weatherill, Bernard Wentworth, Diederik Wiersma, Andy Yeatman und Timothy Zwier.

Gott segne uns alle!

EINLEITUNG

Die Wissenschaft der Weihnachtszeit

Schon in dem Namen
Weihnachten scheint ein Zauber zu liegen.
Charles Dickens, *Londoner Skizzen*

Welches Bild haben Sie von Weihnachten? Knirschender Schnee, Glühwein und mit Lametta behangene Christbäume? Oder Weihnachtslieder, Familientreffen und bunte Weihnachtskarten? Wissenschaft ist vermutlich das Letzte, was Sie mit den Festtagen in Verbindung bringen, und doch ist Weihnachten auch eine Zeit, die man zum Anlass nehmen kann, sich über Forschungsergebnisse auf vielen wissenschaftlichen Gebieten zu freuen.

Chemiker sind in der Weihnachtsküche am Werk. Thermodynamiker haben Gleichungen aufgestellt, die uns helfen, die Weihnachtsgans so knusprig wie möglich zu braten. Pharmakologen sind dem Stoffwechsel des Gehirns auf die Spur gekommen und erklären uns, warum Schokolade süchtig macht, und Ärzte durchleuchten mit Scannern das Innere ihrer Patienten, um zu sehen, wie ihnen der Nachtisch bekommt.

Meteorologen haben jeden Aspekt des Schneezyklus untersucht, von der Bildung eines Eiskristalls hoch oben am Himmel bis zu den Spuren vergangener Weihnachten tief im Packeis. Klimatologen nutzen diese Daten, um weiße Weihnachten bis weit in die Zukunft hinein vorauszusagen. Einige von ihnen brüten sogar über ausgefallenen Verfahren, die uns jedes Jahr weiße Weihnachten garantieren.

Psychologen analysieren, was hinter Weihnachtskarten und Geschenken steckt und was sie über unseren gesellschaftlichen Status besagen, während Anthropologen nach dem Sinngehalt der Feste in heidnischen Riten suchen, die schon lange vor Christi Geburt begangen wurden, als unsere Vorfahren in langen Winternächten befürchteten, die Sonne würde für immer verschwinden. Die Ursprünge der Feiern in der Dunkelheit der Vorgeschichte betonen vielleicht den wichtigsten Aspekt von Weihnachten: Jeder ist eingeladen. Heute fallen die traditionellen Weihnachtsfeiern praktisch mit dem jüdischen Chanukka-Fest und dem Erntefest Kwanzaa der Afroamerikaner zusammen. Die Botschaft dieser Jahreszeit – Hoffnung und Nächstenliebe – gilt für alle: Christen, Juden, Hindus, Moslems, Buddhisten, sie gilt sogar für Wissenschaftler und Technologen.

Ich beschäftige mich schon seit über einem Jahrzehnt mit der Wissenschaft von Weihnachten. Als ich begann, mich dafür zu interessieren, ahnte ich nicht, welche Vielfalt von Einsichten sich schließlich ergeben würde. Nehmen Sie zum Beispiel die fliegenden Rentiere, die rotweißen Farben, in die sich der Nikolaus kleidet, und seine unverdrossen gute Laune. Es handelt sich keinesfalls um wunderliche Erfindungen, sondern hat einen wissenschaftlichen Hintergrund und schließt an den bei antiken Ritualen üblichen Genuss halluzinogener Pilze an. Hinzuzufügen wäre, dass die Fettleibigkeit des Weihnachtsmanns erblich bedingt ist und er inzwischen Diabetes hat. Er lebt nicht am Nordpol, sondern zieht die Wärme einer Mittelmeerinsel vor der türkischen Küste vor. Und dort, an seiner Seite, finden wir eher eine Rosie als einen

Rudolph. (Rudolph wird üblicherweise mit einem Geweih gezeigt, aber männliche Rentiere werfen ihren krönenden Hauptschmuck zur Weihnachtszeit gewöhnlich ab.)

Am Anfang habe ich mich darüber gewundert, dass der Nikolaus es schafft, die Erde bei jedem Wetter zu umrunden, Abermillionen von Geschenken zu transportieren und mit unfehlbarer Treffsicherheit auf all diesen Dächern zu landen. Die Antwort liegt in den unvergleichlichen Forschungsressourcen, die ihm zur Verfügung stehen, und in seinem umfassenden Wissen, unter anderem in den Bereichen Gentechnik, Computerwesen, Nanotechnologie und Quantengravitation (siehe Glossar). Die Erfahrungen, die ich beim Schreiben dieses Buchs gemacht habe, erschüttern die Vorstellung, dass die materialistischen Einsichten der Wissenschaft unserer Fähigkeit zum Staunen abträglich sind und die Welt langweiliger und vorhersagbarer machen. Bei mir ist es genau umgekehrt. Ich kann mich noch an den Tag erinnern, an dem sich bei mir als Kind die Überzeugung festsetzte, dass es keinen Weihnachtsmann gibt. Jetzt, da ich den Nikolausmythos durch das Prisma der Naturwissenschaft sehe, ist er für mich wirklicher denn je. Ich glaube sogar, dass Wissenschaft und Technik etwas Licht in eine tiefere Frage bringen können: Wo liegt der Ursprung von Weihnachten? Wenn wir die jahrhundertealten Schichten ablösen, sehen wir, dass das Fest ein Amalgam vieler Einflüsse ist – deutsche, holländische, englische, amerikanische, christliche wie heidnische Traditionen gingen eine Verbindung ein – und sich über Jahrtausende hin entwickelt hat.

Dass sich das alte winterliche Fest über den ganzen Globus verbreitete, verdanken wir der industriellen Revolution vor 150 Jahren. Deren technische Möglichkeiten – Massenkommunikation und Verkehr – machten damals die «Christmette», den Gottesdienst, der die Geburt Jesu Christi feiert, und viele andere Traditionen weit über ihre Ländergrenzen hinaus bekannt. Besonders heftig prallten alte Traditionen und das wissenschaftlich-technische Zeitalter im viktorianischen England aufeinander, als Neuerungen die Gesellschaft auf vielen Gebieten und in rasantem Tempo veränderten. Auf dem Gebiet der Naturwissenschaften gehörten Darwins Gedanken zur natürlichen Selektion, Joules Arbeit zur Thermodynamik und Faradays Untersuchungen zu Magnetismus, Licht und Elektrizität dazu. Im Bereich der verwandten Disziplinen Ingenieurwesen und Technologie konstruierte Babbage damals seine Rechenmaschine, während Informationstechniker das Land mit einem Netz von Telegraphendrähten überzogen. Dampfhammer, Dampfschiff und Dampflokomotive schienen alte Gewissheiten zu zerstören. Durchbrüche in der Kommunikationstechnologie – von der Dampflok bis zum Fernschreiber – ermöglichten die weite Verbreitung und Vereinheitlichung alter christlicher und heidnischer Bräuche und erschlossen sie damit dem Massenkonsum. All das hat viel von dem geprägt, was wir heute unter einem «traditionellen» Weihnachtsfest verstehen.

Die hektischen vierziger Jahre des vorigen Jahrhunderts waren auch die Zeit, in der die Naturwissenschaften zu einer eigenen Disziplin wurden. William Whewell, Universalgelehrter und Mitglied der Royal Society, prägte das Wort «Scientist» in seinem zweibändigen Werk *The Philosophy of the Inductive Sciences*. Dieser lateinisch-griechische Zwitter wurde (zu Unrecht) als «barbarischer amerikanischer Dreisilber» angegriffen. Aber der Druck, dieser immer einflussreicheren Gruppe von Neuerern einen Namen zu geben, war überwältigend.

In diesem Jahrzehnt wurde in England ein bis heute unentbehrlicher Teil des deutschen Weihnachtsfestes eingeführt. 1840 stellten Königin Victoria und ihr deutscher Prinzgemahl Albert auf Schloss Windsor zum ersten Mal einen Weihnachtsbaum auf. Die Königin vermerkte, dass dieser deutsche Brauch «den lieben Albert sehr berührte. Er wurde blass und hatte Tränen in den

Augen». Acht Jahre später veröffentlichte die *Illustrated London News* ein Bild von Victoria und Albert neben dem Baum, und das führte zu einem der berühmtesten Weihnachtsbräuche in England.

Etwa zur gleichen Zeit, in der man den Begriff «Naturwissenschaftler» einführte und Albert seinen Christbaum bewunderte, etablierte Henry Cole eine andere Weihnachtstradition. Henry Cole war ein außergewöhnlicher Mensch, dessen Verdienste von der Gründung des Victoria and Albert Museums bis hin zur Organisation der Großen Weltausstellung reichten. Er beschloss, die Last des Briefeschreibens an Weihnachten zu reduzieren, indem er Massenkommunikation und Kunst verband. Coles Erfindung, die Weihnachtskarte, machte sich noch eine weitere Entwicklung zunutze, an der er ebenfalls Anteil hatte – die Postkarte. Die erste Postkarte wurde 1843 gedruckt und kostete einen Schilling, was dem Tagelohn eines Arbeiters entsprach. Nach zwei Jahrzehnten war der Preis dank der vielen technischen Neuerungen der Zeit, insbesondere des billigen Farbdrucks, drastisch gefallen, und die Weihnachtskarte wurde zu einem Massenartikel.

Henry Cole sah die Karte als die Volkskunst der industriellen Revolution, und sie wurde zum größten Verbreiter der weihnachtlichen Ikonographie, deren Bilder von bizarren Charakteren mit Puddingköpfen bis zu Mannequins in weihnachtlicher Kostümierung reichten, nicht zu vergessen die konventionelleren Motive mit Mistel- und Stechpalmenzweigen, Wichtelmännern und Kaminszenen. Die Karten wurden nicht einfach auf Papier gedruckt, sondern auch vergoldet, mit Glitter beklebt und mit Seiden- und Satinbändern verziert. Einige konnten sogar quieken.

An der Abbildung eines der vertrautesten Charaktere, des Nachfahren des heiligen Nikolaus aus dem vierten Jahrhundert, lässt sich der Einfluss nachvollziehen, den Wissenschaftler, Ingenieure und Techniker im Kielwasser der Pioniere Henry Cole,

Prince Albert und William Whewell um die Mitte des vorigen Jahrhunderts hatten. Ich spreche natürlich von dem dicken Mann mit dem weißen Bart.

Eine 1888 gedruckte, mit Seidenbändern verzierte Karte zeigt, wie der damalige Weihnachtsmann sich bereits die neueste Kommunikationstechnik zunutze macht, um den Zugang zu seinem Markt zu verbessern. Die auf der Karte gezeigte Gestalt ist ganz offensichtlich mit etwas beschäftigt, was man nur als eine Konferenzschaltung bezeichnen kann, und hört sich an, welche Geschenke sich mehrere Kinder gleichzeitig wünschen. Das Telefon, das all das ermöglichte, hatte Alexander Graham Bell erst ein Jahrzehnt zuvor patentieren lassen. In den neunziger Jahren des vorigen Jahrhunderts wurde der Nikolaus ohne Schlitten und Rentiere dargestellt, da er die Geschenke lieber mit Hilfe «der neuen französischen Monstrosität» verteilte, des Automobils. Eine Weihnachtskarte aus dem Jahr 1929 zeigt ein anderes neumodisches Gerät – das Radio. Nikolaus scheint wie hypnotisiert von der knisternden Botschaft, die er über den Äther erhält: «You're in my Christmas circuit / And on the waves of thought / A Happy Christmas and New Year / To you is gladly brought.» (Du bist in meinem weihnachtlichen Schaltsystem und in meinen Gedankenwellen, die fröhlich ein glückliches Weihnachtsfest und ein glückliches Neues Jahr wünschen.) Das Radio war das erste Massenmedium, das die Neigung, das Weihnachtsfest hinter verschlossenen Türen zu feiern, förderte. Der Nikolaus war erneut ein Pionier der Technik, als er Weihnachten 1937 auf einer Coca-Cola-Reklame nach einem kühlen Erfrischungsgetränk griff. Die Quelle seiner Erfrischung war ein Kühlschrank, während es in den meisten amerikanischen Haushalten damals noch Eiskästen gab. Inzwischen findet man den Weihnachtsmann im Cyberspace, alle Jahre wieder jagen digitale Bilder seiner pummeligen Gestalt durch die internationalen Computernetzwerke und senden joviale

Weihnachtsgrüße in alle Welt. Henry Cole würde sich wundern, welche Verbreitung seine Erfindung heute hat. Aber um die Mitte des letzten Jahrhunderts passierte noch mehr. Als Cole seine erste Karte verschickte, erschien in einem rotgoldenen Einband das größte und einflussreichste aller Weihnachtsbücher.

Das *Weihnachtslied* von Charles Dickens wurde am 19. Dezember 1843 von Chapman und Hall veröffentlicht. Schon am Heiligen Abend waren 6000 Exemplare verkauft, was das Buch zur erfolgreichsten Publikation des Jahres machte. Innerhalb von zwei Monaten kam es – ohne Lizenz – in acht Inszenierungen auf die Bühne. Die Anregung zu dem Buch hatte der Briefwechsel zwischen Dickens und dem Philanthropen Lord Ashley gegeben. Dickens war entsetzt über den Einfluss, den das Maschinenzeitalter auf die Gesellschaft hatte, insbesondere über die schrecklichen Bedingungen, unter denen Kinder in Bergwerken und Fabriken arbeiten mussten. Er begann die Arbeit an seiner berühmten Weihnachtsgeschichte, um, wie er sagte, mit dem «Vorschlaghammer» gegen diese Übel des industriellen Zeitalters anzugehen. Eine Zeitung nannte das *Weihnachtslied* «sublim», der Schriftsteller Thackerey bezeichnete es als «eine nationale Wohltat». Lord Jeffrey sagte Dickens, es habe «mehr positive Wohltätigkeit bewirkt als alle Kanzeln und Beichtstühle der Christenheit».

So waren die vierziger Jahre des 19. Jahrhunderts Zeugen eines merkwürdigen Zusammentreffens – die ersten Naturwissenschaftler, der erste Weihnachtsbaum, die erste Weihnachtskarte und das Weihnachtsbuch aller Weihnachtsbücher. Anderthalb Jahrhunderte später beeinflusst die Naturwissenschaft noch immer die Festtage, indem sie neue Technologien einführt, ob es nun geklonte Weihnachtsbäume, Weihnachtsgrüße im Internet oder diese nervtötenden Glückwunschkarten sind, die unablässig dasselbe Weihnachtslied dudeln.

Und damit zur Wissenschaft der Weihnachtszeit ...

Roger Highfield
Greenwich, Weihnachten 1997

1. KAPITEL

Der Stern
von Bethlehem

Wisst ihr noch, wie es geschehn?
Immer werden wir's erzählen:
Wie wir einst den Stern gesehn
Mitten in der dunklen Nacht.

Hermann Claudius (1939)

Es ist zweitausend Jahre her, seit die Weisen aus dem Morgenland ihn sahen, und noch immer streiten sich die Astronomen über den Stern von Bethlehem. Sie haben viele Erklärungen für diesen Verkünder der Geburt Jesu Christi: ein Komet, die Geburt eines neuen Sterns, der Tod eines alten, eine Konjunktion von Planeten, eine scheinbare Verzögerung in einer Planetenbahn oder sogar die Sichtung des damals noch unbekannten Planeten Uranus.

Vermutlich – und das ist weniger bekannt – war der Stern nicht das leuchtende Objekt, das auf Weihnachtsbildern und -karten zu sehen ist: Dem König Herodes und all seinen Hohepriestern und Schriftgelehrten ist er offenbar nicht aufgefallen, und der Evangelist Matthäus sagt nichts davon, dass er «hell» gewesen sei. Der Stern leuchtet erst in den frühchristlichen weniger verlässlichen apokryphen Evangelien. So erklären die Weisen im

Protoevangelium des Jakobus, das nicht in den Kanon des Neuen Testaments aufgenommen wurde: «Wir haben gesehen, wie ein unbeschreiblich großer Stern unter den Sternen leuchtete und ihr Licht dämpfte.»

Himmelskörper brauchten nicht unbedingt hell zu leuchten, damit die Weisen sie faszinierend fanden. Die Magier früherer Zeiten schrieben kosmischen Ereignissen und Konstellationen eine Bedeutung zu, die dem Denken der modernen Kollegen völlig fremd ist. Das lässt sich an der Übersetzung des griechischen *magoi* ablesen. In Luthers Übersetzung sind es «Weise», in der Einheitsübersetzung «Sterndeuter». Wie gute Anthropologen müssen wir versuchen, den Himmel mit den Augen und im Geist der Antike zu sehen, wenn wir verstehen wollen, warum dieser Stern in der babylonischen Gesellschaft der Magier eine so große Rolle spielte.

Eine der wenigen Erwähnungen des Sterns findet sich bei Matthäus 2,1–12, wo es heißt: «Als Jesus geboren war zu Bethlehem im jüdischen Lande, zur Zeit des Königs Herodes, siehe, da kamen die Weisen vom Morgenland gen Jerusalem und sprachen: ‹Wo ist der neugeborne König der Juden? Wir haben seinen Stern gesehen im Morgenland und sind gekommen, ihn anzubeten.›» Einige Theologen tun diesen Hinweis auf den Stern als eine Geschichte ab, die erfunden wurde, um die alttestamentarische Prophezeiung 4. Mose 24,17 zu erfüllen: «Es wird ein Stern aus Jakob aufgehen und ein Szepter aus Israel aufkommen.» Die Erfüllung einer solchen Vorhersage wäre eine Glaubenshilfe gewesen und mit Sicherheit als biblisches Äquivalent zu «Ich hab es ja gesagt!» erwähnt worden. Das Matthäus-Evangelium ist voller Hinweise auf das Alte Testament, aber eine solche «Erfüllungsaussage» zum Stern gibt es nicht. Wenn wir also zu dem Schluss kommen, dass diese Himmelserscheinung echt war und nicht etwas, was man sich ausdachte, damit eine alttestamentarische Prophezeiung in Erfüllung ginge, stellt sich die Frage, was die Weisen gesehen haben.

Wenn wir erfahren wollen, was hinter dem Stern von Bethlehem steckt, müssen wir im Grunde nur alle Hinweise aus der Bibel sammeln, herausfinden, wie der Himmel zur Zeit von Christi Geburt aussah, und unter den Sternen nach geeigneten Kandidaten suchen. Wenn das nur so einfach wäre, wie es sich anhört, meint Colin Humphreys von der Universität Cambridge, der sich mit der Theorie des Sterns von Bethlehem beschäftigt hat: «Die Probleme, die sich ergeben, wenn man den Stern von Bethlehem als astronomisches Objekt erforscht, sollten nicht unterschätzt werden.» Nach Meinung eines weiteren Sternenjägers, David Hughes, Dozent für Astronomie an der Universität Sheffield, lassen sich aus den wenigen Erwähnungen in der Bibel nur schwer sichere Schlüsse ziehen: «Wenn es um die Deutung der Tatsachen geht, muss man auswählen, denn alle kann man nicht berücksichtigen.» Ein Beispiel ist die Beschreibung der Bewegungen des Sterns in Matthäus 2,9–10: «Und siehe, der Stern, den sie im Morgenland gesehen hatten, ging vor ihnen hin, bis dass er kam und stund oben über, da das Kindlein war. Da sie den Stern sahen, wurden sie hoch erfreut.»

Solche Behauptungen fordern Widerspruch heraus. Nach Hughes sind «astronomische Objekte sehr weit entfernt und gehen nicht vor Menschen her, bleiben auch nicht stehen und deuten auf ein bestimmtes Haus in einem Städtchen wie Bethlehem». Humphreys meint jedoch, dass dieser biblische Hinweis Aufschluss über die wahre Identität des Sterns gebe. «Ich habe ziemlich viel Zeit mit dem Durchforsten alter historischer und astronomischer Literatur verbracht und dabei zwei weitere Hinweise gefunden, in denen es hieß, ein Stern sei über einem Ort ‹stehen geblieben›; beide Male waren es Kometen.» Kometen sind Brocken gefrorener Materie, die auf langgezogenen Bahnen um die Sonne rasen und einen leuchtenden Schweif elektrisch geladener Teilchen ausbilden, wenn sie sich auf ihrem Weg zur Sonne erwärmen.

Vielleicht hat es den Stern nie gegeben. Hat Matthäus ihn erfunden, um die Geschichte von der Geburt Jesu auszuschmücken? Jedenfalls stellt er ihn nicht so übertrieben dar wie Jakobus, der als Verfasser des obenerwähnten apokryphen Evangeliums und traditionsgemäß als Bruder Jesu gilt. Eine ähnliche Beschreibung findet sich in den Briefen des Ignatius, der im ersten nachchristlichen Jahrhundert Bischof von Antiochien war und von einem Stern erzählt, der «alle Himmelslichter überstrahlte und dem Sonne und Mond huldigten». Ich schließe mich der Meinung von Hughes an, der meint: «Matthäus war ein ehrlicher Mensch und sagte, wie es war.» Leider ist Matthäus der einzige Evangelist, der den Stern erwähnt. Lukas erzählt von Hirten und ihrer Herde, erwähnt aber keine Weisen und schon gar nicht den von ihnen gesuchten Stern. Markus und Johannes erzählen nur vom erwachsenen Jesus.

Die Deutung der spärlichen Hinweise auf den Stern ist schwierig. Wenn wir die Astronomie vor zwei Jahrtausenden bedenken, gab es weder gutauflösende Fernrohre noch die Astrophysik: Auf die Idee, dass Planeten etwas anderes sein könnten als Sterne, waren die Menschen noch nicht gekommen. Stattdessen interessierte man sich für die Stellung der Sterne zueinander und für die Bewegung dieser Lichtpunkte. Wir könnten auch leichter herausfinden, welcher Stern es war, wenn wir wüssten, wann Jesus geboren wurde. Dann könnten wir mit Hilfe eines Computerprogramms von dem Himmel, den wir heute sehen, auf den schließen, den die Weisen in jener historischen Nacht sahen. Aber wir kennen das genaue Datum der Geburt Christi nicht.

Jesus wurde nicht Anno Domini 1 geboren, obwohl Anno Domini «im Jahr des Herrn» heißt. Unser jetziger Kalender löste den ab, der am 1. Januar 45 vor Christus von Julius Cäsar eingeführt wurde. Die Römer hatten im ersten vorchristlichen Jahrhundert damit begonnen, *ab urbe condita* (seit der Gründung Roms) zu zählen, aber im sechsten Jahrhundert beantragte Dionysius Exiguus, ein in Rom lebender Mönch, dass die christliche Zeitrechnung mit einem einzigartigen Ereignis von weitreichender religiöser Bedeutung, dem mutmaßlichen Jahr von Christi Geburt, beginnen solle. Unsere heutige Zeitrechnung folgt seinem System. Als der Mönch die Geschichte des Römischen Reiches zusammenrechnete, übersah er jedoch leider vier Jahre der Herrschaft des Kaisers Octavian (der später den Titel Augustus erhielt), was den Schluss nahelegt, dass Christus im Jahre 4 vor Christus geboren wurde.

Man könnte auch versuchen, Jahr und Tag von Christi Geburt von seiner Kreuzigung zurückzuberechnen. Nach den Evangelien fand sie statt, als Pontius Pilatus Statthalter in Judäa war, dem Zeugnis des berühmten jüdischen Geschichtsschreibers und Pharisäers Josephus Flavius zufolge also zwischen 26 und 36 nach Christus. Colin Humphreys berechnete den Tag der Kreuzigung aufgrund der blutroten Mondfinsternis, die laut biblischer (Mt 27,45; Mk 15,33; Lk 23,44) und anderer Hinweise auf die Kreuzigung folgte, und erhielt so das Datum Freitag, den 3. April im Jahr 33. Wir wissen jedoch nicht genau, wie alt Jesus bei seinem Tode war: Lukas sagt, er sei «etwa dreißig» gewesen, als er begann, öffentlich zu wirken, und an anderer Stelle in der Bibel wird gesagt, dass er noch keine fünfzig Jahre alt war.

Die Bibel gibt noch weitere Hinweise auf das Geburtsdatum. Jesus wurde während der Regierungszeit des Kaisers Augustus geboren, was unsere Suche auf die Zeit zwischen 44 vor und 14 nach Christus einschränkt. Matthäus und Lukas erwähnen übereinstimmend, dass Jesus während der Regentschaft des Königs Herodes geboren wurde. Herodes der Große starb nach allgemeiner Meinung im Frühjahr des Jahres 4 vor Christus, obwohl auch andere Daten (5 vor, 1 vor und 1 nach Christus) vorgebracht wurden. Nachfolger war sein Sohn Herodes Antipas (21 vor bis 39 nach Christus), der während des öffentlichen Wirkens Jesu regierte. Das engt die Zeitspanne für seine Geburt zwar ein, reicht aber nicht aus, um zu klären, was die Weisen aus dem Morgenland suchten.

Matthäus 2,16 gibt den Astronomen noch einen weiteren Hinweis, über den sie sich den Kopf zerbrechen können: «Herodes … schickte aus und ließ alle Kinder zu Bethlehem töten und an ihren Grenzen, die da zweijährig und drunter waren, nach der Zeit, die er mit Fleiß von den Weisen erlernet hatte.» Jesus wurde also wahrscheinlich mindestens zwei Jahre vor Ende der Herrschaft des Herodes geboren.

Ein weiterer Hinweis auf das Geburtsjahr lässt sich einem Hinweis auf eine römische Volkszählung entnehmen, die Joseph und die schwangere Maria zwang, nach Bethlehem zu reisen (Lukas 2,1–7): «Es begab sich aber zu der Zeit, dass ein Gebot von dem Kaiser Augustus ausging, dass alle Welt geschätzt würde. Und diese Schätzung war die allererste und geschah zur Zeit, da Cyrenius Landpfleger in Syrien war. Und jedermann ging, dass er sich schätzen ließe, ein jeglicher in seine Stadt.» Bei der Deutung dieser scheinbar einfachen Aussage betritt man allerdings ein Minenfeld der Widersprüche. Wir kennen keinen offiziellen Bericht über eine Volkszählung unter Publius Sulpicius Quirinius, der 6 nach Christus Statthalter wurde. Er führte zwar 6–7 nach Christus eine Volkszählung durch, aber in Judäa, nicht in Galiläa. Lukas 2,1–5 gibt einen Hinweis auf eine Volkszählung durch den Kaiser Augustus etwa zur Zeit von Jesu Geburt, und es gibt auch wohldokumentierte Belege für drei unter Augustus durchgeführte Volkszählungen in den Jahren 28 vor, 8 vor und 14 nach Christus, aber diese betreffen nur Römer. Es scheint weit vom Schuss, aber Colin Humphreys verweist darauf, dass der Historiker Orosius, der im fünften Jahrhundert lebte, und auch Josephus Flavius um die Zeit von Jesu Geburt von einem Treueeid für Augustus berichten. Vielleicht hatte Lukas das gemeint. Verwirrend? Über die im Neuen Testament erwähnte Volkszählung ist schon viel geschrieben worden. Wir brauchen hier nicht näher darauf einzugehen, sondern begnügen uns damit, dass viele Forscher nach Abwägung der zur Verfügung stehenden Hinweise annehmen, dass Jesus zwischen 4 und 7 vor Christus geboren wurde.

Diese Zeitskala schließt einige mögliche «Sterne» aus. Nicht in Frage kommen Halleys Komet, 12 vor Christus, oder die Konjunktion von Venus und Jupiter am 12. August im Jahre 3 und am 17. Juni im Jahre 2 vor Christus. (Letzteres ist ein Jammer, da Venus am 17. Mai 2000 wieder scheinbar mit Jupiter verschmelzen wird, was eine mögliche Wiederkehr des Herrn nahelegen könnte – die Konjunktion wird aber wegen ihrer Sonnennähe nicht mit bloßem Auge zu sehen sein.)

Mit ähnlicher Detektivarbeit können wir uns an die Jahreszeit der Geburt Jesu herantasten. Das Datum 25. Dezember ist unwahrscheinlich. Wenn man eine andere Ikone der Geburt Christi heranzieht, die von Lukas (2,8) erwähnten Hirten, sind Frühling oder auch Herbst wahrscheinlicher. «Und es waren Hirten in derselbigen Gegend auf dem Felde bei den Hürden, die hüteten des Nachts ihre Herde.» Die Hirten blieben mit großer Wahrscheinlichkeit dann bei den Schafen, wenn die Lämmer geboren wurden, also im Frühling, und auch im Herbst, wenn man die Herden zusammentrieb. Einige Christen feierten deshalb schon am 17. April 1995 den 2000. Geburtstag Jesu. Andere, etwa David Hughes, bevorzugen den Herbst: «Johannes der Täufer wurde vermutlich Ende März geboren, und sein Vetter Jesus war sechs Monate jünger.»

Wenn wir annehmen, dass die Zeitspanne für Jesu Geburt bekannt ist – zwischen 4 und 7 vor Christus, irgendwann im September oder März –, können wir eine kurze Liste möglicher Kandidaten für den Stern von Bethlehem aufstellen. Bereits im Jahre 248 nach Christus vermutete Origines, der berühmte griechische Kirchenschriftsteller, Lehrer und Theologe, dass der Stern von

Bethlehem ein Komet gewesen sei. Vielleicht war es der «Besen-stern» (suihsing) – so genannt, weil der Schweif des Kometen den Himmel zu fegen schien –, der 5 vor Christus von chinesischen Astronomen beobachtet und in der offiziellen Geschichte der Han-Dynastie aufgezeichnet wurde. Colin Humphreys behauptet, die-ses Ereignis sei Anlass der Reise der drei Weisen nach Jerusalem gewesen. Falls dieser Stern der Weihnachtsstern war, fand das ers-te Weihnachtsfest im Frühjahr des Jahres 5 vor Christus statt. Wir können die Jahreszeit noch genauer bestimmen, da die chinesi-schen Astronomen verzeichneten, dass der «Besenstern»-Komet in Ch'ien-niu erschien, also dort, wo auf alten Sternkarten das Stern-bild Steinbock ist. Von Arabien aus gesehen stieg der Steinbock im März und April jenes Jahres über den östlichen Horizont.

Nach Meinung von Colin Humphreys verfügten die Weisen über das Wissen und den kulturellen Hintergrund, die sie zur Jagd auf den Kometen motivieren konnten. In der klassischen Literatur werden die Weisen als religiöse Gruppe dargestellt, die sich in der Beobachtung des Himmels auskannte. Vom vierten vorchristlichen Jahrhundert an war Babylon Mittelpunkt der As-tronomie in der damals bekannten Welt, und die Weisen spielten am Königshof von Mesopotamien eine wichtige Rolle. In Babylon gab es zudem seit der Zeit des babylonischen Exils im 13. vor-christlichen Jahrhundert eine rege jüdische Kolonie, sodass die jüdischen Prophezeiungen eines heilbringenden Königs, des Mes-sias, den Weisen sehr wohl bekannt gewesen sein könnten.

Im hellenistischen Zeitalter (322–330 vor Christus) verließen einige der Weisen Babylon und zogen in benachbarte Länder, und zur Zeit von Christi Geburt lebten sie vor allem in Persien, Mesopotamien und Arabien (jetzt Irak, Iran und Saudi-Arabien). Humphreys meint, dass die Weisen, die den Stern von Bethlehem sahen, vermutlich aus Arabien oder Mesopotamien kamen.

Warum folgten sie dem Stern? Kometen wurden mit großen

Herrschern in Verbindung gebracht, und man weiß, dass die Weisen Könige in anderen Ländern besucht haben. Hier ist die Meinung geteilt. Kritiker verweisen auf Ptolemäus, den großen Astronomen und Astrologen des zweiten Jahrhunderts, der in Alexandria wirkte. Er hielt Kometen für Unglücksboten und warnte in seinem *Tetrabiblos* (der «Bibel» der Astrologen): «Die Teile des Zodiak, in denen die Köpfe erscheinen, und die Richtungen, in die die Formen ihrer Schweife zeigen, weisen auf Regionen, denen Unglück droht.»

Colin Humphreys weist darauf hin, dass der Komet 70 Tage lang sichtbar war, und das ist mit dem vereinbar, was wir über die Reise der Weisen wissen: Die Entfernung zwischen Babylon und Jerusalem betrug höchstens 1500 Kilometer, eine Reise hätte also zwischen zehn und zwanzig Tagen gedauert (ein vollbeladenes Kamel schafft an einem Tag zwischen 50 und 150 Kilometern). In Jerusalem werden die Weisen mit Herodes über die Bedeutung des himmlischen Omens gesprochen haben, meint Humphreys. «Das Unternehmen begann vermutlich im Mai des Jahres 7 vor Christus, als Jupiter und Saturn im Sternbild der Fische zusammentrafen und damit die Geburt eines Gottessohnes anzeigten. Die Weisen haben Herodes wahrscheinlich mitgeteilt, dass dies im selben Jahr bereits zweimal passiert sei, und so der Botschaft besonderen Nachdruck verliehen, und danach unterhielten sie sich vermutlich über andere Ereignisse, eine dreifache Planetenkonstellation im Jahr 6 vor Christus und den Kometen im Jahr 5 vor Christus, woraus man schließen könne, dass die Geburt unmittelbar bevorstehe. Deshalb hätten sie ihre Kamele bestiegen und seien nach Jerusalem gekommen.»

Wie wies der Komet den Weisen den Weg nach Bethlehem? Im damaligen Weltbild wurden Kometen als Himmelskörper gesehen, die sich unterhalb der «himmlischen Sphäre» befanden, in denen die Sterne, Planeten und so weiter angesiedelt waren. Wie

Humphreys erläutert, könnten die Weisen der Ansicht gewesen sein, dass der Komet über einem bestimmten Ort hänge, besonders dann, wenn er tief am Himmel stand und sein Schweif senkrecht nach oben zeigte. Diese Deutung passt gut zu der Darstellung bei Matthäus (2,9–10): «Und siehe, der Stern, den sie im Morgenland gesehen hatten, ging vor ihnen hin, bis dass er kam und stund oben über, da das Kindlein war.»

Es ist jedoch ziemlich umstritten, ob die chinesischen Aufzeichnungen die für einen Kometen typische Bewegung beschreiben. Nach Humphreys impliziert die Formulierung «ein *suihsing* erschien bei» eindeutig Bewegung. Andere haben die Übersetzung wörtlich genommen und behauptet, die Chinesen hätten einen Lichtpunkt gesehen, der plötzlich am Himmel «aufleuchtete». Diese Theorie ließ einige englische Astronomen vermuten, die Chinesen hätten den Himmelskörper fälschlich als Besenstern klassifiziert, obwohl er eigentlich ein «Gaststern» war, eine thermonuklear aufblitzende Nova, ein «neuer Stern», nach dem lateinischen *nova stella*. Diese Theorie ist schon sehr alt und geht vielleicht sogar auf einen Hinweis in dem Buch *De vero anno* zurück, das der große Astronom Johannes Kepler 1614 verfasste. Es gibt jedes Jahr mehrere solcher Novae, wenn ein schwacher, gewöhnlich unsichtbarer Stern 10 000- oder sogar 1 000 000-mal heller wird als vorher. Man vermutet, dass sich diese Ausbrüche in einem Doppelsternsystem abspielen, wenn Gase vom größeren Stern auf den kleineren prallen und dort einen nuklearen Großbrand auslösen.

Dieselben Gründe jedoch, die es wahrscheinlich machen, dass der Stern von Bethlehem ein Komet war, sprechen gegen die Nova. Matthäus 2,9 lässt vermuten, dass das Objekt später im Süden sichtbar war, und eine Nova hätte sich nicht so weit bewegt. Auch der Ort ist für eine Nova eher unwahrscheinlich, wenn man bedenkt, dass der Stern von Bethlehem weit außerhalb der an Sternen überreichen Scheibe unserer Galaxis erschien – ihren verschwommenen Querschnitt sehen wir am Himmel als Milchstraße –, die eher eine Sternkinderstube ist.

Der Stern von Bethlehem könnte auch eine Supernova gewesen sein, denn die Leuchtkraft eines solchen Sternentods würde den Nachthimmel erhellen. Chinesische Astronomen haben 1054 eine Supernova beobachtet, die sogar am Tage zu sehen war. Aber auch diese Vermutung muss aufgegeben werden, denn die Überreste einer solch hellen und damit erdnahen Katastrophe hätten ein spektakuläres Nachspiel gehabt, «dessen Radio- und Röntgenstrahlung noch für heutige Astronomen erkennbar wäre».

Andere Sterntheoretiker ziehen weder Novae noch Kometen in Betracht, sondern verweisen darauf, dass sich die Astrologen des Mittleren Ostens damals vor allem mit Planeten, der Sonne und dem Mond beschäftigten und nur wenig mit anderen Himmelskörpern. Wenn wir also von dieser engen Auswahl von Sternkandidaten ausgehen, ergeben sich nochmals andere Möglichkeiten. Vielleicht war den Weisen eine kleine Verzögerung bei Jupiter aufgefallen. In einem 1992 vom *Quarterly Journal of the Royal Astronomical Society* veröffentlichten Aufsatz behauptete der inzwischen verstorbene britische Universalgelehrte Ivor Bulmer-Thomas, der Stern von Bethlehem sei Jupiter gewesen, der auf seiner Himmelsbahn durch einen stationären Punkt gegangen sei. Wenn ein Planet eine solche «rückläufige Bewegung» macht, die sich aus der relativen Position des Planeten zur Sonne ergibt, beschreibt er den Sternen gegenüber eine Schleife. Die Weisen suchten nach einem König der Juden, da Jupiter, der königlichste aller Planeten, diese Bewegung vollführt hatte.

Bulmer-Thomas behauptet weiter, die Weisen seien durch andere Himmelserscheinungen auf diesen stationären Punkt aufmerksam geworden. Die Astrologen der damaligen Zeit maßen drei Konjunktionen von Jupiter und Saturn im Jahre 7 vor Christus größte Bedeutung zu. Der Sternalmanach von Sippar, eine Tontafel, die etwa 50 Kilometer nördlich von Babylon gefunden wurde, verweist detailliert auf diese dreifache Konjunktion, der 6 vor Christus die Gruppierung von Mars, Jupiter und Saturn im Sternbild der Fische und im März/April des Jahres 5 vor Christus der Komet folgte. Die Weisen seien durch diese Himmelserscheinungen vorgewarnt gewesen und folgten Jupiter vermutlich, seit er im Mai des Jahres 5 vor Christus hinter der Sonne hervorgekommen war. Nach Bulmer-Thomas habe er dann vier Monate später, also etwa während der Dauer ihrer Reise, stillgestanden. «Als sie in der vierten Septemberwoche nach Bethlehem kamen, fanden sie Jupiter in der Nähe seines ersten stationären Punkts, und das überzeugte sie, dass das Kind in der Krippe wirklich der Messias war.»

Diese Überlegungen zu Konjunktionen und rückläufigen Bewegungen lassen die objektive Perspektive, aus der heraus ein moderner Astronom die Suche nach dem Stern von Bethlehem angeht, einigermaßen unangemessen erscheinen. Es wäre vermutlich wichtiger zu wissen, wer die Weisen überhaupt waren und wie sie die himmlischen Zeichen deuteten. Astrologie wurde im gesamten Römischen Reich betrieben, besonders in dem Teil des Nahen Ostens, zu dem Judäa gehörte, und die Weisen, mit ihrer detaillierten Kenntnis des Nachthimmels, wären von einer so alltäglichen Erscheinung wie einer Sternschnuppe vermutlich wenig beeindruckt gewesen. Vielleicht aber hätten sie einer nächtlichen Himmelserscheinung Aufmerksamkeit geschenkt, die ein moderner Astronom kaum beachten würde. Dies lässt sich am besten verstehen, wenn man den gemeinsamen Ursprung von Astronomie und Astrologie bedenkt.

Bis zum siebzehnten Jahrhundert wurde nicht so streng wie heutzutage zwischen Astrologen (die immer mehrdeutigen Unsinn von sich geben) und Astronomen (die das gelegentlich tun) unterschieden. Am Anfang beider Disziplinen steht unsere uralte Faszination, was den Nachthimmel angeht. Was ein Priester vom Himmel wusste, verlieh ihm eine – wenn auch begrenzte – Fähigkeit, die Zukunft zu deuten, leitete ihn durch die Jahreszeiten und zeigte ihm an, wann die Zeit für die Ernte und zum Zusammentreiben der Herden gekommen war. Es half ihm auch, wichtige Ereignisse wie eine Sonnenfinsternis oder auch Überflutungen, etwa beim Nil, vorherzusagen. In diesem eingeschränkten Sinn erhellt die Kenntnis des Himmels unser Schicksal. Das ist jedoch etwas ganz anderes als die scheinbare Fähigkeit der Astrologen, den okkulten Einfluss der Sterne auf das Menschenleben beurteilen zu können.

Weh dem, der heutzutage Astrologie und Astronomie verwechselt. Den Weisen ist es aber zu verzeihen, wenn sie zum Himmel hinaufblickten und dachten, ihr Schicksal daran abzulesen. Wenn wir akzeptieren, dass die Weisen sich mit astronomischem Interesse für die Einzelheiten des Nachthimmels interessierten und zugleich wie Astrologen von dem fasziniert waren, was diese Einzelheiten über die menschlichen Belange aussagten, wird deutlich, dass sie vielleicht weder einen Stern noch überhaupt einen gewöhnlichen Himmelskörper gesehen haben, sondern ein eher unauffälliges kosmisches Ereignis mit bemerkenswerter Symbolkraft.

Diese Faszination durch kosmische Symbole unterscheidet die Weisen allerdings eindeutig von den Hohepriestern Israels. In Babylon wurde Astrologie allenthalben praktiziert, den Juden war sie verboten, wie im Fünften Buch Mose, 4,19, nachzulesen ist: «Dass du auch nicht deine Augen aufhebst gen Himmel, und selbst die Sonne und den Mond und die Sterne, das ganze Heer des Himmels, und fallest ab, und betest sie an, und dienest ihnen …» Dazu passt gut, dass Herodes nichts von dem Stern wusste, bis die Weisen ihn auf seine Bedeutung aufmerksam machten. (Wer eine eindeutige astronomische Deutung vorzieht, stimmt hier natürlich nicht zu und verweist darauf, dass die Bibel keinen Hinweis darauf gibt, dass Herodes den Stern nicht gesehen hat.)

Wenn wir also annehmen, dass viele Erklärungen für den Stern von Bethlehem die Gedankenwelt der Weisen nicht berücksichtigen, stellt sich die Frage, welche Art von Astrologie im Nahen Osten während der Regierungszeit des Königs Herodes praktiziert wurde. Michael Molnar von der Rutgers-Universität in Piscataway, New Jersey, beschäftigt sich mit der griechischen Astrologie, wie sie im Römischen Reich einschließlich Mesopotamiens und Babyloniens betrieben wurde, und hat seine eigenen Schlüsse gezogen. «Nach meiner Theorie wäre Jesus am 17. April 1995 2000 Jahre alt geworden.» Sein Sternkandidat ist ein Ereignis gewesen, das sich im Jahr 6 vor Christus am 17. April abspielte, nämlich eine doppelte Konjunktion von Jupiter und Mond, wobei sich unser engster Nachbar vor den riesigen Planeten schiebt: Molnars Untersuchungen haben gezeigt, dass dieses Ereignis, dem heutige Astronomen wenig Bedeutung zuschreiben würden, astrologisch gesehen «glänzend» war.

Michael Molnar merkt an, dass auf antiken Münzen, insbesondere auf solchen aus Antiochus, der Hauptstadt der römischen Provinz Syrien, astrologische Zeichen abgebildet wurden. Die eine Seite der Münzen zeigt eine Büste des Jupiter, die andere, wie der Widder Aries zu einem Stern zurückschaut. Molnar meint, dass die Münzen an die Eroberung Judäas durch die Römer erinnern, was nahelegt, dass die Römer von wichtigen astrologischen Vorzeichen in Bezug auf Judäa wussten. Er hält es für wahrscheinlich, dass die Römer «das große Vorzeichen» des 17. April des Jahres 6 vor Christus sehr ernst nahmen – sie suchten nach einer Bestätigung, dass ein Römer, und nicht ein Jude, die Messias-Prophezeiung erfüllt hatte. (Das glaubten sie tatsächlich, als Kaiser Augustus ein Dutzend Jahre später Herrscher von Judäa wurde.) Der Widder erscheint auf den Münzen, weil er damals als Symbol für Judäa galt. Ptolemäus erwähnt, dass Judäa im Zeichen des Widders steht. In diesem Punkt widerspricht Molnars Theorie denjenigen, die die Fische als Sternzeichen der Juden sehen. Molnar entgegnet, dass solche Theorien auf einer Quelle aus der Renaissance beruhen und nicht auf dem *Tetrabiblos* des Ptolemäus aus dem ersten vorchristlichen Jahrhundert. Er fügt hinzu, dass auch andere Quellen aus römischer Zeit Aries als ein Symbol für Judäa sehen.

Molnars Argumenten fehlte noch etwas – ein Himmelskörper, der die Geburt des Königs anzeige. «Meine anfängliche Suche nach einem ‹Königsstern› konzentrierte sich auf den Stern des Zeus, den Planeten Jupiter, der unweigerlich immer dann die Hauptrolle spielte, wenn in Horoskopen etwas über Könige ausgesagt wurde.» Das Königssymbol des Jupiter spielte Molnar zufolge in den Horoskopen mehrerer römischer Kaiser auch wirklich eine wichtige Rolle. Bei der Suche nach einer astrologischen Prophezeiung, die mit Jupiter zu tun hatte, konzentrierte er sich auf Mondfinsternisse, die sogenannten «Bullaugen»-Konjunktionen, bei denen die Mondscheibe den Planeten verdunkelt. Bei der Überprüfung des wahrscheinlichen Zeitraums fand Molnar, dass es im Sternbild Widder und damit in Judäa nur zwei solcher Verfinsterungen gab, und zwar am 20. März und am 17. April des Jahres 6 vor Christus. «Ich hielt dies für einen interessanten Zufall, bis ich etwas später entdeckte, dass Jupiter während der zweiten Verfinsterung genau ‹im Osten› stand, eine astrologische Terminologie, die Matthäus bei der Beschreibung des Sterns der Weisen verwendet.» Der Himmel zeigte am 17. April des Jahres 6 vor Christus also eindrucksvolle astrologische Vorzeichen: «Wenn wir ein Horoskop für dieses Datum erstellen», schreibt Molnar, «erhalten wir unfehlbare Anzeichen für die Geburt eines Königs von Judäa. Ich glaube, dass ein Horoskop für diesen Tag unglaublich bedeutungsvoll war – wahrhaft messianisch.»

Das Geheimnis des Sterns ist gelüftet. Oder auch nicht. David Hughes von der Universität Sheffield gehört zu denen, die meinen, solche Konjunktionen seien viel zu häufig gewesen, um von großer astrologischer Bedeutung zu sein. («Was glauben Sie, wie oft die Weisen da nach Jerusalem hätten reisen müssen?») Hughes ist mehr fasziniert von der entgegengesetzten Vorstellung einer dreifachen Konjunktion. Schon früher glaubte man, der Geburt Christi sei eine Konjunktion von Mars, Jupiter und Saturn vorangegangen. Jakob von Speyer, Hofastronom des Prinzen Friedrich d'Urbino, hatte dem Astronomen Johannes Müller (der gewöhnlich Regiomontanus genannt wird, weil er aus Königsberg stammte) 1465 folgende Frage gestellt: «Angenommen, das Erscheinen Christi ist eine Folge der Großen Konjunktion der drei wichtigsten Planeten. In welchem Jahr ist er dann geboren?» Müller konnte die Frage nicht beantworten, aber der deutsche Astronom Kepler berechnete 1604, dass Jupiter, Saturn und Mars alle 805 Jahre zusammenkommen.

David Hughes behauptet, die Bethlehem-Konjunktion sei nicht die von drei Planeten gewesen, sondern von Jupiter und Saturn im Sternbild der Fische. Dann hätte Jupiter für den königlichen Aspekt gesorgt, und Saturn hätte sowohl für die Gerechtigkeit als auch für Palästina gestanden. Das Sternbild Fische war das Tierkreiszeichen, das Israel repräsentierte. Diese Konjunktion, sagt Hughes, bedeutete eine machtvolle Verbindung von Göttlichkeit, Königswürde und Gerechtigkeit, die Bezug zum jüdischen Volk und dem Gelobten Land haben: «Und das ist, grob gesagt, der Grund, warum die Weisen nach Jerusalem zogen.»

Die Weisen hätten die dreifache Konjunktion gut im Voraus errechnen können. Womöglich beobachteten sie die erste Konjunktion im Mai des Jahres 7 vor Christus von Babylon aus, verschoben die Reise aber bis zum Ende des langen heißen Sommers. Auf ihrem Weg nach Jerusalem erlebten sie dann den astrologisch wichtigen Augenblick des Aufgangs von Jupiter und Saturn bei Sonnenuntergang. Nach Hughes hat der Satz, der in der Lutherübersetzung «Wir haben seinen Stern gesehen im Morgenland» lautet, eine spezifische Bedeutung, nämlich: «Wir haben den Stern bei Sonnenuntergang im Osten aufgehen sehen.» Wenn diese Erklärung zutrifft, ist das einzig Wunderbare an Hughes' Theorie, dass die Weisen den «Stern» sahen und den langen Weg auf sich nahmen, um, wie sie sagten, Zeugen des Erscheinens eines neuen Königs der Juden zu sein. Wenn man diese Ereignisse im Jahr 7 vor Christus ansetzt, sollte das Fest von Christi Geburt um den September herum gefeiert werden. In Anbetracht der mangelhaften Beweise wird die Debatte um den Stern von Bethlehem aber zweifellos weitergehen.

Wie aber kam es zur Verknüpfung von Christi Geburt mit Winter, Weihnachtsmann etc.? Das Dezemberdatum hat seinen Ursprung in heidnischen Festen, als die Menschen fürchteten, der Winter könne den Sonnengott besiegen und den Mächten der Dunkelheit erlauben, die Oberhand zu gewinnen. Diese primitive Angst ist im Licht der heutigen Wissenschaft durchaus verständlich. Mit Ausnahme von seltsamen Lebensformen, die in vulkanischen Spalten am Grund des Ozeans überleben, oder von Käfern, die sich von nassem Basalt ernähren, beruht die gesamte Ökonomie des Planeten darauf, dass Lebewesen Licht von der Sonne erhalten.

Der 25. Dezember, der traditionelle Weihnachtstag, folgt unmittelbar auf die Wintersonnenwende, den Zeitpunkt, an dem die Sonne während ihres scheinbaren jährlichen Laufs ihren tiefsten Stand erreicht, und fällt mit heidnischen Festen zusammen. Ende Dezember markierte einen Wendepunkt, da die tägliche Sonneneinstrahlung zunahm und stärker wurde. Seit jeher haben Menschen Kerzen, Holzstöße und Jul-Scheite angezündet, um den Sonnengott zu stärken, wenn er am schwächsten war, und den

Winter und seine Härten zu vertreiben. Ein Beispiel dafür sind die römischen Saturnalien Mitte Dezember. Wie schon der Name sagt – *saturnus* bedeutet «viel» oder «üppig» –, gehörten dazu Gelage, Spiele, Tänze und Gesänge zu Ehren Saturns, des römischen Gottes der Landwirtschaft.

Bei diesen Festen bediente der Herr den Sklaven, ein Ritual, das man auch andernorts noch finden kann, z. B. innerhalb der Faschingsbräuche. Es wurden Geschenke gemacht, darunter Zweige von heiligen Bäumen (woraus vielleicht die Ruten entstanden, mit denen mancherorts unartige Kinder bestraft wurden). Den Saturnalien folgten wenig später die Kalendae, die Feier des neuen Jahres. Wir erkennen bereits die Ursprünge unserer modernen Weihnachtsfestlichkeiten.

Der heidnische römische Kaiser Aurelius erklärte den 25. Dezember zum *Natalis solis invicti*, dem Festtag der Geburt der unbesiegbaren Sonne, an dem die Häuser mit Zweigen und kleinen Bäumen geschmückt und Wagenrennen ausgerichtet wurden. Bei heidnischen Festen vorrömischer Zeiten wurden immergrüne Zweige wie Stechpalme und Efeu zum Schmücken und Verschenken verwendet. Diese Pflanzen bleiben auch während der Wintermonate frisch, weshalb man glaubte, sie seien mit Holzgeistern im Bunde und spendeten Lebenskraft. Wie andere primitive Riten blieben auch diese Bräuche in späteren Traditionen erhalten. So sah man zum Beispiel in den Dornen der Stechpalme die Dornenkrone Christi.

Ein anderer Brauch, der bis in heidnische Zeiten zurückreicht, als die Mistel ein Fruchtbarkeitssymbol war, ist es, sich unter dem Mistelzweig zu küssen. Der Mistel wurde besondere Ehrfurcht gezollt, wenn sie auf der Eiche, dem heiligen Baum der Druiden, wuchs.

Die alten Briten und Skandinavier hatten ebenfalls ihre Mittwinterfeste, die sie «Jul» oder «Jol» nannten, und auch die Germanen Nordeuropas hatten zu dieser Zeit ihr Vergnügen. Sie versammelten sich zu Ess- und Trinkgelagen, religiösen Feiern und fröhlichem Beisammensein. Der weißbärtige Odin war unterwegs und bestrafte während dieser Winterfeste Übeltäter, weshalb man versuchte, ihn mit Gaben gnädig zu stimmen.

Da diese heidnischen Wintersonnwendfeste äußerst beliebt waren, wollten die neubekehrten Christen noch Jahrhunderte nach Christi Geburt nur ungern auf sie verzichten. Als die Kirche es trotz wiederholter Verbote nicht schaffte, alle heidnischen Bräuche abzuschaffen, christianisierte sie einige von ihnen und eliminierte die schlimmsten Auswüchse. Das schuf ein anderes Problem. Da niemand das Datum von Christi Geburt kannte, feierten manche sie im Frühjahr, andere im Winter.

Das Weihnachtsfest wird, soweit wir wissen, erstmals im römischen Kalender *Chronographis anni CCCLIV* (Zeittafel für das Jahr 354) erwähnt. Im Laufe eines halben Jahrhunderts war der Weihnachtstag dann zu einem wichtigen Datum im Kirchenjahr geworden, wobei der 25. Dezember als das «natürliche» Datum festgelegt wurde, das die früheren heidnischen Feste der Wintersonnenwende ersetzte. Die englische Kurzform Xmas war zunächst eine kirchliche Abkürzung, die in Tabellen und Karten verwendet wurde; der erste Buchstabe des griechischen Wortes für Christus (*khristos*) ist chi, das X geschrieben wird. In Xmas steht das X also für Christus.

Astrologisch Interessierte würden zweifellos gern das genaue Datum von Christi Geburt kennen, um zu wissen, ob er sich wie ein typischer Steinbock, Widder oder Fisch verhielt. Neuere Forschungen haben einige faszinierende Einsichten darüber ermöglicht, wie das Geburtsdatum Jesu sein Leben beeinflusst haben könnte, und sich über sein Immunsystem und die Wahrscheinlichkeit einer Herzkrankheit bis zu seinem intellektuellen und sportlichen Leistungsvermögen Gedanken gemacht.

Die letztgenannte Untersuchung, die sich mit seiner körperlichen Leistungsfähigkeit beschäftigte, wurde an der Universität von Amsterdam durchgeführt. Die Ergebnisse legen nahe, dass Jesus, wenn vor tausend Jahren in Judäa Fußball gespielt worden wäre, in seinem Ortsverein mit größerer Wahrscheinlichkeit Punkte gemacht hätte, wenn er zwischen August und Oktober geboren worden wäre. Dieser schwache «astrologische» Effekt wirkt sich am ehesten bei solchen Sportarten aus, bei denen die körperliche Konstitution eine Rolle spielt: Die kleinsten Kinder der jeweiligen Altersgruppe sind benachteiligt, da sie spät im Jahr geboren wurden.

Pech hat Jesus laut einer anderen Untersuchung, die sich mit der Beziehung zwischen Geburtsdatum und späterem akademischem Erfolg befasst und nachweist, dass ein Geburtstag im Sommer hilfreich sein kann. Takanari Gotoda von der Hammersmith-Klinik in London kam zu diesem Schluss, nachdem er die Geburtsdaten von 2525 Absolventen der Fakultät für Medizin an der Universität von Tokio untersuchte, von denen viele einen hervorragenden Schulabschluss erzielt hatten. Er fasste sie nach ihren Geburtsmonaten zusammen und teilte diese Zahl dann durch die Zahl, die er in Anbetracht der monatlichen Geburtszahlen in Japan in ebendiesem Zeitraum zwischen 1947 bis 1971 erwartet hätte. Dabei ergab sich eine Glockenkurve, deren höchster Punkt im Sommer lag, was darauf schließen ließ, dass im Sommer Geborene die höchsten akademischen Abschlüsse erzielen.

Obwohl die Gründe für diese jahreszeitlichen Auswirkungen auf die Intelligenz nicht klar sind, braucht man die Erklärung doch nicht in der Astrologie zu suchen: Babys, die in den warmen Sommermonaten geboren werden, zieht man aller Wahrscheinlichkeit nach nicht zu warm und fest an, sie sind seltener krank und verbringen mehr Zeit im Freien. Dadurch werden sie unternehmungslustiger und wachsen in einer stimulierenden Umwelt auf, was sich, wie Tierversuche gezeigt haben, als wichtig für die Entwicklung des Gehirns erwiesen hat.

Untersuchungen von Michael Holmes vom Queen Margaret College in Edinburgh legen nahe, dass Revolutionäre oft um Weihnachten herum geboren werden (ihre Geburtstage liegen zwischen Oktober und April), Reaktionäre dagegen eher zwischen Mai und September. In den Tagen vor der Zentralheizung, behauptet Holmes, hätten die im Winter geborenen typischen Revolutionäre mit dem Kommen des Sommers die Freiheit gewonnen, die Welt zu erkunden: «Der im Sommer geborene Nichtrevolutionär dagegen hätte zunächst mehr Freiheit gehabt, sie aber im Grunde nicht wirklich nutzen können, und sei durch den folgenden Winter, als er zu Erkundungen bereit gewesen wäre, daran gehindert worden.» Obwohl die Ergebnisse von Takanari Gotoda nahelegen, dass die im Sommer Geborenen gescheiter sind, sind sie anscheinend weniger wagemutig. Unabhängig vom Ergebnis scheint Holmes' Entdeckung irgendwie angemessener als die Gotodas, wenn man bedenkt, welchen Einfluss Jesu Geburt hatte und dass sein offizielles Geburtsdatum im Dezember liegt.

Der Weihnachtsstern ist nur ein Aspekt der fragwürdigen rührseligen Darstellung der Geburt Christi, bei der die Heilige Familie mitten in der Nacht in Bethlehem ankommt und keinen Raum in der Herberge findet. Das erschöpfte Paar muss mit einem Stall vorlieb nehmen, in dem Jesus dann geboren wird. Diese vertraute Fassung der Ereignisse wird durch das Lukasevangelium widerlegt, behauptet Ken Bailey, Direktor des Instituts für Neutestamentliche Forschung des Mittleren Ostens in Beirut. Die Evangelien haben die Worte Jesu, der Aramäisch sprach, ins Griechische übersetzt; Flüchtigkeit bei der Übersetzung entscheidender Worte und eine zu westliche Interpretation haben zu Fehldeutungen geführt.

Die Bibel erzählt uns, dass Maria ihren ersten Sohn gebar, ihn in Windeln wickelte und in eine Krippe legte. Diese Geschichte wird, zumindest im Westen, folgendermaßen gedeutet: Jesus wurde in eine Krippe gelegt. Krippen findet man natürlich in Tierställen. Also wurde Jesus in einem Stall geboren. Aber damit, sagt Bailey, übersieht man die traditionelle Bauweise der Bauernhäuser in Palästina und im Libanon. Haustiere und Bauern bewohnten denselben Teil des Hauses, da die Tiere das Haus im Winter warm hielten und gleichzeitig vor Dieben schützten. Manchmal gab es auch ein angrenzendes Gästezimmer. Die Familie wohnte auf einer erhöhten Plattform (die auf arabisch *mastaba* heißt) im Hauptraum, während ihre «Zentralheizung» – Ochsen, Esel und so weiter – etwa 1 Meter tiefer auf dem tatsächlichen Boden (*ka'al-bayt*) in der Nähe der Tür untergebracht war. Die Krippen waren oft ausgehöhlte Steine, die mit zerkleinertem Stroh gefüllt waren und auf diesem Boden oder am Rand der Plattform standen. Diese neue Interpretation passt zu der Vorstellung, dass Jesus in Armut geboren wurde, sagt Bailey. «Er wurde in einem einfachen Bauernhaus geboren, in dem die Krippen im Wohnraum standen. Er war einer von ihnen.»

Bailey stellt auch die Frage, ob in der Herberge wirklich kein Raum mehr war. Er behauptet, das Wort «Herberge» sei eine falsche Übersetzung von *kataluma*, das sowohl «Herberge» bedeuten kann als auch «Haus» und «Gästezimmer». Wenn man *kataluma* als «Herberge» versteht, ergeben sich mehrere Probleme. Erstens benutzt Lukas für Gasthaus des Wort *pandokheion*. Zweitens kommt das Wort *kataluma* sonst nur in Lukas 22,11 und Markus 14,14 vor, wo beide Male Gästezimmer dem Zusammenhang besser entspricht («und sagte zu dem Hausherrn: ... Wo ist die Herberge, darinnen ich das Osterlamm essen möge mit meinen Jüngern?»). Drittens liegt hier ein weiteres Beispiel für ein kulturelles Missverständnis vor: Wenn Joseph in einer Herberge abgestiegen wäre, hätte er alle Mitglieder seines Klans, die noch an seinem Heimatort lebten und Verwandten pflichtgemäß Unterkunft gewähren mussten, beleidigt. Schließlich besteht große Ungewissheit darüber, ob Bethlehem überhaupt ein Gasthaus hatte.

Bailey behauptet, *kataluma* müsse mit «Gästezimmer» übersetzt werden. Er führt kulturelle und archäologische Hinweise an, die seine Behauptung stützen, dass Jesus in einem palästinensischen Bauernhaus geboren wurde. «Joseph und Maria kommen in Bethlehem an; Joseph sucht Unterkunft bei seinen Verwandten; die Familie hat zwar ein eigenes Gästezimmer, aber das ist schon besetzt. Deshalb wird das Paar, wie es üblich war, im Hauptraum der Familie untergebracht. Dort spielt sich die Geburt ab, und das Kind wird in eine Krippe gelegt.»

Wie im Fall der Weisen aus dem Morgenland haben wir vielleicht den Fehler gemacht, eine Geburtserzählung zu sehr im Rahmen unserer westlichen Kultur und Sprache zu deuten. Für einen Palästinenser machen die Bibelverse im Rahmen seiner Kultur, seiner Geschichte und Sprache Sinn. Lukas schreibt: «Und sie gebar ihren ersten Sohn und wickelte ihn in Windeln und legte ihn in eine Krippe.» Ein Palästinenser würde instinktiv denken: «Krippe – aha, sie sind im Hauptraum der Familie. Warum nicht im Gästezimmer?» Der Evangelist nimmt die Frage vorweg und antwortet: «denn sie hatten sonst keinen Raum in der Herberge.» Der Leser würde schließen: «Ach so – natürlich, der Hauptraum ist sowieso besser geeignet.» Denis Alexander, Herausgeber der Zeitschrift *Science & Christian Belief*, findet diese Deutung überzeugend. «Wenn [Ken Baileys] Deutung zutrifft (und mich hat er überzeugt), dann sind die Bilder auf Millionen Weihnachtskarten (Maria und Joseph bei der vergeblichen Herbergssuche) einfach falsch, genauso wie einige Millionen Predigten.»

Wir wissen, dass die Weisen aus dem Morgenland Gold, Weihrauch und Myrrhe als Geschenke mitbrachten, um die Geburt des neuen Königs hervorzuheben (und wenn sie Astrologen waren, erstellten sie vermutlich auch sein Horoskop). Der moderne Leser wundert sich vielleicht über diese Geschenke – Gold leuchtet ein, aber warum Weihrauch und Myrrhe? Diese Harze, die seit über 5000 Jahren von Bäumen gesammelt und ihres süßlichen Dufts wegen zu Parfums und Räuchereien verarbeitet wurden, waren auch dafür bekannt, dass sie Übel fernhielten. Aufgrund der starken Nachfrage waren sie knapp und deshalb als Geschenk für das Jesuskind genauso geeignet wie Gold.

Weihrauch, seit langem wegen der süß duftenden Dämpfe geschätzt, die er beim Verbrennen entwickelt, stammt von dem dornigen Baum *Boswellia carteri*, der in den trockenen Gebieten des nordöstlichen Afrikas und südlichen Arabiens wächst und auch im dürren Hochland Somaliens und auf der arabischen Halbinsel vorkommt. Die dortigen Nomaden ritzen die Rinde des Baums ein und sammeln, wenn sie Monate später zurückkehren, die «Tränen» des verfestigten weißlichen Harzes ein.

Myrrhe ist das gelbrote Harz des kurzen dornigen Myrrhenstrauchs *Commiphora myrrha*, der in Äthiopien und Kenia wächst und an den Zweigansätzen öliges, bitter schmeckendes Harz absondert. Auch andere *Commiphora*-Arten erzeugen Harze, so beispielsweise *C. abyssinica* und *C. molmol*.

Biochemisch gesehen haben diese wohlriechenden Harze überraschend viel Ähnlichkeit. Vermutlich produzieren die Bäume sie, weil sie angreifenden Termiten die Mundpartien verkleben und ihre antibiotischen Eigenschaften Heilprozesse beschleunigen und die beschädigte Rinde vorübergehend zu schützen vermögen. Die alten Ägypter verwandten Weihrauch bei der Wundbehandlung und bei den religiösen Ritualen des Salbens mumifizierter Körper. Bei der Einäscherung von Leichen wurde in römischen Zeiten auf dem Scheiterhaufen ebenfalls Weihrauch verbrannt; nach Plinius dem Älteren tat man das nicht nur, um die Götter gnädig zu stimmen, sondern auch, um den schlechten Geruch zu überdecken. Der römische Dichter Celsus empfahl in seiner zwischen 25 und

35 nach Christi geschriebenen medizinischen Enzyklopädie Weihrauch zur Behandlung von Schnitten und Blutungen und auch als mögliches Gegenmittel bei Schierlingsvergiftungen. Im siebzehnten Jahrhundert behandelte Nicolas Culpeper, ein Kräuterkundiger und Apotheker in Spitalfields, London, Magengeschwüre und Verletzungen mit Weihrauch.

Und wie ist es mit der Myrrhe? Frühe ägyptische Mythen bezeichnen ihr Harz als «Tränen des Horus», des Sonnen- und Mondgottes. Die alten Ägypter benutzten neben Weihrauch auch Myrrhe bei der Mumifizierung – ihre antibiotischen Eigenschaften hielten die Zersetzung auf, indem sie die Auflösung des Gewebes verhinderten, und der Duft überdeckte den Leichengeruch. Als Duftstoff wurde Myrrhe auch von den Lebenden benutzt. Die Königin Hatschepsut der 18. Dynastie salbte sich damit die Beine. Frühe sumerische Inschriften beschreiben die Behandlung mit Myrrhe bei schlechten Zähnen und Würmern, und die Griechen verschrieben Myrrhe und Myrrhenöl bei Entzündungen des Mundes, der Zähne und der Augen und auch bei Husten. Griechen und Römer stimmten darin überein, dass Myrrhe bei Schlangenbissen hilft und dass der Zusatz von etwas Myrrhe zu «aromatisierten» Weinen deren Haltbarkeit verbessert.

Neue Untersuchungen haben herausgefunden, dass alle diese Harze antiseptische, antifungale und entzündungshemmende Eigenschaften haben und sich deswegen gut für Verbände eignen. Die aus dem Harz gewonnenen Öle scheinen die Bronchien zu erweitern und können Lungenentzündungen und leichtes Asthma mildern. Noch mehr verblüfft, dass die Einnahme von Harz oder Öl von *C. molmol* den Cholesterinspiegel senkt; *C. myrrha* kann laut chinesischer Tierversuche der Arteriosklerose oder der Arterienverkalkung vorbeugen.

Kürzlich haben Wissenschaftler an der Universität Florenz unter Leitung von Piero Dolara die verwirrenden Hinweise auf die

Eigenschaften und Verwendungen von Myrrhe in antiken und biblischen Texten in Versuchen überprüft. Man gab Labormäusen entweder ein Placebo oder Myrrhe, setzte sie auf eine unangenehm warme Metallplatte und verglich die Zeit, bis die Tiere ihre Pfoten leckten. Das zeigte, dass Myrrhe ein Schmerzmittel ist, dessen Wirkung der von Morphium nicht unähnlich ist. Folgeuntersuchungen identifizierten zwei Arten von *Sesquiterpenes*, Chemikalien mit analgetischen Wirkungen. Dieser Versuch mit Mäusen könnte erklären, weshalb Jesus kurz vor der Kreuzigung *vinum murratum* – Wein mit Myrrhe – angeboten wurde. Die Ergebnisse der modernen Wissenschaft lassen vermuten, dass Jesus damit ein primitives Betäubungsmittel erhielt.

2. KAPITEL

Wunder

Es ist ein Ros entsprungen
Aus einer Wurzel zart.
Wie uns die Alten sungen,
Von Jesse kam die Art
Und hat ein Blümlein bracht
Mitten im kalten Winter,
wohl zu der halben Nacht.

Das Röslein, das ich meine,
davon Jesaja sagt,
hat uns gebracht alleine
Marie, die reine Magd;
Aus Gottes ewgem Rat
Hat sie ein Kind geboren,
wohl zu der halben Nacht.
Eigene Weise, 15. Jh.

Jeder, der auch nur etwas Ahnung von Biologie hat, muss sich über die traditionelle Erzählung von Christi Geburt wundern. Schon sehr früh stellten einige Sekten wie die Philanthropisten und die Adoptionisten (die ungewöhnliche Vorstellungen in Bezug auf die Gottesnatur hatten) den Gedanken in Frage, dass Jesus keinen leiblichen Vater habe und von Maria durch den Heiligen Geist empfangen worden sei. Heute versenden zwar Millionen von Menschen Kunstpostkarten, auf denen die Jungfrau Maria dargestellt ist, bezweifeln aber die Jungfrauengeburt.

Die Konfessionen sind in Bezug auf diese Frage uneins, aber es führt nach wie vor zum Aufruhr, wenn die Jungfräulichkeit Marias von oberster Stelle der Kirchenhierarchie in Frage gestellt wird. Als beispielsweise der frühere Bischof von Durham, David Jenkins, die Jungfrauengeburt einen Mythos nannte, machte ein Sprecher der Generalversammlung der Kirche von Schottland die gewundene Aussage: «Es scheint mir nicht unmöglich zu sein, dass es in Gottes Macht gelegen hätte, eine völlig menschliche Geburt als seinen Weg in die Welt zu wählen.» Seine Aussage führte zu einem offenen Brief, der von mehr als einhundert schottischen Pfarrern unterschrieben wurde, die klarstellten: «Wir glauben vorbehaltlos an die Historizität der Jungfrauengeburt und betrachten sie als wesentlich für unseren Glauben an den fleischgewordenen Christus.»

Bei der Debatte geht es um mehr als um die rein wissenschaftliche Möglichkeit einer Jungfrauengeburt. Theologisch wird einerseits argumentiert, dass die Jungfrauengeburt Jesus vom Rest der Menschheit trennt. Andererseits wird sie für theologisch notwendig gehalten, da Jesus sowohl «wahrer Gott» als auch «wahrer Mensch» ist. Einige Theologen meinen sogar, es wäre überraschend, wenn Jesus als wahrer Mensch und wahrer Gott seine Zugehörigkeit zur Menschheit nicht durch eine normale Geburt, die einer normalen Schwangerschaft folgte, bekundet hätte, während sie gleichzeitig seine Besonderheit betonen, die sich durch die Jungfrauengeburt zeigt.

Schauen wir uns die biblischen Hinweise auf die Geburt an.

Bei Matthäus (1,18; 22,23) und Jesaja (7,14) heißt es: «Die Geburt Christi war aber also gethan. Als Maria, seine Mutter, dem Joseph vertrauet war, ehe er sie heimholte, erfand sich's, dass sie schwanger war von dem heiligen Geist. Das ist aber alles geschehen, auf dass erfüllet würde, das der Herr durch den Propheten gesagt hat, der da spricht: ‹Siehe, eine Jungfrau wird schwanger sein, und einen Sohn gebären, und sie werden seinen Namen Immanuel heißen›, das ist verdolmetschet: Gott mit uns.» Wie Lukas (1,26−35) berichtet, hatte Maria selbst Zweifel, denn sie fragt den Engel: «Wie soll das zugehen, sintemal da ich von keinem Manne weiß?» Gabriel antwortete: «Der heilige Geist wird über dich kommen, und die Kraft des Höchsten wird dich überschatten; darum auch das Heilige, das von dir geboren wird, wird Gottes Sohn genannt werden.»

Wissenschaftlich gesehen wäre die Jungfrauengeburt viel leichter zu akzeptieren, wenn Jesus heute geboren worden wäre, da Reproduktionswissenschaft und Technologie auf eine ganze Reihe von Möglichkeiten verweisen können, insbesondere auf die neuen Verfahren des Klonens. Der Gedanke, ein erwachsener Mensch könne aus einer einzelnen Zelle geklont werden, wurde zu einer realen Möglichkeit, als der Welt 1997 der erste Klon eines erwachsenen Tieres vorgestellt wurde: das Finn-Dorset-Schaf Dolly, das vom Roslin-Institut in Edinburgh und den benachbarten PPL-Therapeutics entwickelt worden war. Ian Wilmut und seine Mitarbeiter hatten eine Möglichkeit gefunden, dem Gewebe des erwachsenen Tiers (in diesem Fall der Brustdrüse eines Schafs) Zellen zu entnehmen, sie massenweise zu vermehren und dann den Teil, der den genetischen Code enthält (den Kern), zu extrahieren und ihn auf ein Ei zu übertragen, dessen Kern entfernt worden war. Dem so entstandenen «rekonstruierten Embryo» wurde ein elektrischer Impuls versetzt, der die Zellteilung anregte, dann wurde er in eine Ersatzmutter eingepflanzt. Da die letzten Schritte beliebig oft wiederholt werden können, kann das zu endlos vielen Kopien führen.

Solche wissenschaftlichen Möglichkeiten sind nicht notwendigerweise unvereinbar mit dem Glauben. Selbst wenn die Vorgänge der Jungfrauengeburt befriedigend erklärt werden könnten, würde das einen göttlichen Plan nicht ausschließen, der für moderne Christen das wahre Wunder der Geburt Christi darstellt. Der Naturwissenschaftler Sam Berry hat der Debatte eine neue Wendung gegeben. Als frommer Christ, der an Wunder glaubt, und als Professor für Genetik am University College in London, hat er auf mehrere unwahrscheinliche, aber biologisch realisierbare Möglichkeiten hingewiesen, über die eine Jungfrau ein männliches Kind zur Welt bringen könnte. Er behauptet nicht, dass sich Gott notwendigerweise eines dieser Verfahren zunutze gemacht hätte, sondern weist nur darauf hin, dass die traditionelle Sichtweise nicht aus wissenschaftlichen Gründen aufgegeben werden muss. «Der revisionistische Skeptizismus, wie ihn David Jenkins vertritt, ist wohlbekannt. Selbst wenn sein Beweggrund eine legitime Suche nach der Realität Gottes ist, läuft er doch Gefahr, das Kind mit dem Bade auszuschütten.»

Berry zufolge ist es völlig in Ordnung, Glauben und Dogmen mit Hilfe all unserer wissenschaftlichen Erkenntnisse zu untersuchen. «Unbegründeter Glaube ist eine Sünde», meint er, «sie leistet dem Gott der Wahrheit einen schlechten Dienst.» Er stimmt darin mit dem Physiker und anglikanischen Pfarrer John Polkinghorne überein, der sagte: «Die Glaubwürdigkeit ist dann bewiesen, wenn man ein kohärentes Verständnis der Welt artikulieren kann, in der solche Phänomene einen geeigneten Platz finden.»

Sam Berry kann sich bei der Formulierung seiner Gedanken das Expertenwissen seiner Frau Caroline zunutze machen, die Genetikberaterin am Guy's Hospital in London ist. Berry ist Mitglied der Behörde für menschliche Befruchtung und Embryologie, die in Großbritannien Krankenhäuser auswählt und beaufsichtigt, in denen künstliche Befruchtungen mit Spendersamen und *in vitro* durchgeführt werden, und hat seine Überlegungen in der Zeitschrift *Science & Christian Belief* veröffentlicht, die von Denis Alexander vom Babraham Institute in Cambridge herausgegeben wird. «Meines Wissens ist dies das erste Mal, dass ein ernstzunehmender Wissenschaftler behauptet, die Jungfrauengeburt sei wissenschaftlich nicht ausgeschlossen», sagt Alexander. «Berry hat eine Reihe neuerer Ergebnisse zu einem interessanten Bericht zusammengestellt.» Beide Gutachter der Arbeit waren Fachleute, «die nicht an die Jungfrauengeburt glauben».

Damit soll nicht gesagt sein, dass Berrys Gedanken von seinen Kollegen akzeptiert wurden. Der Theologe Peter Addinall, dessen Kritik in derselben Zeitschrift veröffentlicht wurde, interpretiert die biblischen Hinweise auf die Geburt Christi anders. Seine gelehrten Argumente haben Ähnlichkeit mit denen, die die Versuche lähmten, den Stern von Bethlehem zu finden. Addinall verweist darauf, dass Jesaja 7,14 von einer «jungen Frau» spricht und eine junge Frau keine Jungfrau zu sein braucht.* Berry jedoch meint, aus dem Zusammenhang gehe deutlich hervor, dass «Jungfrau» angemessener sei als «junge Frau»; schließlich sei es wohl kaum der Rede wert, wenn eine «junge Frau» schwanger werde.

Wie im Fall mit der Krippe in der Weihnachtsgeschichte (siehe Kapitel 1) kann auch hier Unkenntnis der Kultur Verwirrung stiften. Die Sprachen des Mittleren Ostens benutzen heute Wörter wie *kiz* (türkisch) oder *bint* (arabisch) für «junge Frau». Es ist praktisch selbstverständlich, dass eine wohlbehütete *kiz* oder *bint* eine Jungfrau ist, aber das reflektiert vermutlich die Erwartungshaltung der traditionellen Kulturen des Mittleren Ostens. Feminis-

---

* In der Lutherübersetzung steht «Jungfrau». «Siehe, eine Jungfrau ist schwanger, und wird einen Sohn gebären.» A. d. R.

tinnen würden hinzufügen, dass auch die europäischen Sprachen die Interessen einer patriarchalischen Gesellschaft widerspiegeln: Die Bezeichnung «Jungfer» sei praktisch synonym mit «Jungfrau», und wenn dieses Wort aus unserer Alltagssprache verschwunden sei, zeige sich darin eine veränderte Wahrnehmung der Frauen.

Addinall behauptet zudem, Berrys Versuche, die Jungfrauengeburt zu erklären, belasteten unsere Definition von Wundern mit einer «fatalen Zweideutigkeit». Er argumentiert, dass innerhalb der Naturwissenschaft der Begriff Wunder überhaupt keine Rolle spiele, da Wunder allem menschlichen Begreifen spotteten. «Wunder, die sich in naturalistischen Begriffen erklären lassen, sind keine Wunder mehr, selbst wenn die Erklärung nur eine extrem schwache Möglichkeit in Erwägung zieht; sie sind dann allein in dem schwachen subjektiven Sinn wunderbar, als sie uns staunen lassen. Wir stehen nur noch vor einem historischen Vorgang, den der moderne Skeptizismus akzeptieren muss, haben aber keine Hinweise darauf, dass wirklich ein direkter göttlicher Eingriff in das Wirken der Welt vorliegt.»

Berry antwortete, er weigere sich, einen Unterschied zwischen Wundern zu akzeptieren, die «wissenschaftlich erklärt» werden können, und solchen, bei denen «Gott den Kurs verändert, dem die Natur folgen würde, wenn sie sich selbst überlassen bliebe». Auch wenn etwas ein Wunder sei, meint er, bedeute es nicht, dass man es nicht erklären könne. Wenn Gott fortwährend alle Vorgänge der Schöpfung in Gang hält, wie es die Christen glauben, dann ist ein «Wunder» lediglich eine ungewöhnliche Handlung Gottes: Wie Denis Alexander sagte: «Die Bibel sieht das Universum als ein nahtloses Gewebe, das wir der fortwährenden Schöpfungskraft Gottes verdanken (die die Wissenschaft mit ihren Naturgesetzen zu beschreiben versucht, wenn es ihr auch nur unangemessen gelingt), und Wunder sind die Falten, die dieses Gewebe wirft.»

Gelegentlich gibt die Bibel explizit mechanistische Erklärungen für Wunder, ab, um zu zeigen, wie Gott für die Menschen sorgt. Berry zitiert als ein Beispiel das zweite Buch Mose 14,21−22: «Da nun Mose seine Hände reckte über das Meer, ließ es der Herr hinwegfahren durch einen starken Ostwind die ganze Nacht, und machte das Meer trocken; und die Wasser teileten sich voneinander. Und die Kinder Israel gingen hinein, mitten ins Meer auf dem Trocknen.» Wir wissen nicht, wo die Israeliten durchs Meer gingen; möglicherweise zogen sie auch gar nicht durch das Rote Meer, sondern durch ein tiefliegendes Landstück am Nildelta, ein Schilfmeer. (So jedenfalls steht es in einer der Schriftrollen von Qumran, die als *Genesis Apocryphon* bekannt wurde und vermuten lässt, dass das Schilfmeer ein Ausläufer des Roten Meers war.) Dieses sumpfige Gebiet war meistens passierbar, wurde aber bei Hochwasser überflutet. Es ist denkbar, dass die Israeliten es durchqueren konnten und nur nasse Füße bekamen, weil der Wind das Wasser zurückstaute. «Das Wunder lag nicht darin, dass dieses Ereignis stattfand, sondern darin, wann und wo es stattfand», sagt Sam Berry.

Auch eine Reihe anderer biblischer Ereignisse lassen sich auf eine Weise erklären, die die Wissenschaft als reduktionistisch und materialistisch bezeichnen würde. Auf Gottes Geheiß macht Moses das Wasser des Nils zu «Blut» (2. Buch Mose 7,19−21). Es ist nicht ungewöhnlich, dass Ablagerungen von rotem Ton von den Seen in Äthiopien die Wasser des Nils rötlich braun, also blutähnlich, färben und auch Plankton aufwirbeln. Diese (nach ihrem peitschenartigen «Schwanz» benannten) Dinoflagellaten führen zu roten Gezeiten, die für Fische giftig sind …

Auch die ägyptischen Plagen lassen sich als Naturerscheinungen erklären; länger anhaltende Überschwemmungen können und haben bei Fröschen und Stechmücken häufig zu einer explosionsartigen Vermehrung geführt; Stechmücken übertragen oft ansteckende Krankheiten auf Haustiere («und das Land war verderbt»), und auch Heuschrecken und Sandstürme («Finsternis») sind im Nahen Osten häufig.

Ganz abgesehen von der Frage nach dem Wunder wirft die Jungfrauengeburt eine andere liebgewordene wissenschaftliche Frage auf: Warum entstand im Lauf der Evolution die geschlechtliche Fortpflanzung? Unsere primitivsten Vorfahren erschienen vor etwa 3850 Millionen Jahren, aber erst seit 1000 Millionen Jahren gibt es die Zweigeschlechtlichkeit. Davor waren vermutlich alle Geschöpfe Klone.

In seinem Buch *The Evolution of Sex* spricht der englische Biologe John Maynard Smith von der Universität Sussex von einer klaffenden Lücke: Wir wissen im Grunde nicht, warum sich die Geschlechtlichkeit entwickelt hat. «Ich beschäftige mich schon seit fünfzig Jahren mit diesem Problem und kann nicht behaupten, dass ich es gelöst habe», sagte er mir. «Das Problem besteht darin, dass der Verzicht auf geschlechtliche Fortpflanzung zumindest den weiblichen Tieren kurzfristig enorme Vorteile bringen würde.» Die Freude an der Fortpflanzung ohne Geschlechtsverkehr lässt sich rechnerisch erfassen: Bei geschlechtlicher Fortpflanzung bringen die Weibchen durchschnittlich ein weibliches Tier zur Welt, bei ungeschlechtlicher Fortpflanzung, also Jungfernzeugung, dagegen zwei. In einer Kolonie, in der sich ungeschlechtlich fortpflanzende mit sich geschlechtlich fortpflanzenden Tieren zusammenlebten, würden die Ersteren bald überwiegen. Warum machen sich die Weibchen dann so viel Mühe, einen Partner zu finden und ihre Gene in ihren Nachkommen mit denen eines Männchens zu verdünnen? Die geschlechtliche Fortpflanzung muss Vorteile bieten, sonst gäbe es uns nicht, und wir würden über diese Frage nicht nachdenken.

Die Wissenschaft hat mehrere Antworten gefunden. Erstens kommt durch die geschlechtliche Fortpflanzung Vielfalt in die

Welt. Sie mischt die Gene effektiver als die ungeschlechtliche Fortpflanzung, führt mehr genetische Variabilität in eine Population ein und ermöglicht es ihr besser, mit Veränderungen wie etwa einer neuen Krankheit oder einem neuen Parasiten umzugehen. Beispielsweise hatte ein nach China eingeführter Rostpilz verheerende Auswirkungen auf eine sich ungeschlechtlich vermehrende Brombeerart, richtete aber bei der Form mit geschlechtlicher Fortpflanzung kaum Schaden an. Eine andere Vorstellung ist die von «Motor und Gangschaltung», die verstehen hilft, wie die geschlechtliche Fortpflanzung beim Umgang mit ungünstigen Mutationen helfen kann. Das geht ungefähr so: Man stelle sich zwei Schrottautos vor, von denen eines keinen Motor und eines keine Gangschaltung hat, und baue aus beiden ein funktionierendes Fahrzeug. So ähnlich – das bestätigen mathematische Modelle – vereinigen sich männliche und weibliche Chromosome zu einem funktionsfähigen Lebewesen. Allerdings sind die Gründe, weshalb geschlechtliche Fortpflanzung uns beim Umgang mit ungünstigen Mutationen helfen kann, subtiler als das obige Beispiel. Man denke an die Anekdote über die Tänzerin Isadora Duncan, die George Bernard Shaw vorschlug, sie sollten sich zusammentun, weil Kinder, die ihre Schönheit besäßen und seinen Verstand, unvergleichlich wären. Was aber, antwortete Shaw, wenn diese Kinder ihren Verstand und seine Schönheit erbten?

Eine alternative Erklärung der Entstehung geschlechtlicher Fortpflanzung beruht auf dem Gedanken des «egoistischen» Gens. Nach dieser von Richard Dawkins von der Universität Oxford vertretenen Theorie hat die Evolution zu Genen geführt, denen es nur um das eigene Überleben geht. Ein Gen in einem Lebewesen, das sich ungeschlechtlich fortpflanzt, wäre auf die Nachkommen dieses Organismus beschränkt. Ein Lebewesen jedoch, das Geschlechtsverkehr hat, könnte auch in den Nachkommen eines anderen Lebewesens wirken.

Um das Rätsel der geschlechtlichen Fortpflanzung zu lösen, erhoffen sich Wissenschaftler Hinweise von Organismen, die gänzlich geschlechtslos sind; ein Beispiel sind die Rädertiere, mikroskopisch kleine Geschöpfe, die sich mit Hilfe eines Räderorgans ernähren. Bis jetzt hat noch niemand ein Männchen gesehen, und erst Recht gibt es keinen Hinweis auf verborgene Rädertiersexualität. Andere Hinweise könnten sich aus der Untersuchung von Lebewesen ergeben, die beide Arten der Fortpflanzung beherrschen. Die Tatsache, dass grüne Blattläuse und Wasserflöhe sich gelegentlich paaren, lässt vermuten, dass die Paarung kurzfristig Vorteile birgt. «Gelegentlicher Sex ist für Blattläuse eine sehr vernünftige Sache», sagt Maynard Smith. «In guten Zeiten können sie sich äußerst schnell vermehren, ohne umständlichen Sex; und wenn sie danach einmal im Jahr Geschlechtsverkehr haben, reicht das durchaus aus, um die Probleme zu lösen, die sich durch rasche Evolution und schlechte Mutationen ergeben.»

Auch die seltsamen sexuellen Praktiken der Nacktschnecken könnten Einsicht in die Entstehung der geschlechtlichen Fortpflanzung vermitteln. Als Hermaphroditen haben alle Schnecken sowohl ein männliches als auch ein weibliches Geschlechtsorgan, deshalb sind eine Reihe von sexuellen Permutationen möglich. Untersuchungen von Berrys Kollege Steve Jones und dessen Team am University College London haben gezeigt, dass Schnecken in England mit umso größerer Wahrscheinlichkeit auf einen Partner verzichten, je weiter nördlich sie leben. Ebenso ist es mit der Höhe über dem Meeresspiegel: Schnecken im Tal pflanzen sich, im Gegensatz zu ihren sich selbst befruchtenden Verwandten im Gebirge, geschlechtlich fort. Nach Meinung von Les Noble, einem Fachmann für das Geschlechtsleben von Gastropoden an der Universität Aberdeen, bestätigen diese Ergebnisse den Gedanken, dass die geschlechtliche Fortpflanzung es einer Population ermöglicht, mit Veränderungen klarzukommen. Sex ist notwendig, wenn sich die Umwelt eines Lebewesens in unerwarteter Weise verändert, was im warmen Süden und in Tälern, wo es mehr Krankheiten, Parasiten und mögliche Rivalen gibt, wahrscheinlicher ist als im kühlen Norden. Dort ist die geschlechtliche Fortpflanzung für eine Spezies segensreich, meint Noble, denn sie erzeugt unerwartete und neue Kombinationen von Genen, die den Parasiten unbekannt sind und denen sie deshalb nicht gewachsen sind. In den schottischen Bergen dagegen ist das Leben eintöniger und vorhersagbarer.

Obwohl diese Untersuchungen noch nicht abgeschlossen sind, scheint die Erfahrung einsamer Bergschnecken doch weit von der Jungfrauengeburt entfernt zu sein, die für viele Menschen so schwer zu akzeptieren ist. Lassen wir die Frage der Unehelichkeit, die in Matthäus 1,19 angesprochen wird, einmal beiseite («Joseph aber, ihr Mann, war fromm, und wollte sie nicht in Schande bringen, gedachte aber, sie heimlich zu verlassen»); es bleibt die Tatsache, dass menschliche Jungfrauen keine Kinder haben. Wissenschaftler dagegen geben sich nicht damit zufrieden, den Mangel an Hinweisen auf Jungfrauengeburten bei Menschen einfach hinzunehmen, sondern suchen nach tieferen Gründen, die erklären, warum solche Geburten nicht möglich sind. Die Naturgesetze verbieten sie nicht: Beispielsweise können sich Eier von Bienen oder Läusen durch sogenannte Parthenogenese, also ohne Befruchtung, entwickeln. Das kommt etwa bei einer von tausend Arten vor. Aus wissenschaftlicher Sicht jedoch müsste Jesus, hätte es sich um eine Jungfrauengeburt gehandelt, ein Mädchen gewesen sein und nicht ein Junge.

Die entscheidende Einschränkung besteht bei Jungfrauengeburten darin, dass der Gensatz für die Nachkommen natürlich ausschließlich von der Mutter stammt: Im Fall von Jesus mussten alle seine Gene von Maria stammen. Unter normalen Umständen hätte sie nur über das Erbgut verfügt – in Menschen ist das ein Bündel von Genen, das X-Chromosom heißt –, das zu einem Mädchen führt. Wenn Maria durch Parthenogenese einen Sohn geboren hätte, müsste sie ein Y-Chromosom gehabt haben, ein Paket von Genen, die Mädchen und Jungen unterscheiden. Normaler Sex macht das Geschlecht eines Kindes zu einem Lotteriespiel, da er die Chromosomen beider Elternteile vermischt. Die Ziehung findet statt, wenn das Sperma auf das Ei trifft. Ein Ei enthält die genetischen Instruktionen der Mutter und ein X-Chromosom. Ein Mädchen entsteht, wenn das Spermium dem im Ei enthaltenen X-Chromosom ein weiteres X-Chromosom hinzufügt, und das Kind wird ein Junge, wenn zum X-Chromosom im Ei ein Y-Chromosom vom Spermium hinzukommt.

Wir können besser verstehen, warum männliche Kinder empfangen werden, wenn wir die genetische Ladung des Y-Chromosoms betrachten. Alle Chromosomen, X wie Y, enthalten die chemische Substanz DNA, die eng zu einer Doppelspirale aufgewickelt ist. Dieser chemische Stoff trägt die genetische «Botschaft», die durch unterschiedliche Folgen von vier chemischen Einheiten oder «Buchstaben» verschlüsselt ist. Für die Zwecke der Jungfrauengeburt ist das SRY-Gen im Y-Chromosom entscheidend, denn es löst die Bildung männlicher Geschlechtsorgane aus. Wenn Maria ein Y-Chromosom weitergegeben hätte, müsste sie selbst ein funktionierendes Y-Chromosom gehabt haben. Das wäre problematisch, da Maria dann männliche Geschlechtsmerkmale gehabt hätte und unfruchtbar gewesen wäre. Immerhin lässt die obige Möglichkeit die Überlegung zu, dass ein Mädchen durch Jungfrauengeburt zur Welt kommt.

Natürlich gibt es Frauen, die ohne Geschlechtsverkehr schwanger werden wollen. Biologisch gesehen gibt es dieses sogenannte «Syndrom der Jungfernzeugung» jedoch nicht; künstliche Befruchtung, die zu befruchteten Eiern und später zu Nachkommen führt, kann kaum als Jungfrauengeburt bezeichnet werden. Dazu braucht es die Parthenogenese, und wenn die bei Kartoffeln, Bienen und Blattläusen möglich ist, könnte sie nicht auch beim Menschen möglich sein?

Helen Spurway, Genetikerin im University College in London und Frau von J. B. S. Haldane, dem legendären marxistischen Biologen, ließ sich 1955 von tropischen Fischen zu einer Untersuchung der Parthenogenese beim Menschen anregen: Spurway hatte eine Schule von Guppys gezüchtet, lebendgebärende Aquariumfische, bei denen anscheinend jungfräuliche Weibchen, die nie einem Männchen begegnet waren, Nachkommen hatten. Das brachte Spurway dazu, sich mit der Jungfrauengeburt beim Menschen zu beschäftigen. Wenn es innerhalb der menschlichen Spezies eine Jungfrauengeburt gäbe, müssten weibliche Kinder auf die Welt kommen, da das Y-Chromosom fehlt. Außerdem glaubte sie, dass die Behauptung mancher Frauen, ohne Geschlechtsverkehr ein Kind empfangen zu haben, sich durch Gentests überprüfen lassen sollte. Sie gab in der mittlerweile eingegangenen Zeitung *Sunday Pictorial* Anzeigen auf, in denen sie nach Müttern suchte, die davon überzeugt waren, durch Parthenogenese ein Kind geboren zu haben.

Elf der neunzehn Frauen, die sich daraufhin meldeten, konnten rasch ausgeschlossen werden. Sie hatten geglaubt, Jungfrauengeburt bedeute lediglich, dass das Jungfernhäutchen nach der Empfängnis intakt geblieben war. Die anderen acht Mutter-Tochter-Paare wurden auf ihre genetische Ähnlichkeit hin untersucht. Falls wirklich Jungfernzeugung im Spiel war, hätten ihre Gene identisch sein müssen. Ein Paar erwies sich bei allen Tests bis auf einen als identisch; lediglich in Bezug auf Hauttransplantationen stellte sich eine gewisse Unverträglichkeit heraus. Leider verfügte man damals noch nicht über die Mittel, mit denen moderne Molekularbiologen die genetische Identität von Mutter und Kind im

Einzelnen vergleichen können. «Vielleicht lag in diesem Fall Parthenogenese vor, es bleibt aber unbewiesen», bemerkt Sam Berry. Es stellte sich übrigens heraus, dass die scheinbar jungfräulichen Guppys, die Spurway inspiriert hatten, keine normalen Weibchen waren, sondern etwas testikulares Gewebe enthielten. Sie waren also Hermaphroditen – eine bei Guppys wie bei Menschen seltene Anomalität –, und der Nachwuchs war ein Ergebnis von Selbstbefruchtung, was ein ganz anderer Vorgang ist als die Parthenogenese.

Gelegentlich beginnt eine *un*befruchtete menschliche Eizelle, sich zu teilen. Dieser selbstaktivierte «Embryo» bildet rudimentäre Knochen und Nerven, ist aber anscheinend nicht in der Lage, Gewebe wie etwa Muskeln herzustellen, was die Weiterentwicklung verhindert. Das Ergebnis ist ein seltsam geformter Tumor, ein Gemisch von Haaren und Zähnen, das Teratoma oder dermoide Zyste heißt. Da die menschliche parthenogenetische Entwicklung niemals darüber hinausgelangt, liegt der Schluss nahe, dass einer vaterlosen Entwicklung schon früh in der Evolution der Säugetiere Grenzen gesetzt waren. Die deutlichste Grenze wurde erst vor kurzem erkannt: Es ist das Phänomen der sogenannten genomischen Prägung.

Außer den X- und Y-Chromosomen, die die Geschlechtszugehörigkeit festlegen, haben Menschen 22 weitere Chromosomenpaare, von denen jedes ungeheuer viele Gene trägt, die jeweils ein Protein zur Rezeptur eines Menschen beitragen. Der Vorgang der genomischen Prägung, auch Imprinting genannt, stellt sicher, dass der Embryo sich aus mütterlichen wie väterlichen Genen entwickelt. Anfang der achtziger Jahre erkannte man, dass die Gene der mütterlichen Chromosomen andere Aufgaben erfüllen als die Gene des väterlichen Systems. Zum besseren Verständnis stelle man sich den Körper als eine geschäftige Großstadt vor, in der es viele verschiedenartige Restaurants gibt. Das Herz jeden

Restaurants ist eine Küche, in der es drunter und drüber geht und in der die Bände eines alten Kochbuchs stehen. Jedes Restaurant kocht nach diesem Kochbuch, aber die Mahlzeiten werden von Köchen kreiert, die sich auf bestimmte Zubereitungsarten spezialisiert haben. Jeder verwendet eine andere Auswahl von Rezepten aus demselben Kochbuch – einige verstehen sich auf Schweinebraten und andere auf Pekingente.

Der Vergleich mit der Küche beschreibt die Vorgänge im Körper. Die Rezepte sind die Gene, die Kochbücher die Chromosomen, und die Köche sind die Transkriptvorschriften, Proteine, die sich an die DNA binden, wodurch Gene an- oder abgeschaltet werden. Gemeinsam geben sie einen Teil der Antwort auf eines der großen Rätsel der Biologie, nämlich, wie sich die Menge der identischen Zellen im frühen Embryo, die alle denselben genetischen Bauplan haben, zu unterschiedlichen Organen entwickeln, von der Haut über die Nerven bis zur Leber, die jeweils durch die Wirkung einer anderen Teilmenge von Genen bestimmt werden. Unter diesen Teilmengen sind einige wenige, aber wichtige Gene so «geprägt», dass sich die Wirkung identischer Gene danach unterscheidet, ob sie vom Vater oder von der Mutter eines Menschen stammen. Diese Gene tragen ein biochemisches Etikett, das zeigt, von welchem Elternteil sie stammen, und bestimmt, ob sie in den Zellen der Nachkommen aktiv sind oder nicht. Je nach seiner Herkunft wird ein Gen unterdrückt, während sich das andere voll entfalten kann.

Es wäre Jesus nicht leicht gefallen, mit den Genen nur eines Elternteils zu leben. Man fand, dass so markierte väterliche Gene für die Entwicklung der Plazenta zuständig sind, die entsprechenden mütterlichen Gene dagegen für das Wachstum des Embryos sorgen. Azim Surani, ein Pionier auf diesem Gebiet, und Eric Keverne, beide von der Universität Cambridge, fanden aufgrund von Untersuchungen an Mäusen, dass die mütterlichen Gene mehr zur

Entwicklung der «Denk»zentren im Gehirn beitragen, während väterliche Gene sich mehr auf die Entwicklung des «emotionalen» limbischen Systems auswirken.

Ein weiteres Beispiel dafür, dass Menschen Gene sowohl von der Mutter als auch vom Vater brauchen, lässt sich beobachten, wenn diese Prägung mit einer Laune bei der Vererbung zusammentrifft und ein Individuum entsteht, dem die aktive Version eines Gens fehlt. Das Prader-Willi-Syndrom, das zu geistiger Behinderung, Fettleibigkeit und anderen Wachstumsstörungen führt, kommt bei Menschen vor, die beide Kopien des Chromosoms 15 von ihrer Mutter geerbt haben und nicht von jedem Elternteil eine. Zur normalen Entwicklung sind väterliche Gene des Chromosoms 15 nötig. Das Prader-Willi-Syndrom hat eine Entsprechung im Angelman-Syndrom, das zu geistiger Behinderung, typischen ruckhaften Bewegungen und Epilepsie führt. Das Angelman-Syndrom hat ebenfalls mit Chromosom 15 zu tun, aber diesmal fehlen den davon Betroffenen die mütterlichen Gene.

Auf die Bedeutung des Imprinting verweist auch die Arbeit von David Skuse vom Institute of Child Health, London, der Hinweise auf das fand, was er ein Gen (vielleicht sind es auch mehrere Gene) für «weibliche Intuition» nennt, das dem X-Chromosom aufgeprägt ist. In Zusammenarbeit mit Nina James vom Wessex Reginal Genetics Laboratory in Salisbury entdeckte er, dass dieses Gen, wenn Väter es an ihre Töchter weitergeben, aktiv ist, während das Gen, das Mütter ihren Söhnen mitgeben, inaktiv ist. Dadurch werden also normale Mädchen mit dem aktiven Gen für soziale Fertigkeiten geboren, Jungen dagegen üblicherweise nicht. Während Männer sich soziale Fertigkeiten erst aneignen müssen, sind Frauen von Geburt an dazu disponiert, etwa so, wie wir für den Spracherwerb programmiert sind. Mehr noch, die Arbeit von Skuse und James legt nahe, dass Frauen den Männern das Ungenügen im mitmenschlichen Bereich aufbürden, indem sie das Gen in ihren Eizellen «ausschalten», bevor sie es an ihre Söhne weitergeben.

Diese Beispiele zeigen, wie sehr die genomische Prägung es Maria erschwert hätte, ihr Kind allein mit der nötigen genetischen Ausstattung zu versorgen. Der völlige Mangel an Imprinting und damit das Fehlen jeder Art von Zusammenarbeit zwischen mütterlichem und väterlichem Erbgut ist vermutlich tödlich: Soweit wir wissen, wurde noch nie ein durch Parthenogenese gezeugtes Säugetier in der freien Natur geboren (obwohl die zur Entstehung von Schaf Dolly erforderlichen Klonierungsverfahren diese Regel vielleicht durchbrochen haben).

Es gibt jedoch noch eine weitere Möglichkeit, wie es zu einer Jungfrauengeburt zwar nicht eines Kindes, aber eines Zellverbands kommen kann. Ein solcher Zellverband kann sich in einer genetischen Zwischenstufe, der sogenannten Chimäre, befinden. Biologen meinen, wenn sie von Chimären sprechen, nicht die Fabelwesen der griechischen Mythologie (die, wie Homer sie beschrieb, Löwenkopf, Ziegenkörper und Drachenschwanz haben). In der Biologie ist eine Chimäre ein Gebilde aus einem Gemisch mehrerer Zellarten. Die Chimäre hat in diesem Fall einige Zellen mit der üblichen Kombination des mütterlichen und väterlichen Erbguts und andere, die anscheinend nur von der Mutter stammen. Sie wurde von dem Biologen David Bonthron und seinen Kollegen von der Universität Edinburgh mit modernen molekularbiologischen Methoden untersucht, die noch nicht zur Verfügung standen, als die *Sunday Pictorial* vor vier Jahrzehnten ihre Suche nach Beweisen für Parthenogenese beim Menschen startete. Sie schildern den Fall eines einjährigen Jungen mit einer kleinen Lernbehinderung, einer geringen Asymmetrie im Gesicht und kleinen Hoden. Sein Blut zeigte keine Spuren seines Vaters, obwohl es in einigen seiner Zellen ein Y-Chromosom geben musste, da er sonst nicht männlich gewesen wäre. Dieser in der wissenschaftlichen

Literatur als «FD» bezeichnete Junge wurde möglicherweise empfangen, als ein Sperma eine Eizelle befruchtete, die bereits mit der
Teilung begonnen hatte. Folglich entwickelte sich sein Blutsystem
aus Eizellen, die nicht befruchtet waren; es handelt sich hier um
ein außerordentlich seltenes Beispiel für eine teilweise Parthenogenese. Die moderne Wissenschaft kann nichts vorweisen, was einer Jungfrauengeburt beim Menschen näher kommt.

Versuche mit Mäusen haben gezeigt, dass parthenogenetische
Zellen langsamer wachsen als normale Zellen und dass beide Arten
im selben Gewebe nebeneinander bestehen können. Außerdem
kann der Anteil der parthenogenetischen Zellen in einer bestimmten Gewebeart im Körper als Ganzes schwanken. Das könnte die
leichte Asymmetrie im Gesicht von FD erklären, dessen linke Ge-
sichtshälfte etwas kleiner war als die rechte. Bonthron merkt an,
dass unter einigen hundert Menschen einer leichte Asymmetrien
hat; möglicherweise sind diese seltenen Fälle teilweise parthenogenetisch entstanden.

Wir brauchen jedoch mehr als nur Parthenogenese, um die Geburt Jesu zu erklären, denn zur Zeugung eines Sohnes ist – anders
als bei der einer Tochter – ein Y-Chromosom nötig. Wenn es keine
Samenzellen gibt, die ein Y-Chromosom hätten liefern können,
besteht laut Berry noch die Möglichkeit, dass Maria männlich
war, aber eine Genmutation durchgemacht hat – eine sogenannte
testikuläre Feminisierung –, die dazu führte, dass die Androgen-
rezeptoren in ihrem Körper gegen das männliche Geschlechtshormon Testosteron resistent waren. Maria wäre dann, so weit es ihre
Chromosomen betrifft, männlich gewesen (XY), hätte aber dennoch
wie eine vollkommen normale Frau ausgesehen. Eine solche Frau
ist normalerweise unfruchtbar, da sie weder einen Uterus noch
Tuben oder Ovare hat und ihre Vagina blind endet. Nach Berry
könnte jedoch je nach Ausprägung der Geschlechtsorgane ein
solcher Mensch ein Ei und eine Gebärmutter entwickeln. «Wenn

das passierte und wenn das Ei sich parthenogenetisch entwickelte und wenn eine Rückmutation zur Testosteron-Empfindlichkeit stattfinden würde, könnte eine scheinbar normale Frau ohne Geschlechtsverkehr einen Sohn gebären.»

Die möglichen wissenschaftlichen Erklärungen der Jungfrauengeburt sind damit noch keineswegs erschöpft. Beispielsweise merkt Berry an, dass einige Männer offenbar XX-Chromosomen, also eine weibliche genetische Ausrüstung, haben. «Untersuchungen haben gezeigt, dass bei ihnen der die Männlichkeit bestimmende Faktor des Y [das uns schon bekannte SRY-Gen] auf ein anderes Chromosom verschoben wurde.» Wenn dieses Männlichkeitsgen auf das X-Chromosom verschoben und dieses Chromosom in der frühen Entwicklung deaktiviert wurde (ein X-Chromosom wird immer zufällig deaktiviert, deshalb exprimieren normalerweise die Hälfte der Zellen das mütterliche X und die andere Hälfte das väterliche X), würde der Träger weiblich aussehen, aber das Gen, das zu Männlichkeit führt, weitergeben. Männer mit XX-Chromosomen sind zeugungsunfähig. Mit genug Einfallsreichtum ist das aber nicht unbedingt ein Problem. «Jesus hat nie geheiratet, und wir wissen nicht, ob er steril war – obwohl er natürlich im theologischen Sinn ein wahrer Mensch war», sagt Berry.

Beantwortet das die Frage nach der Jungfrauengeburt? «Ich muss betonen, dass bei Menschen keine Parthenogenese sicher bezeugt ist, und wir kennen auch keinen Mann, der ohne Befruchtung mit Samen gezeugt wurde, der ein Y-Chromosom enthielt», sagt Berry. «Mir ist nur wichtig, dass diese Möglichkeit nicht völlig außerhalb der biologischen Vorstellungskraft liegt. Es wäre falsch, aus der Existenz eines embryologischen Entwicklungsablaufs darauf schließen zu wollen, dass Gott auf eine bestimmte Weise wirkte. Das ist nicht meine Absicht. Die von mir umrissenen Mechanismen sind unwahrscheinlich und unbewiesen und implizieren, dass entweder Jesus oder Maria oder beide abnormal entwickelt waren. Ich habe sie hier lediglich deshalb angeführt, weil ich die Annahme der Unglaubwürdigkeit reduzieren wollte, die die Lehre von der Jungfrauengeburt offenbar belastet.»

Bedauerlicherweise für Berry haben seine Gedanken die Ungläubigkeit anderer Wissenschaftler nicht schmälern können. «Ich bin nicht sicher, dass sie dazu helfen, an die Jungfrauengeburt zu glauben, die ja schließlich ein Wunder sein soll», bemerkt Wolf Reik vom Babraham-Institut in Cambridge, der sich mit den Zusammenhängen zwischen fehlender Prägung und Krebs beschäftigt. «Meiner Meinung nach wäre das biologisch sehr schwer durchführbar. Aber man kann ja fast alles erklären, indem man viele unwahrscheinliche Dinge miteinander verknüpft.»

Auch Robin Lovell-Badge vom Nationalen Institut für medizinische Forschung in Mill Hill, London, ist skeptisch: «Ich glaube nicht, dass es eine vernünftige wissenschaftliche Erklärung gibt. Es würde fast allem widersprechen, was wir wissen.» Lovell-Badge hat ein besonderes Interesse an dieser Frage, denn er war einer der Wissenschaftler, die bei der Entdeckung des SRY-Gens den entscheidenden Durchbruch schafften, indem sie 1990 das Äquivalent dieses Gens in der Maus fanden. Da große Teile der genetischen Baupläne von Mensch und Maus intakt geblieben sind, seit die beiden Arten zuletzt gemeinsame Ahnen hatten, war es bei der Suche nach dem entsprechenden Gen im Menschen hilfreich zu wissen, wo das geschlechtsbestimmende Gen in der Maus ist. Nach Lovell-Badge wirft das Bild, das Berry von der jungfräulichen Geburt ausmalt, mehrere Probleme auf. Wenn Maria beispielsweise testikulär feminisiert gewesen wäre, hätte sie seiner Meinung nach zwar ausgesehen wie eine Frau, aber Hoden gehabt, und sie wäre unfruchtbar gewesen, hätte also kein Kind gebären können. «Die Hoden erzeugen einen Faktor, der AMH heißt und den sich entwickelnden weiblichen Fortpflanzungstrakt zerstört, deshalb haben solche Menschen keine Gebärmutter.» Dieser

Punkt wird auch von Bonthron angesprochen, der Berrys Arbeit für zu phantasievoll und zu wenig auf empirischen Beobachtungen basierend hält, auch wenn es sich um sehr bizarre, seltene und ungewöhnliche Ereignisse handelt. Berry gesteht dies ein, aber er beharrt darauf, dass sich die testikuläre Feminisierung auf unterschiedliche Weise auswirken kann: «Vielleicht hatte Maria keine Hoden oder jedenfalls nur kleine.» Aber Lovell-Badge weist auch darauf hin, dass die parthenogenetische Aktivierung von Eiern in Menschen zwar möglich ist, gewöhnlich jedoch zu einem Teratom führt. Der höchste Organismus, bei dem Parthenogenese erfolgreich zu männlichen Nachkommen führt, ist der Truthahn. Zu dieser zur Weihnachtszeit mit seinen Festbraten nicht ganz unpassenden Tatsache bemerkt Lovell-Badge: «Mehr ist nicht drin!»

3. KAPITEL

Weihnachtsmann & Co.

Die Augen glitzern, und Grübchen – ein Spaß,
die Wangen wie Rosen, eine Kirsche die Nas,
die lustigen Mundwinkel hochgezogen,
und schneeweiß der Bart, wie von Watte gewoben.

Und zwischen den Zähnen ein Stummelpfeifchen,
der Rauch wehte um ihn wie Nebelstreifchen.
Das Gesicht war rund und rundlich der Bauch,
der wackelt beim Lachen wie Pudding wohl auch.
Clement Clarke Moore,
Ein Besuch vom heiligen Nikolaus

Wo ist Ihrer Meinung nach der Weihnachtsmann jetzt gerade? In Begleitung seines Knechts Ruprecht oder des Krampus draußen im dunklen Wald beim Aufzeichnen der Verdienste und Missetaten? Oder vor einem Holzfeuer in einer gemütlichen Hütte in der Nähe des Nordpols, während der Schnee sanft auf seinen Schlitten fällt? Füttert er seine Rentiere, stopft er seinen Sack? Vielleicht brütet er über seinen Karten und überlegt sich, welchen Weg er Weihnachten wählen sollte? Sie könnten sich irren. Historisch korrekte

Weihnachtskarten sollten ihn eher mit Sonnenbrille zeigen, wie er in einer rotweißen Badehose am Rand des Swimmingpools eine kühle Cola trinkt.

Es gibt heute Hinweise darauf, dass die Heimat des Weihnachtsmannes nicht im eisigen Norden liegt, sondern zwischen Olivenhainen auf Gemiler, einer kleinen türkischen Mittelmeerinsel. Dort ist der heilige Nikolaus, ein direkter Vorfahr des Weihnachtsmanns, vermutlich gestorben. Gemiler, Touristen wohlbekannt, war in letzter Zeit auch Objekt archäologischer Studien (die neuesten wurden von der Universität Osaka in Japan und von einer Gruppe Gelehrter durchgeführt, unter denen sich auch David Price Williams befand, ein Archäologe, der an der Universität London lehrt). Die Insel ist zwar kaum einen Kilometer lang, hatte aber mindestens fünf Kirchen, die mit Fresken und Mosaiken verziert waren, und weist alle Merkmale eines bedeutenden Wallfahrtsortes auf.

Auf mittelalterlichen venezianischen Seekarten wird Gemiler als Insel San Nicolo bezeichnet. An der Tür einer Kirche in der Nähe des Hafens zeigt ein Gemälde «Osios Nikolaus» – den Heiligen selbst. Die Insel hat auch einen riesigen byzantinischen Kirchenkomplex mit einem großartigen, 300 Meter langen überwölbten Prozessionsweg. Auch andere byzantinische Orte, in denen bedeutende Heilige verehrt wurden, haben Prozessionswege in Verbindung mit Klosteranlagen, aber wenige sind so großartig wie die «Heilige Stadt», die dem heiligen Nikolaus auf Gemiler gebaut wurde. Er ist einer der beliebtesten Heiligen, Schutzpatron der Kinder, Seeleute, Lehrer, Schüler, Bäcker und Kaufleute.

Der Legende nach wurde Nikolaus um 245 in Patara geboren, einem wichtigen byzantinischen Hafen in der Türkei, nur wenige Seestunden von Gemiler entfernt. Sein Vater starb, als Nikolaus noch jung war, und hinterließ ihm ein großes Vermögen, das Nikolaus unerkannt an Bedürftige verteilte, besonders an Kinder.

Schließlich wurde er Bischof von Myra – der heutigen Küstenstadt Demre –, das an der Südspitze der Bey-Daglari-Berge liegt (der Name Myra leitet sich von «Myrrhe» her). Dort soll er mehrere Wunder vollbracht haben, unter anderem die Rettung von Seeleuten vor dem Ertrinken und die Wiederbelebung von drei Knaben, die ein böser Metzger geschlachtet hatte. Am bekanntesten wurde er jedoch durch das «Wunder», das ihn dann zu unserem weihnachtlichen Gabenbringer werden ließ.

Ein Edelmann, Vater von drei Töchtern, war in Not geraten. Die Töchter hatten, da der Vater ihnen keine Mitgift geben konnte, wenig Heiratschancen und hätten nur als Prostituierte überleben können. Eines Nachts warf der heilige Nikolaus, der von der Not der Mädchen gehört hatte, einen Sack mit Gold durch ein Fenster des verfallenden Schlosses, das reichte, um eine der Töchter zu verheiraten. In der nächsten Nacht folgte ein Sack Gold für die zweite Tochter. Als aber das Fenster in der dritten Nacht geschlossen war, hatte er den Einfall, den dritten Sack durch den Kamin fallen zu lassen. Die Nachricht breitete sich in der Stadt aus, und die Einwohner hängten des Nachts Strümpfe an den Kamin, um alles Gold aufzufangen, das vielleicht herunterfallen würde – auf dieser Geschichte beruht der Brauch, am Nikolaustag oder, in den angelsächsischen Ländern an Weihnachten, Strümpfe, Schuhe, Teller aufzustellen, die der Nikolaus dann in der Nacht füllt. Seither bringt er in weiten Teilen der Welt die Geschenke, und auch seine Vorliebe für Kamine stammt daher.

Nikolaus von Myra starb vermutlich in der Mitte des vierten Jahrhunderts (sein Todestag wird oft als 6. Dezember 343 angegeben). Die frühesten byzantinischen Bilder zeigen ihn mit einem langen weißen Bart, und als sich sein Kult über Europa ausbreitete, wurde er mit Weihnachten in Verbindung gebracht, da sein vermutlicher Todestag, der 6. Dezember, in die Vorweihnachtszeit fällt. Im sechsten Jahrhundert schon war sein Ruhm weit verbreitet, was möglicherweise die riesige Siedlung auf Gemiler erklärt. Aber bald nach 650 wurde dieser Ort der Anbetung aufgegeben. Der islamische Gouverneur von Syrien hatte eine Flotte ausgeschickt, um die byzantinische Seemacht im Mittelmeer zu bekämpfen, und zerstörte die Siedlungen auf Zypern, dann die auf Rhodos und Kos. Gemiler wurde verlassen. Die Stadt des heiligen Nikolaus geriet in Vergessenheit.

Es gibt viele Erklärungen für die Verwandlungen, durch die der heilige Nikolaus zum heutigen Weihnachtsmann wurde. Sicher ist nur, dass die moderne Gestalt ihre Wurzeln in einer Fülle von Volksbräuchen und Einflüssen hat und in vielen Formen wiedergeboren wurde. Zu den Reinkarnationen gehören unter anderem der amerikanische Santa Claus, der englische Father Christmas, der französische Père Noël, der holländische Sinter Klaas, der dänische Jules-Missen, das russische Väterchen Frost und auch der rumänische Mos Craciun. Die protestantische Kirche nahm großen Einfluss auf die Entwicklung dieser Ikone, da Martin Luther Einwände dagegen erhob, dass Kinder ihre Geschenke im Namen eines katholischen Heiligen erhielten. Er ersetzte ihn durch das Christkind, das oft, wie auch der Nikolaus, von einer furchteinflößenden Gestalt mit finsterer Miene begleitet wurde, die als Krampus, Pelzebock, Pelznickel, Hans Muff, Bartel oder Gumphinkel ebenso deutlich Züge heidnischer Überlieferung zeigt wie die weiblichen Entsprechungen Berchtel, Buzebergt oder Budelfrau, die als Perchten in der Winterzeit beim Austreiben des bösen Winters (und damit beim Vertreiben des Bösen) mitwirken und dem Guten helfen, die Oberhand zu gewinnen. Besonders vertraut ist deutschen Kindern Knecht Ruprecht, der frommen Kindern Äpfel, Nuss und Mandelkern bringt, während er mit seiner Rute die «schlechten» straft oder sie gar in seinen Sack zu stecken droht.

Die Verwandlung des heiligen Nikolaus in den Weihnachts-

mann, wie wir ihn heute kennen, wird oft den Holländern zugeschrieben. Die ersten holländischen Siedler in Amerika brachten ihren Brauch, die Kinder am Nikolaustag zu beschenken, nach
Neu-Amsterdam mit (das von den Engländern später in New York
umgetauft wurde). So wurde Sinter Klaas, der umgangssprach-
liche holländische Name von Sankt Nikolaus, zu Santa Claus.
Sinter Klaas trug einen breitkrempigen Hut, eine Pfeife und statt
eines Bischofsmantels Kniebundhosen. Zu Beginn des neunzehnten Jahrhunderts vermischten sich allmählich die Traditionen der
Völker, und so finden wir beispielsweise 1809 in Washington Ir-
vings *History of New York* Santa als jovialen, rundlichen Gesellen,
der in einem Schlitten über die Baumwipfel hinwegfährt.

Die Entwicklung zum modernen Weihnachtsmann lässt sich
aber auch ganz anders, nämlich in Form von Memen darstellen.
Dieses Wort wurde von dem Biologen Richard Dawkins parallel
zum Begriff der Gene geprägt, um die Replikation von Gedanken
im menschlichen Geist über Generationen hinweg zu beschreiben.
Grob gesagt sind Meme Entitäten der kulturellen Übermittlung
oder Informationsmuster, also beispielsweise Melodien, Schlagzei-
len, innovative Gedanken, Kleidung, Moden und natürlich auch
Legenden und Geschichten. Nikolaus, Weihnachtsmann und Santa Claus sind alle Beispiele für Meme. Träger der Gene sind Organismen, denen die Gene bestimmende Eigenschaften verleihen
(Hautfarbe, Blutgruppe und so weiter), die jeden von uns einzig-
artig machen. In ähnlicher Weise gibt es Memträger – Gedichte,
Bücher, Computer, Redensarten und so weiter –, die etwas für
uns bereithalten, was uns ablenken oder unser Gedächtnis be-
frachten kann. In der vorweihnachtlichen Hektik können Meme
Kinder dazu bewegen, «brav» zu sein, da das Christkind oder der
Weihnachtsmann sonst vielleicht, wie ein solches Mem klarstellt,
keine Geschenke bringt. Ein Soziologe sagte es einmal so: «Eltern
benutzen den Glauben an den Weihnachtsmann dazu, Kinder

dazu zu bringen, ihre Ansprüche auf Bedürfnisbefriedigung bis Weihnachten zurückzustellen, und es doch so aussehen zu lassen, als ob er und nicht die Eltern für die kindliche Entbehrung verantwortlich ist.»

Es wäre falsch, wenn man damit andeuten wollte, dass der heutige Weihnachtsmann lediglich ein Amalgam und evolutionärer Endpunkt seiner Vorfahren ist. Zum einen existieren noch viele seiner älteren Fassungen. In verschiedenen Gegenden Deutschlands ist Nikolaus auch heute noch unter den Namen Klaasbuur, Burklaas, Rauklas, Bullerklaas und Sunnerkla bekannt, und in Ostdeutschland weisen sie noch stärker auf heidnische Ursprünge zurück.

Anthropologen haben sich mit der verbreitetsten Form des modernen Weihnachtsmanns, dem Santa Claus, beschäftigt und behauptet, er sei mehr als die Summe europäischer Einflüsse. Sie sehen ihn als entschieden amerikanisch und betonen fünf entscheidende Unterschiede zwischen dem heutigen Santa und seinen Ahnen: Santa besitzt nicht die religiöse Gewichtigkeit seiner Vorgänger; an Knecht Ruprecht gemessen ist er eher langweilig – er hat sich in einen weichherzigen Liberalen verwandelt, der nichts übrig hat für die Strafen, wie sie ein Knecht Ruprecht androht. Er ist zwar noch eine mythische Gestalt, aber dank seiner Auftritte in Film, Fernsehen und Kaufhäusern (selbst in japanischen) ist er fassbarer als seine Vorgänger. Außerdem schenkt er viel üppiger als seine europäischen Vorfahren, wobei er heute eher Nintendo-Computerspiele dabeihat als die traditionellen Nüsse und Mandelkerne.

Wer aber *ist* der Weihnachtsmann? Der große Anthropologe Claude Lévi-Strauss hat ihn in *Der hingerichtete Weihnachtsmann* beschrieben: «Der Weihnachtsmann ist in Scharlach gekleidet: er ist ein König. Sein weißer Bart, das Pelzwerk seiner Gewandung, seine Stiefel und der Schlitten, auf dem er reist, vergegenwärtigen den Winter. Man nennt ihn *Père*, das heißt, er ist ein alter Mann;

er verkörpert also die wohlwollende Form der Autorität der Alten.» Am Wichtigsten aber ist, sagt Lévi-Strauss, dass Kinder an ihn glauben, ihm Briefe schreiben und ihn um etwas bitten, Erwachsene dagegen nicht. «Der Weihnachtsmann ist also zunächst Ausdruck eines unterschiedlichen Status der kleinen Kinder auf der einen und der Jugendlichen und Erwachsenen auf der anderen Seite. In dieser Hinsicht steht er mit einem ausladenden Komplex von Glaubensinhalten und Praktiken in Zusammenhang, den die Ethnologen in der Mehrzahl der Gesellschaften untersucht haben, nämlich mit den Initiationsriten und den *rites de passage*.»

Auch Soziologen haben sich bemüht, den «Sinn des Weihnachtsmanns» zu erfassen. In einem Aufsatz, der 1966 in *The American Sociologist* veröffentlicht wurde, ignoriert Warren Hagstrom von der Universität Wisconsin in Madison die üblichen Beschreibungen, wie sie Kinder geben («ein dicker Mann mit weißem Bart in einem roten Anzug, der Geschenke bringt»), und beschränkt sich auf die der «gebildeten Kinder», also auf die seiner Kollegen. Diese verstecken sich meist hinter positivistischen Begriffen oder hinter der Nikolauseologie. «Der Positivist, der nur anerkannte Tatsachen und beobachtbare Phänomene zulässt, definiert den Glauben an den Weihnachtsmann als einen Irrglauben und steht dann vor dem Problem, zu entdecken, wie ein solcher Irrglauben entstehen konnte. Der Positivist, der behauptet, dass alle Überzeugungen auf dem Rückschluss aus Erfahrungen beruhen, findet den Sinn von Santa also in falschen Folgerungen aus tatsächlichen Erfahrungen.»

Auch der vergleichende Religionswissenschaftler, Indologe und Sprachforscher Friedrich Max Müller vertritt laut Hagstrom mit seiner Theorie der Naturreligion eine Form des Positivismus, die den Ursprung von Gestalten wie dem Weihnachtsmann in Naturphänomenen sucht. Genau wie primitive Menschen personalisieren auch Kinder oft die Kräfte der Natur: «Kinder mögen es schwer finden, die Wintersonnenwende begrifflich zu erfassen, aber den Weihnachtsmann können sie sich ohne weiteres vorstellen. (Fragen Sie einfach ein Kind.)»

Die Einstellung des Nikolauseologen, fährt Hagstrom fort, ist die, dass es den Weihnachtsmann gibt, sein Wesen aber nicht empirisch bewiesen werden kann. Man muss an ihn glauben. «Die mit dem Weihnachtsmann verbundenen empirischen Phänomene sind wahrscheinlich illusionär und trügerisch. Man muss sich also auf nichtempirische Forschungsmethoden verlassen, und davon gibt es zwei Arten: eigene innere Erfahrung und Offenbarung. Ich kann hier nicht von meinen eigenen Erfahrungen mit dem Weihnachtsmann berichten, da es sehr lange her ist, seit ich irgendwelche echte innere Erfahrungen dieser Art gemacht habe …»

In dieser soziologischen Parodie führt Hagstrom weiter aus, dass eines der Hauptprobleme, vor dem Nikolauseologen stünden, die Auffindung echter Quellen, d. h. authentischer Offenbarungen sei. Glücklicherweise akzeptiert er Werke wie das höchst einflussreiche Gedicht «Ein Besuch vom heiligen Nikolaus» als Teil des Kanons. Es wurde von Clement Clarke Moore (1779–1863), der an einem Lehrerseminar in New York unterrichtete, geschrieben. Als klassischer Philologe und Dichter hatte er Juvenal und andere römische Dichter ins Englische übersetzt und sich später an Dichtung im romantischen Stil versucht. Er war mit der Tradition vertraut, die Einwanderer aus Deutschland, Holland und Skandinavien, die sich im Norden der USA niederließen, mitbrachten, und kannte die traditionelle Geschichte des Sinter Klaas (dessen Namenstag damals weithin am 24. und 25. Dezember gefeiert wurde) und die germanischen und nordischen Vorstellungen von einer jovialen, etwas schelmischen Figur, die im Mittelpunkt der heidnischen Feste zur Wintersonnenwende stand. Moore verschmolz diese Charaktere 1822 zum Helden seines Gedichts «Ein Besuch vom heiligen Nikolaus».

Im Dezember dieses Jahres las Moore seinen Kindern die Verse laut vor; sie beeindruckten einen Besucher so sehr, dass er das Gedicht im *Troy Sentinel* im Norden des Staates New York veröffentlichte. In diesem Gedicht finden sich die berühmten Zeilen: «Am Abend der Christnacht regt in unserem Haus / Kein Wesen sich mehr, nicht mal eine Maus.» In Dutzenden sich reimender Verse, die wir heute als holprig belächeln, beschreibt Moore einen dicken, pfeiferauchenden Weihnachtsmann, der in einem von acht winzigen fliegenden Rentieren gezogenen Schlitten vom Norden her anreist. Dieser Nikolaus hatte einen rundlichen Bauch, der beim Lachen wie ein Pudding wackelte, und einen schneeweißen Bart. Das alles klingt vertraut. Er war jedoch von Kopf bis Fuß in Pelz gekleidet, und dieser Pelz war «dunkel von Asche und Ruß», was mehr an einen Pelznickel oder Knecht Ruprecht denken lässt als an den heutigen Weihnachtsmann.

Der wirkliche Nikolaus von Myra hat vermutlich weder Weihnachten gefeiert noch je ein Rentier gesehen oder davon gehört. In holländischen Legenden reist Sinter Klaas auf einem grauen Pferd oder Esel und trägt ein Bischofsgewand. Wir wissen nicht, ob Clarke Moore je einen Rentierschlitten gesehen hat, und höchstwahrscheinlich bekam er auch nie ein Rentier zu Gesicht; vielleicht kannte er eine finnische Legende vom «Alten Mann Winter», der mit seinen Rentieren aus den Bergen kommt und Schnee mitbringt.

Die Entwicklung des Weihnachtsmannes ging weiter, als der politische Karikaturist Thomas Nast ihn in Zeichnungen, die zwischen 1863 und 1886 in *Harpers's Weekly* veröffentlicht wurden, als birnenförmigen, gutgelaunten Mann mit weißem Rauschebart darstellte. Damit war seine Säkularisation endgültig vollzogen: Nasts Santa Claus erinnerte an seine Zeichnungen eines betrunkenen Bacchus und an die des beleibten Plutokraten William Tweed. Nast selbst gab zu, dass er auch von den Pelzen der Astors beeinflusst war, als er die Pelzverbrämung der Gewänder seines Santa Claus entwarf.

Der führende Hersteller von mit Kohlensäure versetzten Getränken behauptet, den Prototyp des allgemein bekannten rot und weiß gekleideten Santa Claus des zwanzigsten Jahrhunderts geschaffen zu haben, und maßte sich 1996 sogar an, dessen 65. Geburtstag zu feiern. Nach Darstellung der Coca-Cola-Company trat Santa vor 1931 innerhalb der Volkskultur in vielen Gestalten auf, die von einem grünen Elfen bis zu einem ernsten Sankt Nikolaus und einer hageren Gestalt reichten, über die sich die Tierschützer aufregten, weil sie in Felle gekleidet war. In jenem Jahr, so sagt die für die Öffentlichkeitsarbeit zuständige Abteilung, beauftragte die Firma den jungen Schweden Haddon Sundblom damit, Santas Bild neu zu erschaffen.

Von da an veröffentlichte Sundblom jedes Jahr mindestens ein Bild von Santa. Sein Sankt Nikolaus trug einen weiten roten, mit weißem Pelz verbrämten Mantel, den ein dicker Ledergürtel zusammenhielt, und wurde in mehreren, der Jahreszeit angemessenen Situationen gezeigt. 1934 erhielt er eine Mütze, die ebenfalls mit weißem Pelz besetzt war. Sundblom nahm ihm die Pfeife, die er bei Nast unablässig raucht, ließ ihm aber seinen dichten Bart, den Bauchumfang und die rosigen Wangen. Und er gab ihm – kaum überraschend – eine Flasche Coca-Cola in die Hand. Später schuf er eine ganze Folge von Anzeigen mit Kindern, Rentieren, Säcken mit Spielzeug oder Briefen, aber niemals ohne das moussierende Getränk. Santa schaut auf diesen Bildern interessiert auf die Flasche oder greift beherzt danach, bereit für die «erfrischende Pause».

Natürlich lassen sich die Behauptungen der Coca-Cola-Company schlecht überprüfen, solange keine Zeitreisen möglich sind. Es gibt übrigens eine weitere Theorie über den Ursprung des Drum und Drans des heutigen Weihnachtsmanns – seiner rotweißen

Kleidung, des Schlittens mit den fliegenden Rentieren und so weiter –, die wesentlich lustiger, weniger kommerziell, wissenschaftlicher und irgendwie ansprechender ist (vermutlich deshalb, weil sie politisch nicht korrekt ist). Patrick Harding von der Universität Sheffield behauptet, das herkömmliche Bild von Santa und seinen fliegenden Rentieren gehe hauptsächlich auf den wohl wichtigsten Pilz der Geschichte zurück, den Fliegenpilz (*Amanita muscaria*). Dieser Pilz war vor der Einführung des Wodkas aus dem Osten in großen Teilen Nordeuropas bei Festen und Feiern der bevorzugte Stimmungsmacher.

Der Mykologe oder Pilzfachmann Harding verkleidet sich in jedem Dezember als Weihnachtsmann und zieht mit einem Schlitten los, um seine der Jahreszeit gemäßen Vorträge über den Fliegenpilz zu halten. Die Verkleidung hilft Harding, seine Botschaft an den Mann zu bringen, denn er glaubt, das Gewand sei zu Ehren der roten Pilzkappe mit ihren weißen Tupfen so gewählt. Der in Nordeuropa, Nordamerika und Neuseeland häufige Fliegenpilz ist ein Verwandter des wesentlich gefährlicheren grünen Knollenblätterpilzes (*Amanita phalloides*) und des kegeligen Knollenblätterpilzes (*Amanita virosa*). Die halluzinogenen Eigenschaften des Fliegenpilzes rühren nach Auskunft des Internationalen Mykologischen Instituts in Egham, Surrey, von der Ibotinsäure her, die sich nur in frischen Pilzen findet. Wenn der Pilz getrocknet wird, verwandelt sie sich in das zehnmal wirksamere Muscimol, weshalb die Priester oder Schamanen der Lappen den Pilz nur getrocknet zu sich nehmen.

Ein Schamane wusste den Pilz so zuzubereiten, dass die stärker wirkenden Gifte unwirksam wurden und der Verzehr gefahrlos war. Bei einem vom Pilz erzeugten Trancezustand begann der Schamane zu zucken und zu schwitzen. Er glaubte, seine Seele verlasse den Körper, nehme die Gestalt eines Tieres an und fliege in die Welt der Geister, wo sie, so hoffte man, Hilfe beim Umgang mit den anstehenden Problemen, etwa einer im Dorf ausgebrochenen Krankheit, finden würde. Hatte der Schamane Glück, so kehrte er von seinem halluzinatorischen Ausflug in den Himmel mit göttlichen Wissensgeschenken zurück. «Daher kommt die Vorstellung, dass ein Geschenk etwas Heilendes ist und nicht etwas, das man im Geschäft kauft», sagt Patrick Harding.

Santas polterndes Lachen könnte das euphorische Lachen von jemandem sein, der den Pilz genossen hat. Und die Geschenke, meint Harding, gelangen (zumindest in den angelsächsischen Ländern) durch den Kamin in unsere Häuser, weil der Schamane durch den Rauchabzug in seine Jurte, die zeltartige Behausung aus einem Birkengatter und einem Filzdeckenbelag, zurückkehrte. Es gab nur einen, der die Jurte durch das Rauchloch betrat: der Schamane, der kam, um Kranke zu heilen, und eine besonders wichtige Person war. Wie erklärt Harding die Rentiere? Die Tiere tranken außergewöhnlich gern menschlichen Urin, der Muscimol enthielt: «Die Rentiere liebten es, sich daran zu berauschen», sagt er. «Ob sie sich allerdings, wie in den amerikanischen Weihnachtserzählungen und Gedichten, auf dem Rücken wälzen und die Beine in die Luft werfen, weiß ich nicht.»

Auch die Dorfbewohner hatten eine Vorliebe für den bewusstseinserweiternden gelben Schnee, denn das Muscimol im Urin war nur unwesentlich verdünnt – aber vermutlich ungefährlicher –, wenn es den Schamanen durchlaufen hatte. «Es gibt Hinweise», sagt Harding, «dass die Droge fünf oder sechs Menschen durchlief und immer noch wirksam war. Das ist mit großer Sicherheit der Ursprung des englischen Ausdrucks ‹to get pissed›, der nichts mit Alkohol zu tun hat. Dieser Rausch ist mehrere Jahrtausende älter als ein Alkoholrausch.» Die Droge war so stark, dass man unter ihrem Einfluss wohl auch die Rentiere des Nikolaus fliegen sehen konnte. Auch Hexen, sagt man, fliegen aus ähnlichen Gründen. Eine Hexe, die zu einem Hexensabbat oder einer orgiastischen

Zeremonie «fliegen» wollte, bereitete spezielle Öle, die psychoaktive Stoffe, vermutlich aus Krötenhaut, enthielten, und rieb sie auf einen Stab, den sie dann in ihre Scheide einführte.

Auch neuere Berichte über die rituelle Verwendung von Pilzen enthalten Hinweise auf Flugerfahrungen. Die heilige Katharina von Genua (1447−1510) erklomm mit Hilfe von Fliegenpilzen die Höhen religiöser Ekstase, wie Daniele Piomelli in ihrer Studie herausfand, die sie an der Unité de Neurobiologie et Pharmacologie de L'Inserm in Paris schrieb. Ein Bericht des Lebens der heiligen Katharina schildert, dass sie gemahlenen Fliegenpilz zu sich nahm, woraufhin Gott ihr Herz «mit einer solchen Milde und göttlichen Süße erfüllte, dass sowohl Seele als Körper davon voll waren und sie nicht mehr stehen konnte». Im letzten Jahrhundert kehrten Reisende aus Sibirien, Lappland und anderen nördlichen Regionen mit faszinierenden Erzählungen davon zurück, wie dort der Fliegenpilz verwendet wird. Der Mykologe Mordecai Cooke erwähnt in seinem Buch *A Plain and Easy Account of British Fungi* (1862) die Wiederverwertung von muscimolhaltigem Urin. Harding verweist darauf, dass Cooke ein Freund des Reverend Charles Dodgson (Lewis Carroll) war, des Verfassers von *Alice im Wunderland* (1865): «Ziemlich sicher ist dies die Quelle der Episode, in der Alice den Pilz isst, dessen eine Seite sie rasch wachsen lässt, während sie schrumpft, wenn sie die andere isst. Eine der Wirkungen des Fliegenpilzes ist die Makropsie − die Unfähigkeit, Größe zu beurteilen.»

Man kann den Pilz auch heute noch in Bilderbüchern und Filmen sehen − in Walt Disneys *Fantasia* beispielsweise tanzt er. In Osteuropa sind Fliegenpilze als Weihnachtsdekorationen beliebt und gelten als Glücksbringer. «An diesem Pilz lassen sich alle Elemente von Weihnachten aufzeigen», sagt Harding, «die Rentiere, das rotweiße Gewand, die Geschenke und der Kamin.»

Anscheinend war der Mythos vom Rentier schon lange vor

1949 bekannt, als der weihnachtliche Ohrwurm «Rudolph the Red-Nosed Reindeer» geschrieben wurde. Englische Texte aus der Renaissance erwähnten lange vor jedem schriftlichen Hinweis auf einen Weihnachtsmann, dass bei weihnachtlichen Tänzen Geweihe gezeigt wurden. Rudolph taucht zuerst 1939 in einem Bilderbuch von Robert May auf, das ein Jahrzehnt später die Grundlage für das beliebte Lied wurde, dessen Text Johnny Marks schrieb und das Gene Autry, «der singende Cowboy», sang. Gewöhnlich nimmt man an, Rudolphs Nase sei vor Kälte rot gewesen. Vielleicht aber hat sich Rudolph auch ein Glas Sherry gegönnt, während Santa die für ihn bereitgestellten Stärkungen verzehrte. Der unerwartete Triumph des etwas albernen und leicht betrunkenen Rudolphs über seine nüchternen Kollegen könnte ein Aspekt der Lockerung der gesellschaftlichen Konventionen sein, die schon seit langem während der Wintermonate zu beobachten ist.

Neuere norwegische Forschungen jedoch besagen etwas anderes. Zu Rudolphs Pech sind die Nasen von Rentieren ein beliebter Aufenthaltsort von Käfern. Die enggewundenen schneckenförmigen Nasenknochen sind von gut durchbluteten Membranen bedeckt; sie erwärmen die Luft beim Einatmen und kühlen sie beim Ausatmen ab, wodurch sie sowohl Wärme- als auch Wasserverlust vermeiden. (Selbst wenn sich am Bart des Nikolaus Eiszapfen und Reif bilden, hat sein treues Rentier noch trockene Nüstern.) Odd Halvorsen von der Universität Oslo behauptete vor einigen Jahren in der Zeitschrift *Parasitology Today*, die «berühmte Verfärbung» – Rudolphs rote Nase – rühre vermutlich von einem Parasitenbefall seines Atemsystems her. Noch heute ist er beeindruckt von der Reaktion auf diese Offenbarung. «Diese Arbeit hat mich berühmter gemacht als alles andere, was ich veröffentlicht habe», sagt er.

Obwohl das Rentier in einer kalten Umgebung lebt, wird es, genau wie andere Wiederkäuer, von vielen Parasiten geplagt, darunter auch von Stechmücken. Man kennt etwa zwanzig Parasiten, die dieses Tier belästigen. In den Nebenhöhlen findet sich der Zungenwurm *Linguatula arctica*, Larven der Fliege *Cephenemyia trompe* schlängeln sich in der Nasenhöhle, und Fadenwürmer der Art *Dictyocaulus* wie auch sehr viele Larven von *Elaphostrongylus rangiferi* winden sich durch die Lungen. «Wir waren nicht dazu in der Lage, die kombinierten Effekte dieser Parasiten zu quantifizieren», sagt Halvorsen, «aber es ist kein Wunder, dass die Nase des armen Rudolph, der so von Parasiten geplagt wird und zudem noch eine Last wie den Nikolaus zu ziehen hat, rot ist.»

Von Rudolph einmal abgesehen ist es an sich ein Rätsel, warum gerade Rentiere so eingebettet sind in die moderne Weihnachtskultur. Sie sind nur eine von vielen Arten herumziehender Weidetiere, die einmal durch die Wälder und Ebenen Europas, Nordasiens und Nordamerikas streiften. Knochenfunde lassen vermuten, dass sie bis nach Spanien und Italien gekommen sind, und das schon etwa eine Million Jahre bevor es Menschen gab. Die Menschen haben neben Bisons, Mammuts, Wildpferden und vielen kleineren Säugetieren auch Rentiere gejagt. Rentierfleisch schmeckt köstlich, das Fell ist leicht und warm, und Geweih und Knochen eignen sich ausgezeichnet als Rohstoff für Werkzeuge und Schmuckgegenstände. Kein Wunder, dass die Tiere an Höhlenwände gemalt und in Fels gemeißelt wurden, wie Funde im norwegischen Sagelva zeigen, die bis 2000 vor Christus zurückreichen.

Aber nach Meinung von Caroline Pond von der britischen Open University werden die Rentiere völlig falsch dargestellt. Man denke beispielsweise an die Abbildungen auf Weihnachtskarten. Sicherlich, Rentiere sind die einzige Hirschart, in der beide Geschlechter ein Geweih tragen – es besteht aus gebogenen Stangen, ist oft verzweigt und von einer dünnen Hautschicht («Samt») bedeckt, die reich ist an Blutgefäßen –, aber die männlichen Tiere verlieren ihr krönendes Glanzstück um Weihnachten herum. Das hat mit ihrem Geschlechtsleben zu tun. Das Geweih geschlechtsreifer Männchen ist gewöhnlich größer als das von Weibchen, die eindrucksvollsten Geweihe werden bei den Karibus und den norwegischen Rentieren gefunden. Die Geweihe entwickelten sich vermutlich bei der geschlechtlichen Auslese als sekundäres Geschlechtsmerkmal der Männchen. Ihre Entwicklung wird von dem Geschlechtshormon Testosteron beeinflusst; das Geweih ist bei älteren Tieren größer, ausladender und schwerer als bei jüngeren, und am allergrößten ist es während der Brunftzeit, wenn es bei Ritualkämpfen und Auseinandersetzungen eine wesentliche Rolle spielt. Auch während der Brunft keuchen die Männchen, treten das Buschwerk nieder und kauern sich hin, um auf ihre Hinterfüße zu urinieren. Danach sind sie «erledigt» und vom Verlust an Körpergewicht und Fettvorräten erschöpft. Kein Wunder, dass Untersuchungen bei männlichen Tieren eine kürzere Lebenserwartung festgestellt haben als bei ihren weiblichen Artgenossen. Am Ende der Brunftzeit fördern Veränderungen in der Konzentration der Geschlechtshormone die Knochenresorption an der Basis des Geweihs des erwachsenen Tieres. Schließlich wird das Geweih abgestoßen; dann vergehen vier Monate, bis im Frühjahr ein neues Geweih wächst. Wenn Weihnachtskarten Rentiere also im Schmuck ihres Geweihs zeigen, hat das nichts mit der Wirklichkeit des Rentierlebens zu tun.

Den Samen (auch Rentierlappen genannt), einer Volksgruppe, die in Nordschweden, Norwegen, Finnland und Russland lebt, ist diese Verbindung von Männlichkeit und Geweih schon seit langem bekannt. Sie verkaufen pulverisiertes Rentierhorn nach Japan, da es angeblich die Potenz steigert. Die Samen verfügen tatsächlich selbst über eine ungewöhnlich große Manneskraft, aber das liegt nach einer Untersuchung von Ilpo Huhtaniemi von der Turku-Universität in Finnland nicht an dieser hornigen Volksmedizin, sondern an einer Genmutation, die bei 40 % der Samen-Männer – im Vergleich zu 25 % anderer finnischer Männer und 20 % der schwedischen – gefunden wird und anscheinend auch in fortgeschrittenem Alter für einen ungewöhnlich hohen Testosteronspiegel sorgt.

Wenn die Zeichner von Weihnachtskarten die Rentiere mit vollem Geweih zeichnen, betonen sie damit eine weitere bedauerliche Tatsache, auf die mich Odd Halvorsen aufmerksam machte: Die Samen verwenden als Lasttiere vor allem kastrierte männliche Rentiere. Ohne die Attribute ihrer Männlichkeit haben die Tiere einen anomalen Zyklus und behalten ihren Kopfschmuck länger als voll funktionsfähige männliche Tiere. Wenn also die Rentiere des Santa Claus um die Weihnachtszeit herum noch ein Geweih haben, müssen sie kastriert sein.

Je mehr wir über Rentiere wissen, umso größer werden die Probleme, vor denen die Illustratoren von Weihnachtskarten stehen. Während die Männchen ihre Energie auf Sex und Kampf richten, setzen die Weibchen Fett an, wie Caroline Pond ausführt. Wenn dann Weihnachten herankommt, bleiben also als einzige erwachsene Rentiere, die ein Geweih haben und auch genug Energie, um einen mit Geschenken beladenen Schlitten zu ziehen, nur noch die Weibchen übrig.

Rentiere sind gut angepasst an das Leben in einer schneereichen Landschaft, aber gewöhnlich ist die wohl karger als die auf den Weihnachtskarten. Im Winter graben sie durch den Schnee hindurch, um sich von den darunterliegenden Pflanzen zu ernähren. Feiner Puderschnee macht ihnen wenig aus, aber wenn der Schnee zu tief oder zu fest ist, wird die Ernährung sehr mühsam. Schnee, der schmilzt, wieder gefriert und eine Eiskruste bildet, kann so hart werden, dass ein Rentier sich nicht durchgraben kann. Rentiere mögen es nicht, wenn der Schnee zu tief oder zu hart ist.

Auch das Fell der Rentiere wird auf Weihnachtskarten irreführend dargestellt. Das Fell isoliert sehr gut. Die äußeren Haare sind lang und hohl und liegen über einem feinen, dichten Unterfell; gemeinsam hüllen sie eine Schicht warmer Luft ein. Die Isolierung ist so gut, dass Schnee auf dem Rücken von Rentieren nicht schmilzt. Santa Claus' Rentiere sind so gut an die Kälte angepasst, dass sie es wahrscheinlich unangenehm heiß fänden, wenn sie sich in der Nähe von Schornsteinen und offenen Kaminen aufhalten müssten.

4. KAPITEL

Der wohlbeleibte Weihnachtsmann

*Und so wartete ich auf den Heiligen Abend und auf
die immer aufregende Ankunft des dicken Nikolaus.
Natürlich hatte ich nie gesehen, wie so ein klingelnder
und wohlbeleibter Riese durch den Kamin gefahren kam
und seine guten Gaben unter dem Weihnachtsbaum
verteilte.*
Truman Capote, *Eine Weihnacht*

Denken Sie daran, wie der aus Amerika importierte, mittlerweile
fast allgegenwärtige Santa Claus gewöhnlich dargestellt wird. Ein
Aspekt seiner Erscheinung ist offensichtlich, wird aber selten
kommentiert. Ich meine nicht seinen weißen Bart, sein gerötetes
Gesicht und auch nicht die Rentiere, Wichtelmänner oder kleinen Engel in seiner Begleitung, sondern ein Merkmal, von dem in
unserer imagebewussten Gesellschaft erstaunlicherweise nicht oft
gesprochen wird: sein riesiger Bauch.

Generationen von Kindern haben gefragt, wie der Nikolaus es
schafft, sich durch enge Kamine zu zwängen. Aber nur wenige
haben die naheliegendste aller Fragen gestellt, nämlich: Warum ist
er so dick? Könnte er seine Arbeit nicht viel leichter bewältigen,

wenn er einige Pfunde verlieren würde? Er wäre damit auch ein einflussreiches Vorbild für Mäßigung, Zurückhaltung und Selbstkontrolle während der Feiertage. Vielleicht sind seine «Schwimmringe» und seine überwältigende Fröhlichkeit das Ergebnis jahreszeitgemäßer Exzesse und seine Gürtelweite eine Folge des Verzehrs von allzu viel Marzipan, Lebkuchen und anderen Plätzchen, die in der Vorweihnachtszeit bereitstehen?

Was aber, wenn der gutgelaunte dicke Nikolaus mehr wäre als nur ein Klischee? Das Folgende ist zugegebenermaßen spekulativ. Neue Ergebnisse der Genforschung legen aber nahe, dass der Nikolaus ein defektes Gen haben könnte und zur Gewichtszunahme neigt, weil seine DNA einen «Buchstabierfehler» enthält. Vielleicht ist er außerdem zuckerkrank.

Der Nikolaus ist in guter Gesellschaft. Übergewicht ist die verbreitetste Ernährungskrankheit der westlichen Welt. In den USA beispielsweise sind ein Drittel, womöglich die Hälfte aller Erwachsenen übergewichtig. Besonders rasch nimmt der Prozentsatz der Kinder zu, deren Gewicht mehr als 20 Prozent oder mehr über dem maximalen wünschenswerten Körpergewicht liegt. Seit 1976 hat die Fettleibigkeit bei Kindern um mehr als 50 Prozent zugenommen. Acht von zehn übergewichtigen Jugendlichen haben auch als Erwachsene Übergewicht.

In England leidet ein Drittel der Bevölkerung unter Übergewicht, und etwa 5 Prozent sind wirklich fettleibig. In großen Teilen Europas werden 15–20 Prozent der Bevölkerung mittleren Alters als fettleibig klassifiziert. In Skandinavien und den Niederlanden, wo die Zahl bei etwa 10 Prozent liegt, sieht es besser aus, aber in Osteuropa sind in einigen Gegenden 50 Prozent aller Frauen fettleibig. In Ländern wie England, Frankreich und Deutschland haben jeweils zwischen 5 und 10 Millionen Einwohner Übergewicht.

Zu den möglichen Folgen der Fettleibigkeit bei Erwachsenen

gehören Diabetes, Bluthochdruck, hoher Blutcholesterolgehalt, Gefäßerkrankungen, Apnoe während des Schlafs (der lebensbedrohliche Atemstillstand), Gallensteine, chronisches Sodbrennen, Arthritis, gewisse Krebsarten und Depressionen. Übergewichtige Menschen können beruflich so erfolgreich sein wie alle anderen – man denke nur an den Nikolaus –, aber ihr Körpergewicht kann ihr Selbstwertgefühl beeinflussen, besonders in westlichen Gesellschaften, in denen Schlankheit ein Schönheitsideal ist.

Mittlerweile haben die Ärzte der Fettleibigkeit den Kampf angesagt. Nirgendwo wird der Krieg gegen den Bauch offener geführt als in Amerika, wo jährlich schätzungsweise 300 000 Todesfälle und mindestens 69 Milliarden Dollar an verlorener Arbeitszeit, Versicherungskosten und anderen Ausgaben auf Fettleibigkeit zurückgeführt werden. Außerdem geben Amerikaner in jedem Jahr 33 Milliarden Dollar für Schlankheitsmittel und andere, größtenteils unwirksame Abmagerungskuren aus. Diese Situation hat auch Wissenschaftler zu der Frage veranlasst, warum wir übermäßig fett werden, und in der Folge gewannen wir neue Erkenntnisse über den Bauch des Nikolaus.

In längst vergangenen Zeiten bedeutete Fett einmal den Unterschied zwischen Leben und Tod, denn nur wer große Mengen an energiehaltigem Brennstoff in Form von Fettgewebe zu speichern vermochte, konnte in Zeiten der Nahrungsknappheit überleben. In den Industrieländern führen das überreiche Nahrungsangebot und eine überwiegend sitzende Lebensweise dazu, dass einige Menschen ihre tägliche Energieaufnahme und -abgabe nicht ausgleichen und dadurch eher durch Übergewicht gefährdet sind als andere.

Wenn der Körper mehr Energie aufnimmt, als er durch Bewegung verbrennt und zum sogenannten Grundumsatz (die Energie, die nötig ist, um den Körper «in Gang zu halten») braucht, wird der Überschuss als Fett gespeichert, und das führt auf Dauer zur sogenannten Adipositas oder Fettsucht. Wenn die Forschung uns verstehen hilft, wie wir nach Energie verlangen, sie speichern und verbrauchen, kann sie uns den Schlüssel zu einer wirksamen Behandlung der Fettsucht liefern und vielleicht auch den Bauch des Nikolaus erklären. Ob man sich auf das Weihnachtsessen freut oder es wegen der Auswirkungen auf die Gürtellinie fürchtet oder beides, hängt von komplizierten chemischen Reaktionen ab, zu denen Sättigungsmechanismen, die im Gehirn ablaufen, ebenso gehören wie die molekularen Vorgänge, die das Fett in den Zellen deponieren.

Man nimmt gewöhnlich an, dass Hungergefühle, ob beim Nikolaus oder irgendjemand sonst, von einer Vielzahl von Signalen abhängen, vom Anblick der gebratenen Weihnachtsgans und dem Erschnuppern ihres wunderbaren Aromas bis zum Genuss des ersten Bissens. Früher glaubte man, Appetit hinge davon ab, wie der Körper die Information aus den Eingeweiden und den Hormonen im Blut deutet, was dafür sorgt, dass sich Essgewohnheiten an den Energiebedarf anpassen. Seit man aber um die Jahrhundertwende fand, dass eine Verletzung in der als Hypothalamus bezeichneten Region des Gehirns zu Fettleibigkeit führt, wissen wir, dass die Esslust ihre Ursache in Vorgängen in unserem Kopf hat. Der Nikolaus ist, wie wir alle, das Opfer eines Appetits, der vom Gehirn gesteuert wird und sich in Anpassung an die zur Steinzeit verfügbaren Lebensmittel entwickelt hat.

Die Evolution hat mehr Zeit auf die Optimierung unseres Appetits auf jene Nahrung verbracht, die in der prähistorischen afrikanischen Savanne zur Verfügung stand, als auf das heutige Fast-Food-Angebot. Folglich entwickelte sich unser Appetit so, dass die körperlichen Bedürfnisse unter den schwierigen Bedingungen einer Umwelt befriedigt werden konnten, in der es relativ wenig Fett und Salz gab und die nächste Hungersnot niemals lange auf sich warten ließ. Wir haben immer noch einen steinzeitlichen

Hunger auf gewisse Nahrungsmittel und überessen uns deshalb leichter an Fetten, wie etwa an Sahneeis, als an Kohlehydraten, wie etwa Kartoffeln, und wir nehmen eher zu viel Kohlehydrate zu uns als zu viel Eiweiß. Während der Eiweißbedarf der primitiven Menschen bei 14 bis 20 Prozent der täglichen Nahrungsaufnahme lag, wurde der Appetit auf Fett kaum reguliert, da die unmittelbaren Vorteile, die es brachte, wenn man über Energie verfügen konnte, früher solche langfristigen Nachteile wie Herzerkrankungen bei weitem überwogen; diese spielen aber heute eine große Rolle, da immer mehr Menschen ein immer höheres Alter erreichen.

Außer den Mechanismen, die unseren Appetit steuern, gibt es auch solche, die Fett verarbeiten und speichern. Der erste Schritt zur nächsten Speckfalte spielt sich im Magen ab, wo das Enzym Pepsin das Eiweiß in der Nahrung aufbricht. Wenn der säurehaltige Mageninhalt in den Dünndarm eintritt, werden Galle und Enzyme freigesetzt, die dann Fette oder Triglyzeride, wie Biochemiker sie nennen, emulgieren. Ähnlich werden Zucker und Eiweiß aufgebrochen; diese chemischen Bruchstücke gehen gemeinsam ins Blut über, das sie im ganzen Körper verteilt. Es kommt zur Fettleibigkeit, wenn der Appetit den Körper veranlasst, mehr Nahrung aufzunehmen, als er benötigt; das überschüssige Fett sammelt sich dann in sogenannten Adipozyten an, Zellen, die sich auf das Speichern von Fett spezialisiert haben.

Wie eine Forschungsgruppe am Salk-Institut und an der Medizinischen Fakultät der Harvard-Universität unter Leitung von Ronald Evans herausfand, signalisiert eine lokal wirkende ungesättigte Fettsäure, ein sogenanntes Prostaglandin, den Zellen, wann sie Fett speichern sollen. Das Prostaglandin sendet diese Botschaft, indem es sich an einen Rezeptor, ein im Zellkern enthaltenes spezialisiertes Eiweiß, ankoppelt. Diese Einheit wirkt wie ein Schalter, der Gene im Kern aktiviert und der Zelle die Anweisung gibt, zu einer Fettzelle zu werden. Die Fettzellen geben dann das Enzym Lipase in den Blutstrom ab und brechen die Fette (Triglyzeride) in ihre Bausteine, also Fettsäuren und Glyzerol, auf. In dieser Form können sie von den Zellen aufgenommen und wieder in Triglyzeride umgewandelt werden, die Fettgewebe aufbauen. Eine zweite Art von Lipasen ist in der Zelle vorhanden und kann vom Körper aktiviert werden, um das gespeicherte Fett aufzubrechen und in Energie umzuwandeln.

Vor kurzem konnte ein weiteres Teil des Fett-Puzzles eingefügt werden, als in der Leber ein zweiter Rezeptor gefunden wurde, der offenbar den Fettverbrauch überwacht. Er schlägt Alarm, sobald wir ein Stück Pizza essen, und daraufhin gibt der Körper den Weg zur Fettverbrennung frei. Diese Entdeckung wirft ein neues Licht auf die Auswirkungen, die Fett auf den Körper hat. Sie zeigt, dass der Wächter nicht alle Fette aufspüren kann, sondern einige unentdeckt bleiben. Wie Ronald Evans zeigt, bemerkt der Wächter die mehrfach ungesättigten Fettsäuren leicht, die man deshalb für «gute Fette» halten könnte, da sie ihre eigene Beseitigung unterstützen. Gesättigte Fettsäuren dagegen werden weniger leicht entdeckt, könnten also als «schlechte Fette» gelten. Es kommt also genauso auf das an, was der Nikolaus isst, wie darauf, was er nicht isst.

Man hat auch entdeckt, dass gewisse genetische Defekte mit der Fettleibigkeit zusammenhängen, und deshalb erliegen einige von uns der Versuchung, sich einem weihnachtlichen Fressgelage hinzugeben, leichter als andere. Bei Trägern dieser Gene kann der Heißhunger auf fettreiche Nahrung auch dann noch anhalten, wenn der Körper die Kalorien schon nicht mehr nutzen kann. Jede solche Erkenntnis über molekulare Zusammenhänge setzt Arzneiherstellern, die den Gral der Antifettpille suchen, ein neues Ziel – und geben einen weiteren Hinweis darauf, warum der Nikolaus so wohlbeleibt ist.

Wir verdanken unser Wissen über die Fettsucht zu einem großen Teil der Züchtung besonders fetter Mäuse und den Bemühungen von Wissenschaftlern, die Gene aufzuspüren, die sie veranlassen, sich zu überfressen. Vielleicht fragen Sie sich, was dicke Nagetiere mit Menschen und erst recht mit dem Nikolaus zu tun haben. Erstens pflanzen sich Mäuse rasch fort, weshalb man mit ihnen Versuche anstellen kann, die mit Menschen, vom Nikolaus ganz zu schweigen, nicht im Traum möglich wären. Zweitens hat sich herausgestellt, dass ein Gen, das bei Mäusen wichtig ist, vermutlich auch beim Menschen eine Rolle spielt. Die Natur ist, nach Ansicht der Wissenschaftler, äußerst konservativ. Das leuchtet ein, da wir alle von gemeinsamen Vorfahren abstammen, die sich ihrerseits aus einem einfachen Käfer entwickelten, der vor 3,85 Milliarden Jahren lebte. Warum sollte die Natur molekulare Vorgänge, die sich beispielsweise bei der Zellteilung von Hefe bewähren, bei Menschen durch andere ersetzen? Wir kennen inzwischen einige Gene, die die Fettsucht bei Mäusen beeinflussen. Diese «Dickmacher-Gene» (für Molligkeit, Dicksein, Diabetes, Fettsucht z. B.) sind alle beteiligt, wenn Mäuse einen Energievorrat in Form von Fett anlegen; aller Wahrscheinlichkeit nach gibt es sie auch beim Menschen.

Die Suche nach einer Verbindung von Genetik und Fettsucht lässt sich bis in die fünfziger Jahre zurückverfolgen, als eine Forschergruppe am Jackson-Labor in Bar Harbour, Maine, eine spezielle fette Art dieser Nager entdeckte, die sie kurz *«Ob»*-Mäuse (von Obesität) nannten. Erst 1994 jedoch wurde klar, warum diese Mäuse so fett waren – es lag an einem Defekt in einem einzelnen Gen, das ebenfalls *Ob* genannt wurde. Die Entdeckung gelang sechs Wissenschaftlern vom Howard Hughes Medical Institute und der Rockefeller-Universität in New York, unter ihnen auch Jeffrey Friedman und Stephen Burley. Sie veröffentlichten ihren Fund in der Zeitschrift *Nature*. Die Titelseite der Ausgabe zeigte eine Waage, in deren einer Schale zwei normale Mäuse sitzen, während ein einziger grotesker dicker Artgenosse in der anderen Waagschale schwerer ist als die beiden zusammen. Bei dieser Pelzkugel war das *Ob*-Gen defekt, das Gen also, das die Bauvorschrift für das Protein Leptin enthält, ein Hormon, das dem Gehirn sagt, wie viel Fett im Körper abgelagert ist, und damit Teil der Botschaft «Hör auf zu essen!» ist.

Die Wissenschaftler maßen die Mengen von Leptin im Blut normaler und übergewichtiger Mäuse und fanden heraus, dass fette Mäuse mit einem fehlerhaften *Ob*-Gen kein Leptin herstellen. Weitere Hinweise auf die Rolle des Leptins ergaben sich, als es im Blut von sechs mageren Menschen gefunden wurde. «Unsere Ergebnisse zeigen, dass kein Leptin hergestellt wird, wenn das *Ob*-Gen defekt ist, und damit auch kein Signal ausgesandt wird, mit dem Essen aufzuhören», berichtete Jeffrey Halaas von der Rockefeller-Universität. Folglich sind Mäuse mit einem fehlerhaften *Ob*-Gen übergewichtig. Injektionen des fehlenden Proteins verringerten das Körpergewicht dieser Mäuse nach zwei Wochen Behandlung um 30 Prozent.

Jeffrey Friedman verglich den körpereigenen Mechanismus, der das Körperfett kontrolliert, mit einem Thermostaten: Dieser «Fettstat» spürt den Gehalt an Leptin auf, das wie ein chemisches Barometer die Menge des Körperfetts misst und die Fettablagerungen entsprechend anpasst, indem es den Appetit steuert und damit reguliert, wie viel Nahrung gegessen und wie viel davon im Körper in Energie umgewandelt wird. Inzwischen ist auch bekannt, dass ein anderes Molekül Hungergefühle auslösen kann, nämlich das sogenannte Neuropeptid Y (kurz NPY), das auf «Futterrezeptoren» im Hypothalamus wirkt. Es zeigt sich auch, dass übergewichtige Mäuse an Gewicht verlieren, wenn NPY gentechnisch entfernt wird.

Das Leptin, das dem Gehirn hilft, Fettablagerungen im Körper einzuschätzen, und das appetitanregende NPY sind allerdings nur zwei von vielen «Buchstaben» dessen, was Friedman das Alphabet der Gewichtskontrolle nennt. So können zwar hohe Mengen von NPY zu verstärkter Nahrungsaufnahme führen, aber dieses Molekül spielt wahrscheinlich bei der normalen Nahrungsaufnahme keine Rolle. Es wirkt durch Andocken an den Rezeptor Y5; wenn dieser Rezeptor in einer Maus außer Kraft gesetzt wird, hat die Maus dennoch einen ganz normalen Appetit, was nahelegt, dass NPY nicht der einzige Faktor ist, der Tieren sagt, wann sie fressen sollten.

Obwohl wir noch nicht im Einzelnen wissen, wie dieses Alphabet FETT buchstabiert, kam die Entdeckung des Leptins und des *Ob*-Gens einer Sensation gleich. Injektionen von Leptin können dem Körper vortäuschen, er habe zu viel Fett, und damit den Appetit verringern und den Energieverbrauch anwachsen lassen. Das Biotechnologie-Unternehmen Amgen in Thousand Oaks (Kalifornien) soll der Rockefeller-Universität 13 Millionen Dollar für die Rechte an dem Gen geboten haben.

Was für Mäuse gilt, muss nicht unbedingt für Menschen oder, was das betrifft, für den Nikolaus gelten. Seit der bahnbrechenden Arbeit an der Rockefeller-Universität haben jedoch Sadaf Farooqi und Stephen O'Rahilly vom Addenbrooke's Hospital in Cambridge (England) ein menschliches Äquivalent zu *Ob*-Mäusen gefunden und damit nachgewiesen, welche entscheidende Rolle Leptin für die Gewichtskontrolle spielt. Diese Entdeckung, ein Meilenstein in der Erforschung menschlicher Dickleibigkeit, verdanken wir zwei in England geborenen Kindern miteinander verschwägerter pakistanischer Eltern. Das Mädchen wog mit acht Jahren 89 Kilogramm; man hatte ihr bereits das Fett an den Beinen abgesaugt, damit sie sich überhaupt bewegen konnte. Ihr zweijähriger Vetter wog 28,5 Kilogramm, wovon mehr als die Hälfte Fett war. Beide Kinder aßen seit ihrer Geburt ununterbrochen, da ihr Leptinspiegel so niedrig war. Dies legte nicht nur die Behandlung nahe – Leptin-Injektionen, die sie zurzeit, da ich dieses schreibe, täglich erhalten –, sondern verstärkte den Verdacht, dass auch Menschen mit nur wenig Übergewicht an Varianten dieses Gendefekts leiden könnten.

Hat also möglicherweise auch der Nikolaus ein defektes Leptin-Gen? Ja. Friedmans Kollege Stephen Burley meint, ein Schmerbauch, wie der Nikolaus ihn hat, führe sehr wahrscheinlich zu Altersdiabetes – der verbreitetsten Form der Zuckerkrankheit –, da überschüssiges Fett den Widerstand gegen das Insulinhormon fördert, das den Blutzuckerspiegel reguliert. Die Bauchspeicheldrüse versucht, damit Schritt zu halten, und produziert immer mehr Insulin, aber schließlich ist sie erschöpft, und das Insulin reicht nicht mehr aus. Wenn der Zuckerhaushalt außer Kontrolle gerät, ist das Ergebnis Diabetes.

Ob ist nicht das einzige fehlerhafte Gen, das für den Bauchumfang des Nikolaus verantwortlich sein könnte. Die Wirkung des *Agouti*-Gens wurde im Januar 1997 von Roger Cone an der Oregon Health Sciences University beschrieben. Defekte an diesem Gen führen bei Mäusen zu einer Form der Fettleibigkeit, die größere Ähnlichkeit mit menschlicher Fettleibigkeit hat als die, die mit Defekten im *Ob*-Gen verknüpft ist, und bei der die Tiere 20–50 Prozent schwerer sind als normal. «Die Mäuse entwickeln eine gemäßigte Form der Fettsucht und nicht die tödliche Form, die einige der anderen mit Fettsucht verknüpften Mäuse-Gene auslösen, die man heute kennt», sagt Cone. «Die meisten übergewichtigen Menschen sind zwar ziemlich, aber nicht krankhaft dick.»

Das *Agouti*-Gen wurde nach dem Goldhasen (*Dasyprocta aguti*) benannt, denn man wusste schon lange, dass es bei ihm und anderen Nagetieren zu einem gelben Fell führt, indem es die Herstellung des dunklen Pigments Melanin in den Haarfollikeln verhindert. Das Gen erreicht das, indem es mit einem wichtigen Rezeptor – an ihm können Moleküle andocken – auf der Oberfläche von Pigmentzellen interferiert. Dieser sogenannte MSH-Rezeptor steuert die Produktion des Pigments Melanin. Das von dem *Agouti*-Gen hergestellte Protein blockiert den Rezeptor und damit die Herstellung des dunklen Farbstoffs, wodurch die schon vorhandenen gelben Pigmente (Phäomelanin) gut sichtbar werden. Das vom *Agouti*-Gen, einer mutierten Fassung eines natürlich vorkommenden Gens, hergestellte Protein blockiert einen MSH-Rezeptor in den Gehirnzellen, indem es eine Bahn im Hypothalamus unterbricht, einer Region des Gehirns, die mit dem Essen zu tun hat. Cone erklärt: «Wenn mutierte Formen des *Agouti*-Gens im Gehirn unangemessen exprimiert werden, wird das normale Essverhalten gestört, die Mäuse werden fett und zeigen erste Anzeichen einer Zuckerkrankheit.» Das Tier überfrisst sich, weil das mutierte *Agouti*-Gen mit einem signalisierenden Pfad interferiert, an dem das Neuropeptid Melanocortin beteiligt ist (ein Neuropeptid ist ein kleiner Teil eines Proteins, das im Gehirn Information von einem Neuron an das nächste übermittelt). Bei einer normalen Maus hat Melanocortin, wenn es sich an einen bestimmten MSH-Rezeptor bindet, eine hemmende Wirkung auf die Nahrungsaufnahme und führt dazu, dass das Tier zu fressen aufhört, sodass diese Mäuse nicht fett werden.

Falls der Nikolaus also ein mutiertes *Agouti*-Gen hätte, erhielte er von seinem Gehirn keine hemmenden Signale und würde Unmengen Marzipan, Lebkuchen, Gans und Karpfen verzehren. Diese Hypothese wurde durch eine Untersuchung bestätigt, die Millennium Pharmaceuticals in Cambridge (Massachusetts) in Zusammenarbeit mit der Gruppe um Roger Cone durchführte. Die Forscher fanden, dass speziell gezüchtete Mäuse, denen der entscheidende Rezeptor fehlte, sich in genau derselben Weise überfraßen wie *Agouti*-Mutanten.

Es gibt noch viele andere Gene in der genetischen Buchstaben-suppe der Bahnen, die die Nahrungsaufnahme beeinflussen. Ein anderer Kandidat, der den Bauchumfang des Nikolaus erklären könnte, wurde von Forschern am Medical Center der Universität von California in Davis, dem Medical Center der Duke-Universität in North Carolina und vom Centre National de la Recherche Scientifique bei Paris gefunden. Richard Surwit von der Duke-Universität meint, das Gen erkläre, warum manche Menschen viele fette Speisen essen können und dennoch schlank bleiben, während andere dasselbe essen, aber fett werden: «Wir haben vermutlich herausgefunden, was bei Menschen passiert, die übergewichtig werden.»

Das Gen, das den ziemlich nichtssagenden Namen UCP2 (ein Kürzel für UnCoupling Protein 2) erhalten hat, enthält die Bau-vorschrift für ein zuvor unbekanntes, wärmeerzeugendes Protein, das den Energieverbrauch des Körpers beeinflusst. Der Körper verbraucht immer Energie für den Grundumsatz, ganz gleich, ob in Ruhe oder aktiv, und zur Erzeugung von Wärme. UCP2 hat Einfluss auf die Wärmeerzeugung, die sogenannte Thermogenese, indem es Energie zur Wärmeerzeugung verbrennt, statt sie als Fett zu speichern. Deshalb verbrennen Menschen, die mehr von diesem Protein haben, mehr Fett, während Menschen, die weniger davon haben, mehr Fett speichern. Selbst geringe Veränderungen bei der Wärmeerzeugung könnten längerfristig großen Einfluss auf das Gewicht eines Menschen haben. Für einen typischen Erwachsenen könnte eine Reduktion von nur 1 Prozent der Körper-wärme eine Gewichtszunahme von 2,3 Kilogramm im Lauf eines Jahres bedeuten, wenn alles andere gleich bliebe. Ebenso könnte eine Erhöhung der Körpertemperatur um nur ein Prozent zu einer Gewichtsabnahme von 2,3 Kilogramm führen. Die Fettsucht könnte also ein Problem sein, das entsteht, wenn sich die Körpertemperatur um ein Zehntel eines Grads verändert. Die mittlere

Körpertemperatur eines gesunden Menschen liegt bei 37°C, aber die tatsächliche Körpertemperatur eines Menschen kann um ein oder zwei Grad höher oder niedriger sein.

Nach Meinung der Wissenschaftler ist das UCP2-Gen das fehlende Glied, das uns erlaubt, den Zusammenhang zwischen Körpertemperatur und Gewicht zu verstehen. Diese Entdeckung löst zwar nicht alle Gewichtsprobleme, könnte aber doch für einige übergewichtige Menschen zu einfachen Therapien führen, die die «Expressivität» (Verwendung im Körper) des Gens verstärken, also bewirken, dass sie einen größeren Teil der mit der Nahrung aufgenommenen Energie als Körperwärme verbrennen, statt sie als Fett zu speichern. Diese Entdeckung machte es theoretisch möglich, das Gen gezielt in bestimmten Geweben einzusetzen, um die Menge der Fettablagerungen in gewissen Teilen des Körpers zu verringern; Surwit spricht in diesem Zusammenhang von «genetischer Körpergestaltung».

Der Gedanke, man könnte den Körper des Nikolaus neu gestalten, klingt vermessen; tatsächlich hat die Wissenschaft aber mit ihren Lieblingsprobanden durch Genmanipulation bereits ein Geschöpf erzeugt, das große Mengen fetthaltiger Nahrung essen kann, ohne dabei dick zu werden. Die von Stanley McKnight geleitete Gruppe an der medizinischen Fakultät der Universität von Washington in Seattle züchtete Mäuse, denen ein Gen fehlt – es heißt RII beta, das beim komplizierten und komplexen Gleichgewicht des Stoffwechsels mitwirkt. RII beta kodiert ein Segment des Enzyms PKA, das Fettspeicherung und Fettstoffwechsel steuert. Das Ausschalten dieses Gens erhöhte die Empfindlichkeit der Mäuse für Hormone, die weißes Fett aufbrechen, jene Art also, die die Taillenweite vergrößert. Aber der wichtigere Teil des Vorgangs spielt sich in einer ähnlichen Gewebeart ab, die als braunes Fett bekannt ist. Es ist das eigentliche «Kraftwerk» des Körpers, in dem die Verbrennungsprozesse stattfinden. Dieses

Gewebe heißt so, weil es zusätzlich Mitochondrien enthält – die zur Energiegewinnung der Zelle dienen und das Gewebe braun färben.

In Mäusen, die das RII-beta-Gen verloren haben, ist das PKA-Enzym überaktiv und regt im gesamten Körper die Fettverbrennung an. Dann läuft das braune Fett zur Hochform auf und nutzt gespeichertes weißes Fett als Brennstoff. «Braunes Fett verhält sich wie ein kleiner Ofen», sagt Stanley McKnight. Das Ergebnis sind Tiere, die immer schlank sind. Diese Maus-Mutanten speicherten, wie man fand, etwa 50 Prozent weniger Fett als ihre normalen Verwandten, wenn sie die gewöhnliche fettarme Labornahrung erhielten. Wenn sie fettreiche Nahrung bekamen, das Mäusenahrungsäquivalent zu Pommes frites, Hamburgern und Sahneeis, war der Unterschied noch deutlicher. Die Mutanten hatten etwa die Hälfte des Fetts der normalen Mäuse, obwohl sie nicht weniger Fettzellen besaßen. Sie hatten einen höheren Grundumsatz und eine etwas höhere Körpertemperatur. «Je mehr Nahrung und Kalorien sie zu sich nehmen, umso offensichtlicher ist es, dass sie nicht übergewichtig werden», sagt McKnight. «Sie sind vor Übergewicht geschützt.»

Auch andere Labors haben genetisch magere Mäuse entwickelt, von denen aber die meisten körperliche Probleme hatten, die mit den Genen zusammenhingen, die ausgeschaltet worden waren. McKnights Mutanten jedoch sind anscheinend normal, ihre Lebenserwartung ist wie die anderer Mäuse, und sie bleiben fortpflanzungsfähig. Mit Hilfe der Gentechnik könnte es eines Tages sogar möglich sein, das PKA-Enzym selbst zu beeinflussen und sicherzustellen, dass wir alle das Fett rasch verbrennen und jenen seltenen Menschen gleichen, die einen verrückt machen, weil sie nach Belieben fetttriefende Lebensmittel essen können, ohne zuzunehmen. Wenn es erst möglich ist, bei einem Festessen so richtig zuzulangen, ohne den Gürtel lockern zu müssen, werden wir sehen, ob sich der Nikolaus verschlankt oder sich vielleicht gar in ein graziles Christkind verwandelt.

Zwei weitere Kennzeichen des Nikolaus verdienen einen wissenschaftlichen Kommentar. Erstens sein heiteres Wesen. Das könnte eine Folge seiner genetischen Veranlagung zur Fettleibigkeit sein. Dicke, stramme männliche Säuglinge werden mit größerer Wahrscheinlichkeit zu glücklichen Erwachsenen, während magere Säuglinge später oft depressiv werden, wie eine Untersuchung von Ian Rodin von der Universität Southampton an Männern ergab, die zwischen 1911 und 1930 in Hertfordshire (England) geboren worden waren. Rodin wollte wissen, wie sich bestimmte Faktoren während der Schwangerschaft und der ersten Lebensjahre eines Babys auf die Chemie im Gehirn und auf die hormonalen Reaktionen auswirken können und wie sie bestimmen, ob ein Mensch später ein sonniges Gemüt hat oder die Welt eher düster sieht. «Es besteht kein Zweifel, dass die Depressivität bei Männern mit einem geringen Geburtsgewicht einhergeht und umso seltener auftritt, je höher das Geburtsgewicht war.»

Eine andere merkwürdige Eigenschaft des Nikolaus ist, dass er zwar bereits im fortgeschrittenen Alter ist, aber nicht älter wird. Er scheint eine Möglichkeit gefunden zu haben, den Alterungsvorgang anzuhalten, sodass er auch nach vielen Jahren immer noch beweglich genug ist, um Millionen Kamine hinabzusteigen. Es gibt eine wissenschaftliche Sichtweise, wonach die Lebensspanne durch eine konstante Menge metabolischer Aktivität bestimmt wird: Iss weniger, verlangsame deinen Stoffwechsel, dann lebst du länger. Versuche mit Nagetieren und Affen haben dieses Prinzip überzeugend bestätigt, aber die üppige Taillenweite des Nikolaus schließt diese Erklärung aus. Das Sterbealter wird zumindest teilweise von Genen gesteuert, und wenn die dafür verantwortlichen Gene und molekularen Vorgänge erst einmal bekannt sind, können sie auch manipuliert werden. Eigentlich bräuchten sich Wissenschaftler und Arzneimittelfirmen nur mit dem Nikolaus zu befassen. Es gibt zuverlässige Anzeichen dafür, dass er den Preis für die Erfindung der Methusalem-Pille bereits gewonnen hat.

Wir können Vermutungen darüber anstellen, wie der Nikolaus es schafft, alt zu sein, ohne älter zu werden. Eine Möglichkeit ist, dass er ein Verfahren entwickelt hat, die sogenannten Telomere zu beeinflussen, die an den Enden der Chromosomen sitzen und sie davon abhalten, «auszufransen»; sie haben also die Funktion der Plastikhülsen am Ende von Schuhbändern. Wenn sie zu kurz sind, wird die DNA abgebaut, und die Zelle stirbt. Vielleicht hat der Nikolaus eine Möglichkeit gefunden, die Telomere durch Aktivierung des Enzyms Telomerase am Kürzerwerden zu hindern. Aber – und da steckt der Haken – auch die Zellen der allerältesten Menschen könnten sich noch etliche Male teilen, deshalb muss zur Anti-Alterungs-Geschichte wohl noch mehr dazugehören.

Untersuchungen an dem kleinen Fadenwurm *Caenorhabditis elegans* lassen vermuten, dass auch die Partnerlosigkeit des Nikolaus zu seiner Langlebigkeit beitragen könnte. Nach der Erfahrung der Würmer zu urteilen, könnten Männer um Jahre länger leben, wenn sie weniger Zeit und Energie darauf verwenden würden, das andere Geschlecht zu umwerben, sagt David Gems vom University College London. Dieser Gedanke passt genau zu einer Untersuchung, die James Hamilton und Gordon Mestler 1969 im *Journal of Gerontology* veröffentlichten und die zeigt, dass Eunuchen im Durchschnitt $13\frac{1}{2}$ Jahre länger lebten als normale Männer. Trotz dieses faszinierenden Hinweises auf das Geheimnis, das womöglich hinter der Langlebigkeit des Nikolaus steckt, sagt Gems, es gebe «im Grunde keinerlei Hinweise darauf, dass der Grad der sexuellen Aktivität an sich die menschliche Lebensspanne verkürzt oder verlängert».

Ein anderer, ebenfalls von einem Wurm inspirierter Ansatz

bei der Suche nach der Langlebigkeit ist die Beschäftigung mit Genen, die die biologische Zeittafel von der Wiege bis zum Grab regeln. Die allererste lebensverlängernde Mutation wurde zu Beginn dieses Jahrzehnts in dem Gen *age-1* von Thomas Johnson von der Universität von Colorado gefunden. Seither wurden andere genetische Mutationen entdeckt. Eine von ihnen tritt in dem Gen *daf-2* auf. Die «Wurm-Gruppe» der Universität von San Francisco (Kalifornien) hat gezeigt, dass *age-1-* und *daf-2*-Mutationen in gleicher Weise wirken und das Leben verlängern, indem sie ähnliche, wenn nicht identische Prozesse auslösen. Einen wichtigen Hinweis auf das, was in diesen alternden Würmern abläuft, gibt die Arbeit von Gary Ruvkun vom Massachusetts General Hospital, wonach *daf-2* den Zuckerhaushalt steuern könnte.

Nach Ruvkun sind die Würmer, wenn *daf-2* defekt ist, nicht mehr in der Lage, auf «Wurminsulin» zu reagieren; sie geraten dann in einen winterschlafähnlichen Zustand, der gewöhnlich durch Verhungern ausgelöst wird. Jene Tiere jedoch, deren Gen nur leicht defekt ist, verfallen nicht in Winterschlaf, sondern verändern ihren Metabolismus so, dass sie länger leben können. Menschen haben ein ähnliches Gen, das die Reaktion des Körpers auf Insulin steuert, also auf das Hormon, das ausgeschüttet wird, wenn der Blutzucker ansteigt, und das zahlreiche Veränderungen im Stoffwechsel der Zellen bewirkt. Das sollte uns nicht verwundern. Sehr wichtige Gene haben gewöhnlich bei Würmern und bei Menschen dieselben Funktionen.

Ruvkuns Entdeckung, dass Insulin die Lebensspanne von Würmern bestimmt, lässt vermuten, dass die Rate, mit der Menschen altern, eng damit verknüpft ist, wie wir die Kalorien verbrennen, die mit der Nahrung aufgenommen werden. Vielleicht hat der Nikolaus eine Möglichkeit gefunden, seinen zellulären Glukose-Haushalt so einzustellen, dass sein Alterungsprozess verlangsamt wird. Es gibt jedoch potentielle Fallen, in die jeder hineingeraten kann, der seine Gene verändern möchte. Obwohl einige langlebige Würmer anscheinend ein normales Leben führen, können die Fadenwürmer durch andere Genmutationen dazu gebracht werden, gleichsam in Zeitlupe zu leben. Eine solche Mutation, die erreichte, dass Nematoden 50 Prozent länger lebten als normalerweise, wurde von Siegfried Hekimi und seinen Mitarbeitern an der McGill-Universität in Montreal gefunden. Dieses besondere Altersgen ist aber anscheinend nicht jenes, das den Nichtalterungsprozess beim Nikolaus erklärt, denn der sollte aufgrund seiner großen Arbeitsbelastung kein Freund eines Gens für Zeitlupen-Bewegung sein.

Ein erstes menschliches Gen, das den Alterungsprozess beeinflusst, wurde 1996 gefunden; es ist die Ursache einer seltenen Krankheit, des Werner-Syndroms, bei der Menschen schon in der Jugend Alterserscheinungen zeigen, also graue Haare und runzlige Haut bekommen, an Haarausfall und, oft noch bevor sie fünfzig sind, an Alterskrankheiten wie dem grauen Star leiden oder an Herzinfarkten, Altersdiabetes und Krebs sterben. Diese Menschen haben, wie die Darwin Molecular Corporation, ein Unternehmen für Biotechnologie in Seattle, und ein Team vom Medical Research Center des dortigen Veterans Hospital unter Leitung von Gerard Schellenberg zeigten, eine fehlerhafte Version eines Gens, das mit einer als Helikase bekannten Form eines Enzyms verbunden ist. Diese Enzyme spalten oder entwirren die beiden Stränge der DNA-Doppelspirale. Der Vorgang muss sich in einer gesunden Zelle bei der Zellteilung abspielen, wenn sie ihr Erbgut in Form von Chromosomen an Tochterzellen weitergeben soll. Wenn ein Mangel an Helikase zu vorzeitigem Altern führt, könnte die Einführung von weiteren Kopien des Gens in den Körper einen Menschen länger leben lassen. Vielleicht also hat Gentechnik dafür gesorgt, dass der Nikolaus immer ein lebensvoller Sechziger bleibt und beliebig viele Jahre lang Geschenke zustellen kann.

5. KAPITEL

Die Weihnachtskerze und der Baum

Der ganze Saal, erfüllt von dem Dufte angesengter
Tannenzweige, leuchtete und glitzerte von unzähligen
kleinen Flammen, und das Himmelblau der Tapete
mit ihren weißen Götterstatuen ließ den großen Raum
noch heller erscheinen. Die Flämmchen der Kerzen,
die dort hinten zwischen den dunkelrot
verhängten Fenstern den gewaltigen Tannenbaum
bedeckten, welcher, geschmückt mit Silberflittern
und großen, weißen Lilien, einen schimmernden Engel
an seiner Spitze und ein plastisches Krippenarrangement
zu seinen Füßen, fast bis zur Decke emporragte,
flimmerten in der allgemeinen Lichtflut
wie ferne Sterne.
Thomas Mann, *Die Buddenbrooks*

Ein mit flackernden Kerzen geschmückter Tannenbaum ist eines
der Urbilder des Weihnachtsfestes. Der immergrüne Baum ist, wie
die Kerzen, ein uraltes Symbol für das lebenspendende Sonnenlicht, viel älter als die Verbreitung des Weihnachtsbaums, älter als
der Baum, den Martin Luther angeblich mit Kerzen schmückte,

um die Kinder an den Himmel zu erinnern, von dem Christus herabkam, um uns zu erretten.

Unsere Vorfahren feierten mitten im Winter die alljährliche Wiederkehr von Sonnenlicht, Wärme und Fruchtbarkeit mit Ritualen, zu denen das gelbe Licht einer lebendigen Flamme gehörte, die den kalten Wintermonaten zu trotzen schien. Weihnachten teilt dieses Symbol der Wiedergeburt der lebenspendenden Sonnenenergie mit anderen Lichterfesten wie dem jüdischen Chanukka und dem afrikanischen Kwanzaa, die ebenfalls in dieser Zeit gefeiert werden.

Wenn wir in der Weihnachtszeit eine Kerze anzünden und über die Vorgänge nachdenken, die sich dabei abspielen, erhalten wir tiefe Einblicke in den Ablauf von Lebensprozessen. Die Flamme ist das Ergebnis des letzten Schritts einer außerordentlichen Folge physikalischer und chemischer Prozesse, bei denen zuerst Sonnenlicht eingefangen wird, mit dessen Hilfe sich in Docht und Wachs chemische Bindungen bilden, die später, wenn sie gelöst werden, das gespeicherte Licht freisetzen. Das erste und wichtigste Glied in dieser Kette ist die Photosynthese (von «photo», «Licht», und «synthesis», «zusammenfügen»). Dieser Vorgang ist die Triebfeder des Lebens auf der Oberfläche unseres Planeten. Grünpflanzen wie die Weihnachtsbäume nutzen alle Jahre wieder das Sonnenlicht, um 100 Billionen Kilogramm Kohlendioxyd aus dem Himmel zu holen, das sie mit Wasserstoff aus dem Wasser kombinieren, um daraus Nahrung – Kohlehydrate – zu gewinnen und Sauerstoff freizusetzen. Ein mit Weihnachtsbäumen bestandenes Gebiet von tausend Quadratmetern deckt den täglichen Sauerstoffbedarf von achtzehn Menschen. In den USA sind ungefähr 5 Millionen Quadratmeter mit Nadelbäumen bewachsen, deshalb werden dort täglich etwa 18 Millionen Menschen mit dem Sauerstoff versorgt, der erzeugt wird, wenn diese Bäume das Sonnenlicht umsetzen.

Besonders schön am Entzünden einer Kerze am Weihnachtsbaum ist es, dass sich damit der Kreislauf wiederholt, der sich in und um Lebewesen abspielt. Beispielsweise geht die in Pflanzen durch Photosynthese erzeugte chemische Energie in die Nahrungskette ein, wenn die Pflanzen von Weidetieren gefressen werden, deren Fett dann zu Kerzentalg verarbeitet wird. Wenn diese Kerze in der dunkelsten Jahreszeit angezündet wird, setzt sie diese Energie frei und gibt den kompliziert gebauten Fett- oder Wachsmolekülen wieder die Form, in der die Pflanzen sie vorfanden – Wasser und ein heißer Hauch von Kohlendioxyd –, und kann wieder in Lebewesen eingebaut werden.

Wie so viele Aspekte der Weihnachtsfeiern reichen auch die Ursprünge des Baumsymbols in die Vorgeschichte zurück. Die Völker der Vorzeit waren davon fasziniert, dass einige Bäume und Pflanzen offenbar auch zwischen den toten Zweigen eines Winterwaldes weiterlebten. Für einen primitiven Verstand in einer Welt der Vergänglichkeit war ein Immergrün vermutlich ein Zeichen für Beständigkeit und die magische Fähigkeit, ohne viel Hilfe von der Sonne gedeihen zu können. Die alten Ägypter schmückten ihre Häuser am kürzesten Tag des Jahres mit grünen Palmzweigen, die für sie den Triumph des Lebens über den Tod symbolisierten. Die gleiche Symbolik finden wir in den römischen Saturnalien, wenn Gebäude zu Ehren von Saturn, dem Gott der Landwirtschaft, mit Zweigen von Stechpalme, Kiefer und Efeu geschmückt wurden. Stechpalme, Efeu und Mistel sind nicht nur grün, sondern tragen auch im Winter Frucht, schlagen somit dem flüchtigen Sonnenlicht ein Schnippchen und wecken die Hoffnung auf ein fruchtbares Jahr.

Dieser Triumph der Fruchtbarkeit über die Elemente findet sich auch in der englischen Legende vom Dornbusch in Glastonbury, den Joseph von Arimathia gepflanzt haben soll, als er nicht lange nach Jesu Tod nach England kam, um dort die christliche

Botschaft zu verkünden. Von der Reise ermüdet, legte er sich zur Ruhe und stieß seinen Wanderstab neben sich in die Erde. Als er erwachte, merkte er, dass der Stab Wurzeln geschlagen hatte: Das Ergebnis war der Glastonbury Thorn, der jedes Jahr am Weihnachtstag blühte.

Wir spüren die alte Faszination immergrüner Pflanzen, die der schwachen Wintersonne trotzen, aufs Neue, wenn wir uns überlegen, wie es dazu kommt, dass Bäume ihre Blätter im Winter abwerfen oder behalten. Botaniker beschäftigen sich schon lange mit diesen Vorgängen und sehen Blätter und Nadeln als höchst effektive «Solarzellen». Wenn wir verstehen wollen, warum Nadelbäume in den dunklen Wintermonaten weiterhin an dieser Energiequelle festhalten, während andere Bäume auf sie verzichten, müssen wir etwas mehr über die biochemischen Vorgänge wissen, die sich in Nadeln und Blättern abspielen. Ihr grünes Gewebe liefert Pflanzen Energie, die sie mittels der Photosynthese dem Sonnenlicht entnehmen. Der Vorgang läuft im Inneren sogenannter Chloroplasten ab, die in den Blattzellen enthalten sind, deren Pigmentmoleküle Lichtenergie einfangen. Das wichtigste Pigment ist Chlorophyll, das rotes und blaues Licht absorbiert, das grüne aber das Auge erreichen lässt. Eingefangene Lichtenergie wird dazu verwendet, Wasser und Kohlendioxyd aus der Atmosphäre in Sauerstoff, der an die Luft abgegeben wird, und in Pflanzennahrung, Glukose, zu verwandeln.

Im Winter sind die Tage kürzer, und die Sonne steht tiefer am Himmel. Dann ist weniger Photosynthese möglich, und dem Baum steht weniger Energie zur Verfügung. Außerdem können die tiefen Temperaturen die Zellen zerstören. Bäume haben sich an diese jahreszeitlichen Veränderungen angepasst, indem sie während dieser Zeit ruhen und von der während der Sommermonate gespeicherten Nahrung zehren. Zwar verlangsamen sich die chemischen Reaktionen in Blättern immer, wenn die Temperaturen sinken, das entscheidende Signal für den Winterschlaf der Bäume jedoch ist die kürzer werdende Sonneneinstrahlung und die Zunahme von Perioden der Dunkelheit. Nach den unterschiedlichen Formen der Anpassung an diese alljährliche Abnahme des Sonnenlichts werden die Bäume in laubabwerfend oder immergrün unterschieden. Beide Baumarten wachsen im Winter nicht. In unseren Breiten verlieren Laubbäume in dieser Jahreszeit ihre Blätter, die meisten Nadelbäume jedoch behalten ihre Nadeln. (Sie verlieren ihre Nadeln zwar beispielsweise bei Trockenheit oder an allzu schattigen Plätzen, aber nicht alle zugleich zu einer bestimmten Zeit.)

Man könnte meinen, Laubbäume hätten im Winter einfach deshalb keine Blätter, weil sie dem Wind und anderen Härten des Wetters weniger gut widerstehen können als die aerodynamisch besser geformten Nadeln einer Tanne. Das trifft in gewissem Maße zu. Trotzdem ist der Verlust der breiten Blätter beabsichtigt; er kann zwar durch Wind und Stürme beschleunigt werden, hängt aber nicht davon ab. Bill Proebsting von der Oregon-State-Universität zufolge wird der Vorgang von komplizierten Reaktionen in den Zellen bestimmt. An der Basis des Blattstiels befindet sich eine Trennschicht, deren Zellen dann, wenn es an der Zeit ist, die Blätter abzustoßen, anschwellen und so den Transport von Stoffen zwischen Blatt und Baum verlangsamen. Sobald die Trennschicht undurchlässig geworden ist, zersetzt sich der Zellverband, da die Enzyme Pectinase und Cellulase die Matrix aufbrechen, die die Zellen zusammenhält. Dann bildet sich zunächst oben ein Riss, der sich nach unten fortsetzt, bis schließlich das Blatt weggeweht wird oder abfällt. Wenn es abgefallen ist, bildet die Stielseite der Trennschicht einen Schutz, der die Wunde versiegelt, das Verdunsten verhindert und Ungeziefer den Weg versperrt.

Man könnte fragen, warum sich manche Pflanzen überhaupt die Mühe machen, grün zu bleiben. Es gibt eine Reihe von Faktoren, die die Evolution von Weihnachts- und anderen Nadelbäumen beeinflusst haben und dazu führten, dass sie ihre Nadeln im Winter behalten, statt sie alle auf einmal abzuwerfen. Nach Meinung von Peter Davies, Pflanzenphysiologe an der Cornell-Universität, behalten Nadelbäume und Stechpalmen ihre Blätter, um die gelegentliche Wintersonne zu nutzen. Im Gegensatz zu den Blättern von Laubbäumen sind die Nadeln mit Harz oder Wachs bedeckt (was sie vor Feuchtigkeitsverlust bewahrt) und durch andere biochemische Abläufe vor der Winterkälte geschützt. Aus diesem Grund brauchen immergrüne Pflanzen allerdings mehr Energie zur Herstellung und zum Erhalt ihrer Blätter als Laubbäume, deren Blätter tiefen Temperaturen nicht standhalten können. Laubbäume haben sozusagen beschlossen, ihre Verluste möglichst klein zu halten und keine weiteren Ressourcen in ihre Solarzellen zu stecken.

Wenn sich das grüne Chlorophyll, das Sonnenlicht einfängt und in Pflanzennahrung verwandelt, in den Blättern eines Laubbaums langsam zersetzt und damit das grüne Pigment verblasst, werden andere Pigmente sichtbar – vor allem die gelben und gelbroten Karotenoide, die die bunten Farben des Herbstlaubs bewirken –, und die Fähigkeit des Blattes, Sonnenlicht zu nutzen, verringert sich. Durch das Abwerfen der Blätter halten Laubbäume ihren Grundumsatz insgesamt auf einem etwas höheren Niveau. Wenn die Pflanze dem Blatt alle nützlichen Stoffe abgezogen und in den Zellen des Baumstamms für die Wiederverwendung im nächsten Frühjahr gespeichert hat, wird sie mit den Blättern auch alle Nebenprodukte los, die sich dort angesammelt haben. Man könnte Blätter demnach als Ausscheidungsorgane sehen und das Abwerfen eines vergilbten Blattes mit dem Gang zur Toilette vergleichen.

Erstmals wurde ein Nadelbaum als Weihnachtsbaum vermutlich im Schwarzwald aufgestellt. Immergrüne Zweige, kleine

Bäume, der Julblock – ein Holzstamm, der die ganzen Feiertage hindurch brennen muss – gehörten bei heidnischen Stämmen allerdings zum Fest der Wintersonnenwende. Schriftlich erwähnt wird ein derartiges Tannenreisig dann zum ersten Mal im Jahr 1494 von Sebastian Brant in seinem «Narrenschiff». Der Brauch des «Winter-Maien» war allerdings bei den Waldbesitzern nicht beliebt, weshalb immer wieder Verbote erlassen wurden, um den bedrohten Waldbestand zu schützen.

Von geschmückten Bäumen erfahren wir erstmals aus dem Reisetagebuch eines unbekannten Schreibers aus dem Jahre 1605: «Auf Weihnachten richtet man Dannenbäume zu Straßburg in den Stuben auf, daran henket man Rosen, aus vielfarbigem Papier geschnitten, Äpfel, Oblaten, Zischgold, Zucker usw.»

Der Legende nach soll Martin Luther als Erster einen Baum mit Kerzen geschmückt haben, weil ihn der Glanz der Sterne am Winterhimmel so anrührte, dass er ihn nachzuahmen versuchte. Und an kleine kerzenbesteckte Buchsbäumchen kann sich Liselotte von der Pfalz erinnern. In ihrer Jugend sollen sie am Hannoveraner Hof in der Zeit um 1660 aufgestellt worden sein.

Das erste *Bild* eines Weihnachtsbaums im Kerzenlicht stammt von 1796 und zeigt den Weihnachtsabend im Wandsbeker Schloss bei Hamburg. Und in Bayern ließ 1830 die Königin Therese, Gemahlin von Ludwig I., einen Lichterbaum in die Münchner Residenz bringen. «Hier sahen ihn die Adeligen und ahmten das königliche Vorbild nach. Und bald fanden auch einfache Bürger am Christbaum Gefallen. Im Deutsch-Französischen Krieg 1870/71 lernten ihn bayerische Soldaten bei den anderen deutschen Truppen kennen und brachten ihn in ihre Heimat mit.»

Der Brauch, Bäume zu schmücken, ist allerdings viel älter. In einigen heidnischen Ritualen wurde ein Baum geschmückt, um die Baumgeister in den Wald zurückzulocken, damit er wieder grüne, was er natürlich in jedem Frühjahr tat. Von Russland bis

Indien gibt es Rituale, bei denen ein geschmückter Baum eine Rolle spielt.

Daneben gibt es berühmte mythologische Bäume. Zum Beispiel Yggdrasil, die Weltesche, heiliger immergrüner Baum des altnordischen Mythos, der im Weltmittelpunkt steht, oder den indischen Bodhi, den Feigenbaum, unter dem der Asket Gotama die erlösende Erleuchtung fand und damit zum Buddha wurde. Und natürlich den Baum der Erkenntnis im Garten Eden.

Deutsche Siedler und hessische Söldner, die aufseiten der Engländer im Unabhängigkeitskrieg kämpften, brachten den Weihnachtsbaum nach Amerika. Soldaten stellten 1804 – zweihundert Jahre nach dem ersten belegten geschmückten Baum – in Fort Dearborn (jetzt Chicago) Bäume aus den umgebenden Wäldern zu Weihnachten in ihren Baracken auf. Der Brauch hatte 1842 Williamsburg (Virginia) erreicht, und ein Jahrzehnt später brachten zwei Ochsenschlitten Bäume aus den Catskills in die Straßen von New York; damit begann der Verkauf von Weihnachtsbäumen in den USA. Gegen Ende des neunzehnten Jahrhunderts gehörte der Baum so sehr zum Fest, dass in einer Schilderung der Weihnachtsfeiern im Weißen Haus vom «alten Brauch des Weihnachtsbaums» die Rede ist.

In England war der Brauch, einen geschmückten Weihnachtsbaum aufzustellen, ein Zeichen gesellschaftlichen Bewusstseins, nachdem Mitte des achtzehnten Jahrhunderts das Haus Hannover auf den englischen Thron gelangt war. Aber er wurde, wie gesagt, in England erst dann zu einem Symbol für Weihnachten, als Königin Victoria ihrem deutschen Prinzgemahl Albert zuliebe 1840 in Schloss Windsor einen Weihnachtsbaum aufstellte, der sich acht Jahre später über ganz England verbreitete, nachdem die *Illustrated London News* Victoria mit ihrer Familie neben dem Weihnachtsbaum abgebildet hatte.

Heute strahlt das Symbol von Flamme und Baum so hell wie

eh und je. Fast jede mitteleuropäische Familie erhöht die Festtagsfreude, indem sie einen frisch geschlagenen oder auch einen eingetopften lebenden Baum aufstellt. Weltweit werden Millionen von Bäumen geschmückt, von den Bananenbäumen der Christen in Indien bis zu den winzigen Fichten mit brennenden Kerzen auf oberbayrischen Friedhöfen, die die Toten an den Feiern teilhaben lassen. Der traditionelle Weihnachtsbaum wird jedoch von einem vulgären Hochstapler bedroht:

Plastikbäume werfen keine Nadeln ab, weisen keine Mängel auf und können Jahr für Jahr wiederverwendet werden. Damit geht die tiefverwurzelte Liebe zum Immergrün wohl einen Schritt zu weit.

Dank der modernen Gentechnologie jedoch hat der wahre Christbaum eine Chance zur Wiedergeburt, denn ganze Gruppen von Wissenschaftlern arbeiten an Methoden, Tausende von Kopien eines auserlesenen, besonders hochwertigen Weihnachtsbaums zu entwickeln. Das Problem bei der altmodischen Art der Vermehrung besteht darin, dass die Samen eine genetische Variabilität haben, was nicht nur für den Endverbraucher Unvollkommenheit bedeutet, sondern auch für den Plantagenbesitzer, der gewöhnlich Bäume fällen muss, die unterschiedlich breit und hoch sind. Um dieses Problem durch die Produktion genetisch homogener Samen zu lösen, sind etwa sieben Zuchtfolgen nötig, und da jede Fichte bis zur Geschlechtsreife etwa fünfzehn bis zwanzig Jahre braucht, ist das Vorhaben, auf diese Weise genetisch einheitliche Samen zu erhalten, kommerziell schlecht durchführbar. Eine Alternative bietet das Klonen.

Die Gruppe um Dan Keathley am Department für Forstwirtschaft der Michigan-State-Universität konzentriert ihre Bemühungen auf das Klonen echter Tannen, Douglasfichten und Waldfichten. Der erste Schritt, sagt Keathley, besteht darin, «Bäume zu finden, die wirklich auserlesen sind – damit meinen wir etwa einen unter 10 000». Dieser makellose Baum sollte einen geraden Stamm haben, der leicht in einen Christbaumständer passt, die Zweige sollten viel Schmuck tragen können und in einem Winkel von 45 Grad nach oben zeigen, er sollte eine regelmäßige Kegelform mit einer Neigung von etwa 35–45 Grad haben, seine Nadeln sollten dick und grün sein und lange halten. Außerdem muss er rasch wachsen und widerstandsfähig gegen Krankheiten und Insekten sein. Solche Superbäume werden dann aufgrund von Massenproduktion zu erschwinglichen Preisen erhältlich sein.

Sobald der Superbaum gefunden ist, wird er geklont. Dabei gibt es zwei Möglichkeiten. Bei dem einen Verfahren – der Gewebekultur – wird eine Knospe oder ein Same des Baums sterilisiert, um Pilze und Bakterien abzutöten, und in eine Nährlösung gelegt, wo ein Kallus daraus wird, ein Gewebewulst sich beliebig teilender Zellen. Dieser Kallus lässt sich in viele Teile brechen, die jeweils austreiben und in einer Nährlösung mit Hormonen zum Wurzelwachstum angeregt werden. Aus jedem dieser Sprösslinge wird dann wieder ein ganzer Baum.

Auch das Verfahren der Mikropropagation geht von einer Knospe des Elternbaums aus. Sprösslinge werden mit Hilfe von Hormonen zum Wachstum angeregt und dann kultiviert. «Die Mikropropagation ist die beste Methode», sagt Dan Keathley. Damit vermeidet man das ungeordnete Kallusgewebe, bei dem es zu Problemen mit Chromosomen kommen kann. «Wir arbeiten daran, Plantagen für alle kommerziell wichtigen Weihnachtsbaumarten zu entwickeln, die in Michigan verwendet werden.»

Eine Forschergruppe an der Agricultural Experiment Station in Texas hat schon Hunderte geklonter Virginia-Tannen gezüchtet. «In südlichen Ländern ist der geklonte Baum der Weihnachtsbaum der Zukunft», sagt Don Kachtik, ein Baumschulbesitzer, dessen Nadelbäume aus dem Reagenzglas wohl zu den Ersten gehören werden, die in Texas für die Feiertage gefällt werden können. «Im Süden von Texas gedeiht nur diese Tanne, deshalb brauchen wir eine gute.» Craig McKinley, der gemeinsam mit Ron Newton die Elternbäume für den Versuch auswählte und das Klonierungsverfahren entwickelte, erklärt weiter: «Wenn wir einen Baum mit gutem genetischem Material finden, können wir Verbesserungen rascher festhalten, als wenn wir den üblichen Fortpflanzungszyklus durchlaufen.» Der traditionelle Sämling der Virginia-Tanne kostet weniger als 10 Pfennige, ein pflanzfertiger geklonter Baum zehn- bis zwanzigmal so viel. Wenn diese Bäume aber erst einmal eingeführt sind, werden sie nach Meinung von Newton den Verbraucher nicht mehr kosten als andere, besonders wenn ihr Erbgut gegen Insekten und Krankheit gewappnet ist. Auch Mike Walterscheid, Waldspezialist des Texas Agricultural Extension Service in Texas, ist derselben Meinung: «Die Baumschulbesitzer hoffen, dass sie 95 Prozent der von ihnen gepflanzten geklonten Bäume verkaufen werden. Jetzt verkaufen sie nur 60 bis 70 Prozent, da der Rest nicht schön oder an einer Krankheit oder sonst etwas eingegangen ist.»

Eine andere Möglichkeit, einen Superbaum zu erhalten, liefert die Gentechnik, bei der dem Baum Gene eingesetzt werden, die zu erwünschten neuen Eigenschaften führen. An der Erzeugung sogenannter transgener Bäume ist besonders die Zellstoffindustrie interessiert, die darin eine Chance sieht, zu billigeren Papiererzeugnissen – und damit auch preiswerteren Weihnachtskarten – zu kommen. Bei Fichten und Tannen führen Pilzerkrankungen zu großen Verlusten, und deshalb ist es ein Hauptziel der Züchter, ein gegen sie resistentes Gen zu finden. Außerdem werden Weihnachtsbaumplantagen gelegentlich von Schädlingen geplagt, die im Erdboden leben. Durch Manipulation der Gene, die den durch Alterungsprozesse bedingten Abbau bewirken, lässt sich möglicherweise auch das Nadeln verringern. Krishna Podila von der Technologischen Universität Michigan meint, es gebe viele

Gründe, die dafür sprächen, einen Superbaum mit gentechnischen Mitteln zu erzeugen; ein Hauptgrund sei der Wunsch nach schnellerem Wachstum. Er sagt: «Wenn man Gene einführen könnte, die den Baum rascher wachsen lassen, könnte man die Umsatzzeiten auf diesen Plantagen verringern.» Podilas Labor war eines der ersten, die eine Konifere – eine Lärche – gentechnisch veränderten, und auch Kollegen in Madison (Wisconsin) und in Neuseeland haben von Fortschritten bei gentechnisch behandelten Tannen und Fichten berichtet, wobei sich die gentechnische Manipulation von Nadelhölzern als gar nicht einfach erwiesen hat.

Die Furcht, eines Tages könne ein «Frankensteinbaum» Amok laufen, ist, so wird jedenfalls behauptet, völlig unbegründet. Zum einen werden Bäume mit wertverbessernden Genen, die rasches Wachstum und Widerstandsfähigkeit gegen Schädlinge und Krankheiten bewirken, als sterile Bäume geplant, um die Interessen der Umwelt und der Hersteller von Papierprodukten zu schützen, indem die Möglichkeit einer «genetischen Verseuchung» ausgeschaltet wird. Zurzeit jedoch ist der kommerziell erzeugte Superbaum aus biotechnologischer Sicht nur ein Streifen am Horizont. «Soweit ich weiß, gibt es keine genmanipulierten Weihnachtsbäume», sagt Podila. Aber das ist wohl nur eine Frage der Zeit.

Wie der Weihnachtsbaum gehört auch die Kerze unabdingbar zum Weihnachtsfest. Wir wissen nicht, wer sie erfunden hat, wohl aber, dass ihre Vorgänger, die Öllampen, mindestens 30 000 Jahre zurückdatieren, bis zu den Tagen, in denen prähistorische Menschen Bilder an Höhlenwände malten. Bevor wir für das Risiko gefährlicher Feuer sensibilisiert waren, erstrahlten Weihnachtsbäume im Glanz flackernder Kerzen. Wie so viele Weihnachtsbräuche lässt sich die Verwendung von Weihnachtskerzen nach Deutschland zurückverfolgen, bis zu Martin Luthers geschmücktem Baum und dem Adventskranz mit seinen vier Kerzen.

Wenn es draußen rau und kalt ist, erinnert uns der Kranz daran, dass es auch in der Finsternis des Winters Leben und frisches Grün gibt. Die Flammen der Kerzen haben auch eine religiöse Bedeutung, jede an den Adventssonntagen angezündete Kerze markiert das Verstreichen einer Woche des Advents. Oft wird eine fünfte weiße Kerze in die Mitte des Kranzes gestellt: es ist die Christkerze, die die Geburt Christi symbolisiert, und sie wird am Heiligen Abend oder an Weihnachten angezündet.

Auch heute spielt Licht bei vielen Weihnachtsbräuchen eine wichtige Rolle. In China verwandeln Christen Weihnachtsbäume mit Papierlaternen in «Lichterbäume». In Teilen Indiens werden sie mit tönernen Öllampen erhellt, während die Schweden der Lichterkönigin Lucia mit Prozessionen dafür danken, dass sie Licht in die dunkle Jahreszeit bringt. Auch auf dem sieben- oder neunarmigen Menorah- oder Chanukkah-Leuchter werden während des jüdischen Lichterfests Chanukkah die Kerzen angezündet, um den Sieg des Judas Makkabäus über den syrischen Tyrannen Antiochus vor über zweitausend Jahren zu feiern.

Kerzen tauchen bei dem nichtreligiösen Winterfest Kwanzaa der Afroamerikaner auf, das unter dem Einfluss der Bürgerrechtskämpfe der sechziger Jahre 1966 in den USA eingeführt wurde. Der Kerzenhalter, die Kinara, trägt sieben Kerzen, eine schwarze, drei rote und drei grüne, die die sieben Grundsätze darstellen, auf denen das Fest beruht: Die schwarze Kerze symbolisiert die Afroamerikaner, die roten Kerzen stehen für ihren Kampf und die grünen für ihre Zukunftshoffnungen. Die erste Kerze wird gewöhnlich am Tag nach Weihnachten vor dem Abendessen angezündet, und dann an jedem Abend eine mehr, während die Anwesenden die Grundsätze von Kwanzaa rezitieren und auf die Bedeutung eingehen, die es für sie persönlich hat.

Die Kerze spielte ebenfalls eine Hauptrolle in der berühmtesten aller für Kinder bestimmten wissenschaftlichen Vorlesungen. Sie wurden von dem bahnbrechenden Erkunder der Elektrizität und des Magnetismus, Michael Faraday, dreieinhalb Jahrzehnte lang jedes Jahr während der Weihnachtsferien in der Royal Institution in London gehalten und fanden ihren Höhepunkt 1860–61 mit einer Vorlesungsreihe zur «Naturgeschichte der Kerze». In der Einleitung dazu sagt Faraday seinen jungen Zuhörern: «Schwerlich möchte sich ein besseres Thor zum Eingang in die Naturwissenschaften finden lassen.»

Faradays Sicht beruhte auf der klassischen Physik seiner Zeit, als die Atom- und Molekülvorstellung noch nicht allgemein akzeptiert war. Heute beruht unser Bild von den Vorgängen, die sich beim Anzünden einer Kerze abspielen, auf der Atomtheorie der Materie: Wenn man eine Streichholzflamme an den Docht hält, steigt durch ihre Wärme die Temperatur des festen Wachses an und vergrößert den Grad der molekularen Unruhe und Bewegung. Wenn die Wachsmoleküle warm genug sind, lösen sie sich voneinander, wirbeln durcheinander und schmelzen das Wachs. Wir wissen auch, warum das zunächst undurchsichtige Wachs transparent wird: Zunächst bilden die Wachsmoleküle Gruppen, die Licht streuen, dann aber löst sich die Ordnung auf. Das Licht wird nicht mehr reflektiert, sondern durchgelassen.

Peter Atkins, der berühmte Chemiker und Lehrbuchautor aus Oxford, verweist darauf, dass Faraday einigen grundlegenden Fragen aus dem Weg ging. Warum muss die Kerze mit einem Streichholz angezündet werden? Was treibt die chemische Reaktion an? Von dieser Triebkraft ist im zweiten Hauptsatz der Thermodynamik die Rede, den man grob als Neigung der Dinge beschreiben könnte, in Unordnung zu geraten. Im Fall der brennenden Weihnachtskerze werden Materie und Energie in Form von Kohlendioxyd, Wasserdampf und den Verbrennungsprodukten verstreut und verteilt. Die Energiezufuhr durch Streichholz oder Feuerzeug ist nötig, weil zwischen den Reagenzien in der

Kerze und den Verbrennungsprodukten eine Energieschwelle besteht. Man kann in der Überwindung dieser Schwelle den Preis sehen, den man zahlen muss, bevor eine Kerze ins Energiegeschäft einsteigen kann. Die Verbrennungsreaktion kann nur stattfinden, wenn den Reagenzien geholfen wird, die Schwelle zu überwinden – indem etwa das brennende Streichholz die Energie liefert, die die Reaktionspartner zusammenprallen lässt, wodurch chemische Bindungen gelöst werden.

Die Wärme der Flamme erhitzt das Kerzenwachs, und die Wachsmoleküle erhalten genug Energie, um in die Luft zu entkommen. Diese Moleküle bestehen wie alle Kohlenwasserstoffe aus einer langen, von Wasserstoffatomen gesäumten Kohlenstoffkette, die, sobald sie mit der Hitze der Streichholzflamme in Berührung kommen, zusätzliche Energie aufnehmen und so heftig vibrieren, dass sie in kleinere Moleküle zerspringen. Dieser Vorgang heißt Pyrolyse. Die Bruchteile reagieren mit dem Luftsauerstoff, und so entsteht Feuer.

Die Wachsdämpfe und der Sauerstoff verbinden sich bei hohen Temperaturen im Flammenmantel und geben Wärme ab, d. h., der Luftsauerstoff und die Kohlenstoffverbindungen des verdampften Wachses finden sich zu neuen chemischen Bindungen zusammen. Die sich daraus ergebende Temperaturerhöhung lässt das Wachs schmelzen und verdampfen und nährt damit den dunklen Kern der Flamme. Gleichzeitig gelangt durch Diffusion und Konvektion Sauerstoff aus der Luft an die Flammenoberfläche, deren Gestalt durch ein labiles Gleichgewicht zwischen diesen beiden Kräften bestimmt wird. Der Brennprozess wird kompliziert durch die Entstehung von freien Wasserstoff- und Sauerstoffatomen und deren Verbindung, dem Hydroxyl. Diese chemischen Stoffe sind Radikale und haben, wie der Name besagt, die Fähigkeit, chemischen Aufruhr zu bewirken. So verbinden sich beispielsweise freie Wasserstoffatome mit Sauerstoff aus der Luft in einer Reaktion, bei der viel Wärme frei wird und Sauerstoff- und Hydroxylradikale entstehen. Sie steigen hoch, da heiße, weniger dichte Produkte durch sogenannte Konvektion aufsteigen; dabei wird Sauerstoff zugeführt, während Verbrennungsprodukte abgeführt werden, und das verleiht der Flamme ihre charakteristische Tropfenform.

Wenn Sie eine Kerzenflamme genauer betrachten, sehen Sie, dass sich genau über und um den brennenden Docht herum ein dunkler Kegel ausbildet, über dem ein leuchtender gelber Bereich liegt. Die Temperatur des dunklen Kegels ist relativ niedrig (600° C), im Inneren des hellen Bereichs aber hoch (1200° C). Am heißesten (1400° C) ist der Rand des gelben Teils der Flamme. Die verdampften Wachs-Kohlenwasserstoffmoleküle werden von der Wärme im dunklen Kegel in der Nähe des Dochts zersetzt. Um den gelben Bereich der Flamme herum reagieren die Radikale dieser aufgebrochenen Kohlenwasserstoffe mit Luftsauerstoff und bilden in einem Vorgang, den wir noch nicht ganz verstehen, Kohlendioxyd und Wasser. Das können Sie leicht bestätigen, indem Sie einen Löffel über die Flamme halten. Sie sehen dann, wie Wasser auf dem kühleren Metall kondensiert; wenn Sie den Löffel in den gelben Bereich halten, setzt sich Ruß ab, und wenn Sie ihn über den Docht in der dunklen Zone halten, kondensieren verdampfte Kohlenwasserstoffe zu einer dünnen Wachsschicht. Dies ist einer der vielen Versuche, die Faraday bei seinen Weihnachtsvorlesungen vorführte.

Wenn man an die alte Faszination denkt, die Flammen im kalten Winter ausüben, überrascht es wohl kaum, dass der größte Teil der bei der Verbrennung freigesetzten Strahlung Wärme ist, die wir als Infrarotstrahlung kennen. Faraday sprach besonders poetisch von den Überresten der Strahlung – dem Licht –, die das bloße Auge sehen kann: «Ihr kennt die glänzende Schönheit des Goldes und des Silbers, das noch hellere Schimmern und Glitzern der Edelsteine wie Rubin und Diamant – aber nichts von alledem kommt dem Glanz und der Schönheit einer Flamme gleich.»

Der leuchtende gelbe Bereich der Flamme, der das meiste Licht erzeugt, heißt Kohlenstoffbereich. Die dort lauernden Rußteilchen bestehen aus Kohlenstoffatomen, die aus ihren ursprünglichen Ketten im Wachs freigesetzt wurden und sich zunächst zu unterschiedlich großen sechseckigen Anordnungen mit einer Größe von 10 bis 200 Nanometern und dann zu Ketten zusammengefunden haben. Der Rußbereich enthält auch die bei Physikern so beliebten, erst vor kurzer Zeit entdeckten Buckminsterfullerene. Bei diesen Molekülen haben sich sechzig Kohlenstoffatome zu einer Form zusammengefunden, die wie ein Fußball aussieht. Aber wieso können diese Kohlenfußbälle und andere schwarze Rußteile so leuchtend sein? Wie jede andere heiße Materie leuchtet auch Ruß, aber es ist wirklich, wie Faraday bemerkte, kaum zu glauben, «dass all die Substanzen, die in Gestalt von Ruß und schwarzen Flöckchen in London herumfliegen, ausgerechnet die Schönheit und das Leben der Flamme ausmachen.»

Als Faraday seine Vorlesungen hielt, konnte die Physik die gelben und gelbroten Farben in einer brennenden Kerze noch nicht erklären, denn das erfordert ein Verständnis für Vorgänge im atomaren und molekularen Bereich. Die ersten brauchbaren Atommodelle wurden ein halbes Jahrhundert später aufgestellt, so das 1904 von J. J. Thompson aufgestellte «Rosinenkuchen»-Modell, bei dem punktförmige negative Teilchen (Elektronen) wie Rosinen in einem Teig in die gleichmäßig verteilte positive Ladung eingebettet sind. Heute sieht man das Atom dank der Quantentheorie als winzigen positiven Kern, der von einem Nebel negativ geladener Elektronen umgeben ist, dessen Form und Größe den Energieniveaus der Elektronen entspricht. Wenn die Kohlenstoffatome im Kerzenruß erhitzt werden, schaukeln und hüpfen sie, verdrehen und verzerren sich, während Elektronen zwischen den Energiestufen hin und her springen. Ein Teil dieser Energie verwandelt sich in Lichtteilchen, die aus der Flamme hinausfliegen. Die gelbe Farbe ist auf glühende Rußteilchen zurückzuführen, das blaue Leuchten auf das durch Elektronenübergänge angeregter Moleküle ausgestrahlte Licht.

Die von Faraday vertretene klassische Physik bewährte sich bei niedrigen Frequenzen am roten Ende des Spektrums ziemlich gut. Am blauen Ende jedoch würde ihrer Meinung nach ein erwärmter Körper unendlich viel Energie aussenden. Diese absurde Vermutung wurde als «Ultraviolettkatastrophe» bezeichnet. Die wahre Erklärung musste auf die Quantenphysik warten, die Max Planck um die Jahrhundertwende entwickelte. Um zu erklären, wie heiße Körper, beispielsweise brennende Kerzen, Licht ausstrahlen, ohne dass es zu dieser mutmaßlichen Katastrophe kommt, nahm Planck an, dass die Atome im Ruß nur in Vielfachen einer Grundeinheit schwingen, die durch Multiplikation einer winzigen Konstanten mit der Frequenz des Lichts gefunden wurde.

Dann erkannte Albert Einstein 1905, dass Licht nur in kleinen Paketen, sogenannten Quanten, existieren kann, was dem damals vorherrschenden Bild des Lichts als einer Welle widersprach. Zwei Jahrzehnte später taufte der amerikanische Chemiker G. N. Lewis das Lichtquant auf den Namen Photon. Je blauer das Licht ist, umso energiereicher ist das Photon. So rührt beispielsweise die blassblaue Zone unten in einer Flamme von Quanten her, die von «angeregten» Formen von Wasser, Kohlendioxyd und anderen Teilen von Molekülen abgegeben werden, die energiereicher sind, weil ihre Elektronenkomponenten auf einer Leiter molekularer Energiestufen eine höhere Stufe errungen haben. Wenn diese Elektronen auf ein stabileres Niveau absinken, wird die überflüssige Energie in Form von Photonen ausgesandt.

In gewisser Hinsicht ist die Kerze auch jetzt noch so geheimnisvoll wie in den Tagen von Faradays großartigen Weihnachtsvorlesungen – jedenfalls für Astronauten. Wissenschaftler haben sich seit Jahren gefragt, wie sich Kerzen im freien Raum, ohne den Einfluss der Schwerkraft, verhalten würden. Brennt eine kosmische Weihnachtskerze beliebig lange, oder wird sie von einem Übermaß an Verbrennungsprodukten oder durch Sauerstoffmangel ausgelöscht? Dahinter steckt die Frage, wie das Fehlen der Schwerkraft die Versorgung der Flamme mit Brennstoff und Sauerstoff beeinflussen würde. Auf der Erde verteilen sich Moleküle in der Luft und werden von Konvektionsströmen weggeführt, wenn heißere Luft aufsteigt und kühlere niedersinkt. Da es diesen Konvektionsprozess im Weltraum nicht gibt, sollte die Flamme zwar brennen, aber nur so lange, wie Sauerstoffmoleküle rasch genug nach innen strömen, während der heiße Brennstoff nach außen fließt.

Es besteht keine Einigkeit darüber, ob die Flamme einer Weihnachtskerze ohne den Einfluss der Schwerkraft lange brennen könnte. Einige meinen, das folge aus den Gleichungen für den Diffusionsprozess. Andere meinen, die Diffusion sei ein zu langsamer Prozess, als dass sie die Flamme nähren könnte. Experimente auf der Erde, bei denen die Kerze buchstäblich fallen gelassen wurde, um die Wirkung der Schwerkraft auszuschalten, führten zu keinem eindeutigen Ergebnis.

Eine andere Möglichkeit, die Schwerkraft auszuschalten, wurde von Howard Ross und Dan Dietrich am Lewis Research Center der NASA in Cleveland (Ohio) in Zusammenarbeit mit James T'ien von der dortigen Case Western Reserve University genutzt. Sie beobachteten 1992 eine Kerzenflamme an Bord einer Raumfähre. Unmittelbar nach dem Anzünden war die Flamme kugelrund mit einem hellgelben Kern, der vermutlich aus Ruß bestand. Nach acht bis zehn Sekunden verschwand das Gelb, und die Flamme wurde blau und schrumpfte auf einen Durchmesser von etwa einem Zentimeter. Wenn keine Schwerkraft «oben» oder «unten» festlegt, sollte eine Flamme im Raum kugelförmig sein, aber das Experiment in der Raumfähre zeigte, dass der Wärmeverlust des Dochts die Flamme unten löscht und halbkugelig werden lässt. In der Raumfähre reguliert der Diffusionsprozess die Versorgung der schalenförmigen Flamme mit Sauerstoff und Brennstoffdampf. Da dieser Vorgang langsamer ist als die Konvektion, wird weniger Wärme erzeugt, sodass die Temperatur abnimmt, bis sich wenig oder kein Ruß bildet; deswegen ist die Flamme blau.

Der amerikanische Astronaut Shannon Lucid verfolgte diese Frage 1996 an Bord der russischen Raumstation Mir weiter. Bis jetzt lassen die Ergebnisse darauf schließen, dass eine Kerze in der «Mikrogravitation» des Raumes brennen kann, aber diese Frage hat zu anderen, noch unbeantworteten Fragen geführt, so etwa danach, warum eine Kerze im Weltraum kurz vor dem Erlöschen seltsam flackert. Trotz aller Forschung behält die Flamme etwas von ihrem Geheimnis für sich und regt zu weiterer Suche an. Faradays Worte erinnern fast an eines der aus Weihnachtsgottes- diensten vertrauten Gebete, wenn er sagt: «So wünsche ich euch dann zum Schluss unserer Vorlesungen, dass ihr euer Leben lang den Vergleich mit einer Kerze in jeder Beziehung bestehen möget, dass ihr wie sie eine Leuchte sein möget für eure Umgebung, dass ihr in allen euren Handlungen die Schönheit einer Kerzenflamme widerspiegeln möget, dass ihr in treuer Pflichterfüllung Schönes, Gutes und Edles wirket für die Menschheit.»

6. KAPITEL

Schenken und Kaufen

*Das einzig wirkliche Geschenk ist ein Teil
deiner selbst, ein Blutopfer. Und so bringt
der Dichter sein Gedicht, der Hirte sein Lamm,
der Bauer Korn, der Bergmann einen Edelstein,
der Seemann Korallen und Muscheln, der Maler
sein Bild, das Mädchen ein selbstgenähtes
Taschentuch ... Es ist eine kalte und leblose Sache,
wenn du in ein Geschäft gehst und mir etwas kaufst,
was weder von deinem Leben noch von
deinen Begabungen zeugt.*
Ralph Waldo Emerson, «Gifts» (Essays)

Selbst eine scheinbar harmlose Weihnachtskarte ist voller Bedeutungen. Nach Meinung der Psychologen offenbart sich in ihr viel über unser Wesen und unsere Beziehung zu anderen. Dasselbe gilt für Geschenke – und sogar für die gewählte Verpackung. Wir stöhnen endlos über den «Materialismus» des Weihnachtsfests, die Verbrauchermentalität, die aggressive Werbung. Aber Weihnachten ist heute als Wirtschaftsfaktor wichtiger denn je. Das Weihnachtsgeschäft beginnt schon im späten Sommer, und Weihnachtseinkäufe werden auf mehr als ein Sechstel aller im Einzelhandel getätigten Verkäufe geschätzt.

In England widmen sich etwa acht Prozent der Wirtschaft der Herstellung von Artikeln, die später verschenkt werden, und die Ausgaben für Weihnachtsgeschenke machen etwa vier Prozent des jährlichen Einkommens aus. In Japan, wo die Käufer während der *oseibo*, der gabenbringenden Jahreszeit, zum Refrain von *«Meri Kurisimasu»* umhereilen, ist der Anteil wohl noch größer. Inzwischen interessieren sich auch die Anthropologen für das Paradox der winterlichen Einkaufstouren. Wie kann Weihnachten für die Christenheit sowohl eine religiöse Feier als auch das größte kommerzielle Fest sein? Ihrer Meinung nach ist dieser Widerspruch kein Zufall. Schenken und Kaufen gehören deswegen zu Weihnachten, weil sie helfen, die Bedeutung der Familie in einer immer materialistischeren und unpersönlicheren Welt zu untermauern.

Eine amerikanische Organisation namens SCROOGE (Society to Curtail Ridiculous, Outrageous and Ostentatious Gift Exchanges) hat dazu aufgerufen, *vernünftige* Geschenke zu machen, wie etwa Gutscheine für Kurse, in denen man lernen kann, mit sich selbst in Einklang zu kommen, oder Feuerlöscher und Erste-Hilfe-Ausrüstungen. Aber diese kühle rationale Sicht könnte der Weihnachtsstimmung möglicherweise noch abträglicher sein als das jährliche Ritual des Massenkonsums.

Von allen Weihnachtsgeschichten, die Charles Dickens geschrieben hat, beschreibt *Ein Weihnachtslied* (1843) nicht nur höchst lebendig das viktorianische Weihnachten seiner Zeit, sondern auch die Entwicklung des modernen Fests mit seiner Tendenz zu üppigen Ausgaben. Die Geschichte von Ebenezer Scrooge ist sicherlich auf beiden Seiten des Atlantiks die bekannteste nichtreligiöse Weihnachtsgeschichte.

Die Wandlung Scrooges vom herzlosen Kapitalisten, für den Weihnachten lediglich eine Frivolität ist, die ihn beim Geschäftemachen stört, zum Verschwender, der dem Zeitungsjungen ein Trinkgeld gibt und die arme Familie Cratchit mit Geschenken überhäuft, enthält die wichtigste Komponente der modernen Einstellung zu Weihnachten. Die Verwandlung eines Geizhalses in einen Altruisten symbolisiert die Abwendung von der Selbstbezogenheit und die Zuwendung zu anderen. Seit seiner Veröffentlichung hat das Buch zu Nächstenliebe und Gemeinschaft inspiriert, indem es deren langfristige Vorteile aufzeigt.

Als Dickens sein *Weihnachtslied* 1867 in Vermont öffentlich vorlas, machte es besonders auf einen seiner Zuhörer großen Eindruck. Wie eine Mrs. Fairbanks bemerkte, habe das Gesicht ihres Ehemanns, eines Fabrikanten, «einen Ausdruck ungewöhnlichen Ernstes» angenommen. Dieser Mr. Fairbanks erklärte später – vielleicht beeindruckt von seiner Ähnlichkeit mit Scrooge –, er «werde mit dem bis dato befolgten Brauch brechen, am Weihnachtstag arbeiten zu lassen», und schenkte von da an jedem Arbeiter zu Weihnachten einen Truthahn.

Robert Louis Stevenson sagte über Dickens' Weihnachtsgeschichten: «Ich habe mir die Augen ausgeweint und musste sehr kämpfen, um nicht zu schluchzen. Aber oh, mein Gott, sie sind *gut* – und ich fühle mich nach ihnen so gut – ich will Gutes tun, und das sofort – ich will hingehen und jemanden trösten – ich *will* Geld geben. Wie schön ist es für einen Mann, wenn er Bücher wie diese schreiben und die Herzen der Menschen mit Erbarmen füllen konnte.» Im Glanz von Dickens' *Weihnachtslied* scheint uns das Weihnachten der Vergangenheit heute heller, wärmer, glücklicher und «weihnachtlicher» zu sein als das moderne Fest. Vielleicht ist das so, weil Ereignisse aus der Kindheit immer mit Wehmut getränkt sind. Aber viele Menschen murren auch über die Art, wie das moderne Weihnachtsfest kommerzialisiert wurde. Diese Klage ist schon so alt, dass sie geradezu zum Fest gehört.

Schon vor achtzig Jahren blickte ein Leitartikler der Londoner

Times nostalgisch auf das typische Weihnachten der Zeit von Dickens zurück, mit seiner Fröhlichkeit, seiner Nächstenliebe und den einfachen Freuden. Dickens seinerseits verweist in seinen *Londoner Skizzen* auf Leute, die «sagen werden, Weihnachten wäre nicht mehr für sie, was es vormals gewesen ist». Auch der Verfasser eines 1843 veröffentlichten Buchs über die Geschichte des Weihnachtsfestes schrieb von vergangenen Zeiten, in denen mehr Wert auf altes Brauchtum und Gastfreundschaft gelegt wurde. Einige Jahre zuvor erinnerte sich Sir Walter Scott an die Zeit, als «England noch merry England war». Und schon vor 1790 berichtet ein Leitartikel in *The Times*, dass «innerhalb des letzten halben Jahrhunderts diese jährliche Festzeit viel von ihrem ursprünglichen Frohsinn und ihrer Gastfreundschaft verloren hat».

Im nächsten halben Jahrhundert schrieb *The Times* wenig über Weihnachten. Mit dem Regierungsantritt der Königin Victoria erwachte aber anscheinend ein neues Interesse für diese Jahreszeit und eine Sehnsucht nach einer Wiederbelebung der alten Weihnachtsbräuche. Seit etwa 1835 zeigte sich der neue Geist darin, dass Zeitschriften und Zeitungen dem Fest zunehmend mehr Beachtung widmeten. Das «traditionelle» Weihnachten wurde von Charles Dickens in *The Pickwick Papers* (1836) und *A Christmas Carol* und von Washington Irving in seinem *Sketch Book* (1818) beschrieben, in dem er darüber klagt, «wie viele der weihnachtlichen Spiele und Rituale völlig verschwunden sind». Es ist eine der traurigen Ironien im Leben von Dickens, dass er, der die leere Nostalgie der «guten alten Zeit» so verachtete, uns jetzt nicht nur als ein großer Schriftsteller und Gesellschaftskritiker in Erinnerung bleibt, sondern auch als der Erschaffer des viktorianischen Weihnachtsfests, dessen Verlust wir mit vor Rührung feuchten Augen bedauern und beklagen.

Selbst der Gruß «Merry Christmas!» scheint ein Echo von «Merrie England» zu sein und aus einer Welt zu stammen, in der

der Schnee dick und frisch und gleichmäßig lag, das Haus mit Stechpalmen und Efeu geschmückt war und ein wunderbarer Baum im Fenster stand. Kein Wunder, dass Weihnachten heute nicht alle Erwartungen erfüllt.

Ganz gleich aber, wo und wie Weihnachten gefeiert wird: Im Grunde geht es immer um die Geburt Christi, das traute Heim, die Familie, die Kinder und natürlich die Orgie des Schenkens. Vielleicht wurde Ihnen dieses Buch zu Weihnachten geschenkt?

Ich hoffe es sehr. Russell Belk von der School of Business der Universität Utah merkt an, dass Weihnachtsgeschenke im Vergleich zu Geburtstagsgeschenken gewöhnlich praktischer, prestigehaltiger, persönlicher, teurer, modischer, qualitativ besser und haltbarer sind.

Die Sprache der Geschenke ist alt. Im Tierreich hat das Schenken gute Gründe. Bei vielen Insekten und manchen Vogelarten nehmen Weibchen ein Männchen nur dann zum Partner, wenn er ihnen einen Brocken Nahrung anbietet. Das Sammeln einer solchen Gabe kann für Männchen so gefährlich sein wie die Jagd nach dem Weibchen selbst. Männliche Skorpionfliegen beispielsweise paaren sich erst, nachdem sie dem Weibchen als «Hochzeitsgabe» schmackhafte Insekten angeboten haben. Bei der Suche nach diesen Geschenken laufen die Männchen Gefahr, sich in den Netzen von Raubspinnen zu verfangen, deshalb mag diese Großzügigkeit verblüffen, wenn man sie im Licht von Darwins Theorie der natürlichen Auslese sieht, wonach die Evolution der Tierarten das Ergebnis von Anpassungen ist, die die Chancen eines Tieres zum Überleben vor dem Hintergrund einer erbarmungslosen Natur erhöhen. Darwin selbst wunderte sich über Verhaltensweisen, die nicht zum Überleben beitragen und es sogar bedrohen, und schloss, dass Merkmale wie der Pfauenschwanz − Kennzeichen, die gewöhnlich nur die Männchen haben − durch den Vorgang der sogenannten geschlechtlichen Selektion ausgelesen werden.

Tiere, die diese begehrenswerten Merkmale haben, sind für mehr Partner attraktiv als ihre gleichgeschlechtlichen Rivalen und haben darum größere Chancen, sich fortzupflanzen. Für diese «großzügigen» Vögel, Insekten und andere Geschöpfe haben Gaben deshalb einen wohldefinierten Zweck: Sie helfen ihnen bei der Weitergabe ihrer Gene.

Auch Menschen verfolgen einen Zweck, wenn sie ein Geschenk machen, und das, seit vor etwa 50 000 Jahren die Technik des Jagens entwickelt wurde. Pfeile und andere Schusswaffen ermöglichten es Jägern, Wild (beispielsweise Büffel) zu erbeuten, das aufgrund seiner Größe aufgeteilt werden musste. Unsere Großzügigkeit ist nur zum Teil auf unseren Wunsch zurückzuführen, unseren Mitmenschen Gutes zu tun. Wir erwarten eine Gegengabe.

Weihnachtsgeschenke sind voller Bedeutung. Heinrich III. bewirtete Weihnachten 1252 in York eintausend Ritter und Peers mit einem so kostspieligen Weihnachtsmahl, dass der Erzbischof der Gemeinde 600 Ochsen und 2700 Pfund – eine für damalige Zeiten ungeheure Summe – beisteuern musste. Anderthalb Jahrhunderte später bewirtete Richard II. zu Weihnachten 10 000 Gäste mit 2000 Ochsen und über 200 Tonnen Wein. Edward IV. verköstigte an jedem Tag der Weihnachtszeit 1482 über 2000 Menschen in Eltham. Diese üppige Gastfreundschaft hatte einen guten Grund: sie sollte Bündnisse stärken und neue begründen, und die Könige vergewisserten sich so der Ergebenheit ihrer Lehensleute. Zu dieser Jahreszeit gehörte auch die Bekräftigung der Fürsorgepflicht der Mächtigen für die Machtlosen; so war es Brauch, dass der Herr bei der Mahlzeit den Knecht bediente; das lockerte die Spannungen zwischen den Starken und den Schwachen und festigte den Status quo.

Nach Meinung des französischen Ethnographen Marcel Mauss war der Austausch von Geschenken in der vorindustriellen Gesellschaft eine Möglichkeit, soziale Beziehungen zu Fremden aufzunehmen. In seinem *Essai sur le don* (1925), das auch von Anthropologen für ein Meisterwerk gehalten wird, erläutert Mauss, wie nützlich die Großzügigkeit in einer Zeit war, als weder staatliche Polizei noch Militär den Frieden bewahren halfen. Er erinnert uns daran, dass es kein Geschenk ohne Bindung oder Verpflichtung gibt.

In seinem Buch *The Origins of Virtue* veranschaulicht der Wissenschaftsjournalist Matt Ridley die Gedanken des Gabenaustauschs und der Gegenseitigkeit an einer Beschreibung des Volkes der Hazda in Tansania. In der bewaldeten Savanne beim Ejasi-See sammeln sie Honig, Wurzeln und Beeren und jagen große Tiere wie Giraffen. Von einer Jagd auf Großwild kehren sie entweder – und zwar in den meisten Fällen – mit leeren Händen zurück, oder sie erlegen mit Pfeil und Bogen eine Antilope oder eine Giraffe und geben dann den Großteil der Beute weg. Zum Dank für ihre Großzügigkeit gewinnen die Jäger Ansehen und die Art weiblicher Bewunderung, die den Weg zu außerehelichen Beziehungen ebnet. Anthropologen setzen ein «Wie du mir, so ich dir» nicht mit Gegenseitigkeit gleich: Das Erste meint den Austausch derselben Gefälligkeit zu unterschiedlichen Zeiten, das Zweite den Austausch unterschiedlicher Gefälligkeiten zur selben Zeit. Die Hazda-Jäger tauschen Giraffenfleisch gegen eine haltbare und wertvolle Währung – Prestige – ein, die zu einer späteren Zeit wieder umgesetzt werden kann. Ridley sieht in diesen Handlungen einen Nachhall des Ursprungs der finanziellen Sekundärmärkte: «Der [Jäger] geht einen Kontrakt ein, mit dem er die variable Rücklaufrate seiner Jagdbemühungen gegen eine stabilere Rücklaufrate eintauscht, die von seiner ganzen Gruppe festgelegt wurde.» Eine solche Denkweise verleiht dem Geschenk eine andere Bedeutung, denn statt von Nächstenliebe oder Gemeinschaftsgefühl wird es von einer unpersönlichen Ökonomie bestimmt, die kulturell festgeschriebenen Gesetzen und Verpflichtungen gehorcht. In einigen Gesellschaften war das Gefühl der Verpflichtung zur Gegengabe so stark, dass das Geschenk sogar als Waffe diente.

Im pazifischen Nordwesten Amerikas versuchten die Ureinwohner bis weit ins neunzehnte Jahrhundert, ihre Rivalen beim sogenannten Potlatch-Ritual zu erniedrigen. In einer statusbewussten Gesellschaft arrangierten Rivalen einen bizarren Kampf der Großzügigkeit, bei dem Felle, Öle, Speisen, Pelze, Kanus und dekorierte Kupferplatten weggegeben wurden: Bei diesem eskalierenden Krieg der Geschenke bedeutete jedes Geschenk eine höhere Stufe auf der Statusleiter und jede Nichterwiderung einen Abstieg. Viele Kommentatoren haben auf die Ähnlichkeit zwischen diesem wettbewerbsorientierten Schenken und dem hingewiesen, was sich zu jedem Weihnachtsfest in unserer eigenen Gesellschaft abspielt.

In den sechziger Jahren bemerkte der Ethnologe Marshall Sahlins, dass Gegenseitigkeit eine umso geringere, das Gefühl aber eine umso größere Rolle spielte, je enger die verwandtschaftliche Beziehung zwischen Geber und Empfänger war. Innerhalb der Familie achtete man kaum darauf, wer für wen wie viel ausgab. In den größeren Stammesgemeinschaften aber war eine gewisse Sorgfalt erforderlich, um sicherzustellen, dass man so viel gab, wie man erhielt. Dieselbe Gegenseitigkeit spielte eine Rolle, wenn es zu Geschenken zwischen nicht miteinander verwandten Verbündeten kam. Aber wenn man es mit rivalisierenden Stämmen zu tun hatte, kam es darauf an, mehr zu erhalten als zu geben.

Was Sahlins beobachtet hatte, ließ sich auch in Middletown nachweisen, einem Städtchen im Mittleren Westen der USA, das seit langem gründlich erforscht wird. Dort beschäftigte sich Theodore Caplow von der Universität von Virginia Anfang der achtziger Jahre mit der weihnachtlichen Bescherung. Er fand, dass die allermeisten Geschenke für die Mitglieder der engsten Familie bestimmt waren. Gaben für Verwandte außerhalb der Kernfamilie waren weniger üblich und von den Umständen abhängig. Die erweiterte Familie – Geschwister, deren Ehepartner, Nichten und Neffen sowie Onkel und Tanten – wurde noch weniger beschenkt. In der engsten Familie wurde für ein Geschenk keine gleichwertige Gegengabe erwartet, aber es wurden, wie Caplow fand, in der erweiterten und über die erweiterte Familie hinaus kleine Geschenke gemacht, die auf wenig mehr als ein Trinkgeld hinausliefen. Eine andere Untersuchung, bei der Caplow 110 Einwohner von Muncie (Indiana) befragte, ergab, dass Menschen, die jemandem kein Geschenk machten, der früher auf ihrer Geschenkliste gestanden hatte, meinten, die Beziehung habe an Bedeutung verloren oder könne ganz beendet werden. Das Nichterscheinen eines Geschenks kann den Schlusspunkt unter eine Beziehung setzen.

Das Schenken ist also ein intimer Dialog, eine Sprache, in der etwas über Gefühle und Werte mitgeteilt wird. Geschenke können eine Beziehung schaffen oder beenden; sie bezeugen Status, Macht, Geschmack und Gefühl. Und nach Meinung des Psychologen Adrian Furnham vom University College in London zeigen sie, bis zu welchem Grad unsere Wahrnehmung anderer eine gesellschaftliche ist. Es geht nicht nur darum, wer wem etwas schenkt und wie viel oder wie wenig ein Geschenk kostet, sondern auch darum, welches Geschenk gewählt wird. Wenn das Motiv, aus dem heraus wir ein bestimmtes Geschenk machen, missverstanden wird, ist unser *faux pas* für jeden offensichtlich. So kann es beispielsweise als Beleidigung gedeutet werden, wenn man jemandem, der sich für kultiviert hält, ein fluoreszierendes Kuscheltier schenkt. «Als Kommunikationssignal hat [das Geschenk] nur einen begrenzten Wert, weil die Reichweite der Botschaft gering und die Sprache nicht gut verständlich ist», sagt Furnham. Vielleicht lehnen Geschenkphobiker den Austausch von Geschenken in der Familie und zwischen Freunden deshalb ab, weil sie die

Sprache nicht sprechen und Wittgenstein zustimmen, der weise bemerkte: «Wovon man nicht sprechen kann, darüber muss man schweigen.»

Die Einstellungen von Männern und Frauen zu diesem alljährlichen Ritual sind verschieden. Der Soziologe David Cheal von der Universität von Winnipeg in Manitoba hatte große Schwierigkeiten, genug Männer zu finden, als er gleich viele Männer und Frauen zum weihnachtlichen Schenken befragen wollte. Der Grund wurde schnell klar: Trotz Gleichberechtigung wird die jährliche Suche nach Weihnachtsgeschenken überwiegend als «Frauensache» betrachtet. Bei Ehepaaren überwacht in den allermeisten Fällen die Frau die «Ökonomie der Geschenke», Männer machen gewöhnlich weniger, aber wertvollere Geschenke, was zum Teil – aber nicht ausschließlich – daran liegt, dass Männer gewöhnlich über ein höheres Einkommen verfügen als Frauen. Vielleicht kann man sagen, dass Frauen im Zusammenhang mit Weihnachten den Ton angeben, weil es als Familienfest gesehen wird und Frauen die «Verwandtschaft pflegen» und sich für die Aufrechterhaltung der Familien- und Freundesbande verantwortlich fühlen. Eine der von Cheal befragten Frauen erklärte, sie mache Geschenke, «um eine Botschaft zu übermitteln. Man zeigt dem Beschenkten damit sein Interesse. Man zeigt seine Liebe, seine Zuneigung, was immer es gerade sein mag.»

Andere Untersuchungen haben gezeigt, dass wir uns in mancher Hinsicht wenig von den Hazda in Tansania unterscheiden. Oft bewirken Geschenke ein Gefühl der Verpflichtung und nutzen einen Instinkt der Gegenseitigkeit aus, der das Schenken in die Nähe eines reinen Austauschs von Waren rückt. Das weihnachtliche Schenken folgt offenbar Regeln und beachtet Tabus, sagen Carole Burgoyne und Stephen Lea von der Universität Exeter (England). Wie ein Forschungsvorhaben zeigt, das Burgoyne gemeinsam mit David Routh von der Universität Bristol an 92 Studenten durchführte, ist es ein verbreitetes Tabu, Geld zu schenken, weil es auf einen Mangel an Mühe und Einfühlungsvermögen auf der Geberseite hinweist. Eine Untersuchung von Stephen Lea zeigte, dass Geld insbesondere dann als unangemessen angesehen wird, wenn Kinder es ihren Eltern geben, während Geldgeschenke von Großeltern an Enkel und von Eltern an Kinder durchaus akzeptabel sind.

Psychologen sehen heute Geschenke als eine Möglichkeit, Beziehungen aufzubauen und zu pflegen – genau wie es zur Zeit von Heinrich III. war. Nach Meinung von Burgoyne unterscheidet sich Weihnachten von anderen Ritualen wie etwa den Geburtstagen, bei denen ebenfalls Geschenke überreicht werden, da man an Weihnachten mit größerer Wahrscheinlichkeit ebenfalls etwas geschenkt bekommt. In Beziehungen, bei denen Gegenseitigkeit erwartet wird, kann es ernsthafte Folgen haben, wenn diese nicht gewahrt wird. «Das Ausbleiben einer Gegengabe führt mit einiger Wahrscheinlichkeit zum Bruch von Beziehungen und zum Familienstreit, falls es nicht einen sehr guten Grund dafür gibt», sagt Burgoyne.

Andere Regeln, die sonst für das Schenken gelten, werden jedoch zu Weihnachten oft weniger streng beachtet. Da zu Weihnachten sehr viel geschenkt wird, sind die Geschenke oft weniger persönlich als Geburtstagsgeschenke. Das kann natürlich für jene von Vorteil sein, die gern eine Beziehung anknüpfen möchten. Aber dabei ist Vorsicht geboten, sagt Burgoyne: «Zu teure Geschenke können einen Grad an Verpflichtung und Nähe signalisieren, der dem Empfänger unangenehm ist. Ein unpassendes Geschenk – eines, das entweder zu billig oder zu teuer ist oder das auf schlechten Geschmack des Gebers schließen lässt – birgt das Risiko der Zurückweisung.»

Das häufigste Weihnachtsgeschenk ist wohl die Weihnachtskarte. Ihr Prototyp ist im deutschsprachigen Raum der Neujahrsgruß, den Kinder ihren Eltern schrieben und der seit dem Ende des fünfzehnten Jahrhunderts mit wunderschönen Einblattdrucken belegt ist. Vorläufer der Bildpostkarten hat es vermutlich schon im 18. Jahrhundert in Frankreich gegeben, aber der Ausbau des Verkehrswesens, die Industrialisierung und die Mobilität schufen die Voraussetzungen für die Einführung der «Korrespondenzkarte», die schon 1869 in Österreich und 1870 in Deutschland belegt ist. Bald darauf begann der Krieg 1870/71, wodurch die kostenlos beförderte «Feldpost» weitesten Kreisen vertraut wurde. Deutschland war in der Herstellung von Bildpostkarten führend, und der Export wurde zu einem einträglichen Geschäft. Die nach dem Vorbild von Henry Cole entworfenen Karten wurden immer üppiger gestaltet. Es gab Duftkarten und solche mit Auflagen aus Seide, Metallflitter und Venezianischem Tau, mit Gold- und Silberprägung. Beliebt war Glimmer, aber das verursachte in den Postämtern zu Weihnachten große Probleme, weil Klebstoff und Glimmer sich lösten und Schreibtische und Fußböden unter dem Andrang der Weihnachtspost mit dicken Glimmerschichten bedeckt waren, wie die deutsche Verkehrszeitung 1901 berichtete. In den USA erschien die erste Weihnachtskarte zwischen 1850 und 1852 in einer Anzeige für «Pease's Great Varety (sic) Store in the Tempel of Fancy», die Santa Claus und einen schwarzen Sklaven zeigt, der den Esstisch deckt. In den Jahren nach 1880 wurden die Karten so billig, dass jeder sie versenden konnte. Sie wurden stapelweise verkauft, so der von der deutschen Firma S. Hildesheimer & Co eingeführte «Penny Basket». Wie *The Times* 1883 bemerkte, bot dieser «gesunde Brauch» eine Möglichkeit, Streitereien beizulegen, Beziehungen neu zu beleben und die Familienzusammengehörigkeit zu stärken.

Heutige Psychologen stimmen dem nachdrücklich zu. Der Psychologieprofessor Cary Cooper vom Institut für Naturwissenschaft und Technologie an der Universität Manchester schreibt den Kartengrüßen höchste Bedeutung zu. Noch in den siebziger Jahren war der Austausch von Weihnachtskarten kaum mehr als eine nicht besonders wichtige gesellschaftliche Verpflichtung. Heute, im Anschluss an die «ich-bestimmte» Kultur der achtziger Jahre, ist sie sehr viel wichtiger geworden. «Wir stehen am Beginn einer Ära, in der Menschen mehr über andere Menschen nachdenken», sagt Cooper. Wenn wir Weihnachtskarten versenden, nehmen wir Kontakt auf mit Menschen, die wir aus den Augen verloren haben oder mit denen wir eine Beziehung aufrechterhalten wollen. «Die Grüße bilden eine Art soziales Netzwerk», fügt er hinzu. In einer Zeit, in der viele Menschen nicht mehr mit ihrer Großfamilie zusammenleben, ihre Nachbarn nicht kennen und hochgradig mobil sind, sorgen die Weihnachtskarten für den sozialen Zusammenhalt. «Die Karten, die ich aus den USA erhalte, tragen oft nicht nur die Unterschrift, sondern enthalten auch Briefe und Bilder», sagt Cooper. «Sie sagen eigentlich: ‹Hallo, ich hab dich nicht vergessen: Deine Freundschaft ist mir immer noch wichtig.›»

Die Karten vermitteln auch eine Einsicht in die weihnachtliche Psyche. Genau wie bei der Wahl eines Kandidaten für ein politisches Amt, eines Lebensgefährten oder eines Kleidungsstücks (Entscheidungen also, die wir für rein rational und individuell halten), verraten die von uns gewählten Weihnachtskarten viel mehr über uns, als wir zugeben möchten. Es entbehrt nicht der Ironie, wenn gerade das möglicherweise ein weiterer Grund ist, weshalb der Brauch zu einem so wichtigen Bestandteil von Weihnachten wurde. Adrian Furnham und Ruth Leigh vom University College London weisen darauf hin, dass uns vieles durch den Kopf geht, wenn wir die Liste der Empfänger zusammenstellen. Einige Menschen haben den Kartenstapel des Vorjahres aufbewahrt, damit sie brav die Schulden zurückzahlen können. Andere durchstöbern ihre Adressbücher nach jenen, die sie aus den Augen verloren haben. Manche planen diese Arbeit mit den üblichen

Verpflichtungen wie Einkaufen und Schmücken ein, und wieder andere senden einfach immer dann dem eine Karte, von dem sie gerade einen Weihnachtsgruß im Briefkasten vorfinden.

Nach Furnham und Leigh verrät jede Abweichung von einem direkten Austausch etwas über den gesellschaftlichen Status. Menschen, denen man Karten sendet, von denen man aber keine erhält, genießen vermutlich einen höheren Status. Eine Karte, die man erhält, bei der man sich aber nicht die Zeit nimmt – oder die Mühe macht –, die Wünsche zu erwidern, stammt vermutlich von jemandem mit niedrigerem Status, der, wie Furnham und Leigh schreiben, versucht, «sich den anderen zu Dank zu verpflichten oder ihn günstig zu stimmen. Das wird natürlich besonders deutlich bei Menschen, die gesellschaftlich aufsteigen möchten.» Auch was auf der Karte steht, ist verräterisch. Eine lange, weitschweifige handschriftliche Botschaft stammt oft von Menschen, die einen guten Eindruck machen möchten. Eine witzige Bemerkung ist oft ein Versuch, eine lange Verzögerung im Herstellen des Kontakts wiedergutzumachen. Eine einfache Unterschrift besagt, dass der Sender zu viel zu tun hat und zu wichtig ist, um sich mit Höflichkeiten abzugeben.

Auch die Art der Karte sagt viel über den Absender. Eine selbstgemachte Karte sagt vielleicht: «Ich kann es mir leisten und habe genug Geld und Muße, meine eigenen Karten zu gestalten» oder auch: «Bewundere meine künstlerische Ader!» Oder: «Ich gebe mir so viel Mühe mit dieser Karte, um dir zu zeigen, wie wichtig du mir bist.» Eine Karte auf Umweltschutzpapier und mit fremdsprachlichen Grüßen weist nicht nur glaubwürdig darauf hin, dass sich der Absender für den Umweltschutz engagiert, sondern legt auch nahe, dass der Empfänger einen Anflug von Schuld verspüren sollte, wenn er eine gekaufte Karte auf weißem Büttenpapier mit Christkind und Nikolaus im Weihnachtswald verschickt. Und eine eigens gedruckte Karte riecht nach Geld oder

Wichtigtuerei – der Absender ist zu beschäftigt, um viele Karten unterschreiben zu können. Eine interessante Variante ist die Bildkarte, die das eigene neue Haus oder den Familienzuwachs vorführen soll, ob Auto oder Baby. Und dann gibt es die Firmenkarte. Sie erfüllt, wie Furnham und Leigh bemerken, «ziemlich dieselbe Funktion wie das Tragen von Krawatten, Anoraks und T-Shirts mit dem Firmenlogo; dadurch identifizieren sich die Mitarbeiter öffentlich mit den Werten oder Zielen einer Institution oder eines Arbeitgebers.»

Es gibt viele andere Arten von Weihnachtskarten: die politische Karte als Zeichen der Zugehörigkeit, die Karte mit einer Karikatur für jene, die sich lieber nicht an das erinnern wollen, worum es an Weihnachten eigentlich geht, Karten mit biblischen Szenen, mythischen Gestalten und vermenschlichten Tieren. Es gibt sogar musikalische Mikrochipkarten: «Ihr blechernes Geträller lässt sich nur gewaltsam abstellen und, schlimmer noch, das Bild zeigt entweder ein Kuscheltier oder ein kitschiges Bild vom Winterwald. Brechen Sie alle Beziehungen zu Menschen ab, die Ihnen solche Karten senden», warnen Psychologen vom University College. Schließlich sind natürlich Dickens' Geist und der Einfluss von Dickens auf den Karten zu spüren, die, wie z. B. die UNICEF-Karten, wohltätigen Zwecken dienen. In ihnen zeigt sich die Großzügigkeit der Absender, die damit signalisieren, dass sie vom wahren Geist der Weihnacht, von Frieden, Großmut und geschwisterlicher Liebe erfüllt sind. Da diese Karten es ermöglichen, so vieles gleichzeitig zu tun, werden sie immer beliebter.

Ebenso verräterisch ist, wie man seine Karten zur Schau stellt. Zeigt man sie alle her, kann jeder Besucher sehen, wie viele Freunde und Bekannte man hat. Im letzten Jahrhundert ließ man die Visitenkarten reicher oder berühmter Menschen, denen man begegnet war, im Eingangsraum liegen, damit Besucher sie bestaunen konnten.

In die Erforschung der saisonalen Geschenkorgie ist schon sehr viel Mühe investiert worden. Heute meinen Anthropologen und Soziologen, das wahre Verständnis für Weihnachten gefunden zu haben. Die maßgebende Untersuchung *Unwrapping Christmas*, die Daniel Miller vom University College London herausgegeben hat, betont, dass sich die Bedeutung, die man heute dem emotional geladenen Schenken beimisst, in der zweiten Hälfte des neunzehnten Jahrhunderts herausbildete und einherging mit der starken Industrialisierung und einem wachsenden Gefühl für den Wert des häuslichen Bereichs als eines moralischen Bereichs, der ganz im Gegensatz stand zur harten Wirklichkeit des Broterwerbs. Die Betonung von Weihnachten als «Familienfest» wurde durch die enorme Popularität von Dickens' *Weihnachtslied* noch verstärkt.

Erst nach 1870 wurde es allerdings üblich, Geschenke zu kaufen. In den USA begannen damals führende Kaufhäuser wie Macy's in New York, ihren Kunden vielbewunderte importierte Puppen und andere exotische Verbrauchsgüter anzubieten. Damals tauchte auch der Nikolaus in diesen Geschäften auf. «Wenn Santa der Gott des Materialismus ist, gibt es für ihn keinen passenderen Thronsaal als ein Kaufhaus, das so viel zur Förderung der ‹Konsummentalität› beigetragen hat», meint Russell Belk von der School of Business an der Universität Utah.

Wir leben heute in einer «Bequemlichkeits»kultur, einer Kultur also, in der wir unser Geld dazu benutzen, unpersönliche, massenproduzierte Dinge zu kaufen, die Menschen, die wir überhaupt nicht kennen, des Profits wegen hergestellt haben. Wie der Anthropologe James Carrier von der Universität von Virginia sagt, haben diese Dinge «keinerlei menschliche Identität und keinerlei Eigenleben. Sie werden in der Arbeitswelt hergestellt und sind lediglich Ausdruck des unpersönlichen Profitstrebens der Herstellungsfirma und der Unpersönlichkeit der Arbeit und erinnern kaum an die unbekannten Menschen, die sie für Lohn herstellen.»

Uns stellt sich, so behaupten Anthropologen, zu Weihnachten die Herausforderung, die Massenartikel, die wir in den Geschäften finden, in Geschenke zu verwandeln, indem wir sie von der Verseuchung reinigen, die durch ihre Verbindung mit Geld verursacht wurde. So murmeln wir beispielsweise: «Was zählt, ist die gute Absicht», und schätzen ein ausgefallenes Geschenk mehr als ein nützliches. Deshalb, so wird behauptet, ist es besser, sich für Luxusgegenstände als für «Notwendiges» zu entscheiden, das man auch zu anderen Jahreszeiten kaufen könnte – also besser ein teures Parfüm als eine Bratpfanne. Ein anderer Ansatz besteht darin, das Preisschild zu entfernen, das Geschenk in buntes Geschenkpapier einzuhüllen und es mit Bändern und Schleifen zu verschnüren. Gelegentlich wird darüber gewitzelt, dass mehr Zeit und Geld auf die Verpackung verwendet wird als auf den Inhalt, wie es in Japan fast die Regel ist. Auf diese Weise macht der Schenkende das Objekt selbst vorübergehend unwichtig und stellt den Akt des Gebens in den Brennpunkt der Aufmerksamkeit. Der Anthropologe Claude Lévi-Strauss behauptete, die Geschenkverpackung überlagere das massenweise hergestellte Produkt mit Gefühl und mit der Identität des Gebers.

Wenn Anthropologen etwas von der «Entseuchung» von Massenartikeln murmeln, legt diese Weltsicht die schockierende Folgerung nahe, dass das rituelle Inferno des Weihnachtstrubels als Teil dieses Läuterungsvorgangs ja erst mal erfunden werden musste. James Carrier behauptet, das Kaufen sei ein integraler Bestandteil der weihnachtlichen Erfahrung und nicht «eine eher beklagenswerte kommerzielle Zugabe zu einem wirklichen rituellen und familiären Kern». In dieser Hinsicht ähnelt es dem Ritual des gemeinsamen Kochens und Backens am häuslichen Herd, das die im Geschäft gekauften Waren in eine Mahlzeit verwandelt, die Ausdruck familiärer Bindungen ist, sie verkörpert und stärkt. Wenn Sie also im nächsten Dezember über die Menschenmassen in den Kaufhäusern klagen, sollten Sie sich daran erinnern, dass dieses Unterfangen unerfreulich sein *soll*. Weihnachten heißt Arbeit, wenn alles «stimmen» soll, sagt Carrier, und das Einkaufen ist ein Opfer an Zeit und Mühe, das den Geschenken erst ihren Sinn verleiht. Deshalb stöhnen Menschen endlos darüber, welch schwere Arbeit das Einkaufen sei. Die Klagen helfen zu bestätigen, dass es zumindest einmal im Jahr möglich ist, «widerspenstigen Rohstoffen Familienwerte abzuringen».

Theodore Caplows Untersuchung im amerikanischen Middletown zeigte, dass nur wenige Weihnachtsgeschenke selbst gemacht waren, und wenn, dann meist von kleinen Kindern, was wenig überrascht. In Nordamerika und England werden selbstgemachte Gaben deshalb weniger geschätzt, weil sich in diesen Ländern die Sorge darauf konzentriert, «Familienwerte» und Kommerz in Einklang zu bringen. In anderen Ländern ist das anders. In Schweden sind selbstgemachte Geschenke, darunter selbstgemachte Preiselbeersoße, Pflicht, weil sich die Menschen um den Erhalt der «Volkskultur» kümmern und ein starkes Gefühl nationaler Identität haben. In Deutschland ist der Trend zu selbstgemachten Weihnachtsgeschenken an den Frauenzeitschriften abzulesen, die alle Jahre wieder Rezepte für Konfekt, Pralinen etc. veröffentlichen.

Paradoxerweise kann Weihnachten sogar als ein «Fest des Antimaterialismus» betrachtet werden, behauptet Miller. Gerade indem persönliche Geschenke gemacht werden, die speziell für den Empfänger bestimmt sind, wird die vermeintlich allzu enge Beziehung zwischen Weihnachten und Materialismus geschwächt. «Wir übertreiben es, wir prassen, wir beschweren uns, wie kommerziell alles ist, aber gleichzeitig denken wir darüber nach, welche Bedeutung das alles hat», sagt Marilyn Strathern, Sozialanthropologin an der Universität Cambridge.

Nicht nur Anthropologen verfolgen jede Ihrer Bewegungen,

wenn Sie auf der Jagd nach dem idealen Geschenk sind. Auch Psychologen bewaffnen sich mit Computern, Scannern und Videokameras und helfen den Geschäften dabei, den Kunden noch mehr Geld aus der Tasche zu ziehen. Sie beobachten das Verhalten der Käufer, während die Händler mit Gerüchen, Musik und «Weihnachtsstimmung» herumexperimentieren, um die Menschen dazu zu bewegen, noch ein Weihnachtsgeschenk mehr zu kaufen.

Der größte Kaufanreiz geht offenbar von herabgesetzten Preisen aus. Robert East von der Kingston-Universität in London bemerkte, dass ein Preisnachlass von 10 Prozent den Verkauf um 20–30 Prozent erhöhen kann. Wenn die Waren in einem vorweihnachtlichen Ausverkauf zudem besonders aufmerksamkeitsheischend präsentiert werden, können die Verkaufsziffern gelegentlich sogar um 80 Prozent steigen, und wenn außerdem noch für sie geworben wird, lässt sich der Umsatz unter Umständen sogar auf 200 Prozent erhöhen. Dem Handel stehen mehrere Strategien zur Verfügung, sagt Dale Lewison von der Universität Akron (Ohio). Eine wichtige Rolle spielt auch der Zeitpunkt: «Es ist schon fast eine Wissenschaft herauszufinden, wann die Preise herabgesetzt werden sollten, damit der Händler sowohl die Einnahmen als auch seinen Gewinn optimieren kann.» Je länger der Händler wartet, umso größer muss die Preisreduktion sein, damit sie für die Kunden interessant ist. Viele Händler setzen die Waren deshalb jede Woche oder alle zwei Wochen herab.

Auch üppige Schaufensterdekorationen mit sich bewegenden Weihnachtsmännern, schwebenden Engeln und Bergen von Kunstschnee oder auch Märchenszenen können zum Kauf anregen. Um herauszufinden, wie wirksam solche Dekorationen sind, hat eine Gruppe der Universität Nottingham (England) die Käufer mit Videokameras verfolgt. «Man wollte herausfinden, aus welcher Entfernung Menschen in der Fußgängerzone von Schaufenstern angezogen werden und was sie zum Eintritt verlockt», sagt Roy Bradshaw, einer der Mitarbeiter an diesem Projekt. Dazu wurden über eine Million Beobachtungen an Fußgängern in den Einkaufsstraßen einer Großstadt und in Geschäften zusammengetragen; es zeigte sich, dass die Anzahl der Menschen, die ein Geschäft betraten, bis zu fünfmal größer war als die derjenigen, die – was sich an den Kassenzetteln ablesen ließ – auch etwas kauften. Die Untersuchung zeigte auch, dass sich z. B. eine dreißigjährige Mutter an Arbeitstagen, an denen sie in der Mittagspause rasch das Nötige besorgt, anders verhält, als wenn sie am Wochenende mit Mann und Kindern ins Kaufhaus geht.

Die Daten der Nottingham-Universität zeigten, wohin Käufer gehen, auf was sie schauen, wo Engpässe entstehen und wie viele von je tausend Kunden, die an einem Produkt vorbeigehen, dieses Produkt auch kaufen. Viele Geschäfte locken die potentiellen Käufer von einem breiten Eingang in einen U-förmigen Weg, an dem die Ware auf «Gondeln» oder frei stehenden Regalen ausliegt. Einige Käufer aber ignorieren den vorgezeichneten Weg oder gehen durch das Geschäft, ohne etwas zu kaufen. Diese – für die Händler einigermaßen schockierenden – Untersuchungen haben auch gezeigt, dass sich in manchen Fällen die Verkaufsziffern um bis zu 20 Prozent erhöhen ließen, wenn die Anordnung der Waren verändert wurde.

Ein anderer Spion der Kaufgewohnheiten ist der Strichcode, der Käufer seit 1967 überwacht; damals wurde das erste solche System in einem Supermarkt der Kroger-Kette in Cincinnati eingeführt. Sechs Jahre später hatten sich die Einzelhändler auf den Universal Product Code geeinigt, der für das Einkaufen heute dem entspricht, was die DNA für die Biologie bedeutet. Das Muster der Striche und Zwischenräume im Code verrät dem Taststab, um welches Produkt es sich handelt. Die Striche an beiden Seiten des Codes benennen Hersteller und Gegenstand, eine Datenbasis liefert daraufhin den Preis, überprüft den Lagerbestand und so weiter.

Ein Computer kann einen Strichcode mit Informationen über die Anordnung der Waren im Geschäft kombinieren und damit verdeutlichen, wo sich die meisten Vorgänge abspielen. Wie man sich denken kann, zeigt diese Analyse, dass die Augenhöhe am günstigsten ist und dass sich Produkte auf Regalen in Augenhöhe etwa doppelt so gut verkaufen wie auf tieferen oder höheren. Die Nachfrage hängt auch mit den Wetterbedingungen zusammen; man kann sogar nachweisen, wie stark eine Kältewelle den Kauf warmer Kleidung beeinflusst.

Sunil Gupta, Leiter der Strichcode-Forschung an der Columbia-Universität, hat gezeigt, dass regelmäßige Schlussverkäufe für Markenartikel auf Dauer schädlich sind, weil die Kunden sie dann nicht mehr zu normalen Preisen kaufen wollen. Der Strichcode hat noch eine Fülle anderer Verwendungszwecke, und irgendwann einmal werden raffinierte Computerprogramme großen Geschäften vorhersagen, welche Waren sie vorrätig halten und wofür sie an Weihnachten werben sollten, wobei sie sich auf ungeheuer viel Information berufen können, die von der Zusammensetzung der Kundschaft bis zur Wettervorhersage reicht. Gupta meint, die Kaufhäuser stünden bei der Nutzung der Möglichkeiten des Strichcodes noch ganz am Anfang.

Auch die Einrichtung der Geschäfte, die Präsentation der Geschenkideen und so weiter beruhen auf einem gründlichen Verständnis der Käuferpsychologie. Das lässt die Durchschnittskunden wie Marionetten erscheinen und Unternehmen, die viele Millionen umsetzen, wie rücksichtslose Drahtzieher. Aber, sagt Mark Uncles von der Universität von New South Wales (Australien), «ganz so schlimm, wie es aussieht, ist es nicht». Während Designer und Hersteller sich bemühen, Stimmung und Gefühle der Käufer zu beeinflussen, geben nicht nur nüchterne geschäftliche Überlegungen, sondern auch die Bedürfnisse der Kunden den Ausschlag. Bäckereien und Fischgeschäfte in den Lebensmittelabteilungen von Kaufhäusern werden auch aus praktischen Gründen an der rückwärtigen Wand untergebracht – nicht nur, um Kunden durch den ganzen Laden zu ziehen und Impulskäufe zu fördern.

Trotzdem gibt es viele faszinierende Initiativen, die den Kunden durch Schaffung der richtigen «Kaufatmosphäre» die Trennung von ihrem Geld erleichtern sollen. Diese reichen von der Manipulation der Farben, Gerüche und der Beleuchtung des Geschäfts bis zur Einrichtung, zur Anordnung der Gondeln, der Plakate, den dort stattfindenden «Aktionen» und zur Hintergrundmusik. In Supermärkten werden die Kunden oft entgegen dem Uhrzeigersinn durch das Geschäft gelotst. «Psychologen sagen, wir hätten eine Neigung, uns nach rechts zu wenden, wenn wir einen geschlossenen Raum betreten», sagt Uncles. Schmuck, Kosmetik und Parfum befinden sich im Erdgeschoss der Kaufhäuser, weil sie reizvoll anzusehen sind und einen angenehmen Geruch verströmen. Die Lockwirkung der Düfte von frischgemahlenem Kaffee und frischgebackenem Brot war schon im achtzehnten Jahrhundert bekannt, und frische Kräuter dienten vermutlich schon im Mittelalter als Kaufanreiz. Heute blasen viele große Geschäfte auf beiden Seiten des Atlantiks den Geruch von frischem Brot von den Backöfen an den Eingang, um Kunden anzulocken und ihren Magen knurren zu lassen. Andere Geschäfte hoffen darauf, den Griff zu Kreditkarte und Scheckheft mit dem Duft frischgemahlenen Kaffees zu erleichtern.

In den Wochen vor Weihnachten zieht womöglich auch der Duft von Nelken, Zimt, Glühwein, Weihnachtsgebäck und anderen weihnachtlichen Genüssen durch die Gänge. Woolworth führte zu Weihnachten 1995 auf beiden Seiten des Atlantiks ein von der Firma BOC Gases entwickeltes System ein, das jede Viertelstunde einen Hauch von in Kohlendioxyd gelöstem Glühwein abgab, weil sich eine Gruppe leitender Mitarbeiter dafür entschieden hatte, die Käufer durch diesen Duft in die richtige Festtagsstimmung zu versetzen. Die Londoner Tate-Galerie hatte sich dagegen für den Geruch von Cognac entschieden.

Obwohl Düfte schon seit Jahrhunderten verwendet werden, sind sie jetzt als «geheime Verführer», deren verkaufsfördernde Wirkung wissenschaftlich nachgewiesen werden konnte, neu auf dem Markt. Eine Verkaufsanalyse in einem Damenoberbekleidungsgeschäft in den USA fand heraus, dass die Verkaufsziffern um durchschnittlich 15–20 Prozent höher waren, wenn ein Pfirsichduft zerstäubt wurde. Der Umsatz stieg in einem Kasino in Las Vegas um 50 Prozent, als dort ein den Spielern angenehmer Duft versprüht wurde, und man hat herausgefunden, dass sich Käufer von Nike-Schuhen rascher zum Kauf entschlossen und sogar bereit waren, mehr zu zahlen, wenn der Raum nach Blüten duftete.

Der Handel manipuliert nicht nur den Geruchssinn, sondern möchte unser Geld auch mit Hilfe von Farben locker machen. Es wird weithin angenommen, dass Menschen Rot anregender finden als «kühle» Farben wie Blau oder Grün, und deshalb verwenden Geschäfte dort Rot, wo sie von raschen Entschlüssen profitieren wollen. Ist vielleicht deshalb Rot die Lieblingsfarbe des Weihnachtsmanns?

Um die Aufmerksamkeit auf die Produkte zu lenken, die zur Weihnachtszeit passen, spielen die Geschäfte entsprechende Musik, insbesondere Weihnachtslieder. Dabei kommt es offenbar auf die Tempi an. Langsame «anspruchslose» Musik entspannt und lässt die Käufer geruhsamer und weniger hastig einkaufen. Eine Untersuchung fand heraus, dass bei langsamerer Musik um 38 Prozent mehr verkauft wurde als bei schnellerer. Auch die Art der Geschenkkäufe lässt sich durch Musik beeinflussen, wie eine Untersuchung ergab, die Adrian North, David Hargreaves und Jennifer McKendrick von der Gruppe für Musikforschung der Universität von Leicester (England) durchführten. An Tagen, an denen der Laden mit französischer Akkordeonmusik beschallt wurde, fand französischer Wein geradezu reißenden Absatz, fünfmal so viel wie deutscher. Der deutsche Wein jedoch triumphierte an Tagen, an denen Schuhplattler und Bierzelt-Musik dröhnte, und verkaufte sich doppelt so gut wie französischer, obwohl insgesamt mehr französischer Wein verkauft wurde als deutscher. Diese Untersuchung bestätigt das, was die Psychologen das Modell der «Präferenz für Prototypen» nennen. «Wenn man Musik hört, die man als französisch einordnet, beginnt man, an Frankreich zu denken», sagt North. Der Einfluss der Musik wurde auch durch andere Untersuchungen bestätigt. Klassische Musik regte beispielsweise eher zum Kauf teurer Weine an als Popmusik, und in Geschäften, die sich eine jüngere Klientel wünschen, ist eine höhere Lautstärke wichtig. Aber dabei muss eine obere Grenze beachtet werden. Die Gruppe aus Leicester untersucht jetzt die langfristigen Auswirkungen von Weihnachtsliedern, insbesondere die Irritation, zu der es führt, wenn die Käufer immer und immer wieder dieselben Lieder zu hören bekommen.

Das «Atmosphärische» kann auch dazu dienen, vom Kauf eines Produkts abzuhalten, selbst in der Weihnachtszeit. Dafür sind die staatseigenen Spirituosengeschäfte, die es in einigen der Länder gibt, die den Alkoholverbrauch absichtlich wenig einladend machen wollen, ein geradezu klassisches Beispiel. Man könnte versucht sein, dem vorweihnachtlichen Trubel eine ähnliche Wirkung zuzuschreiben, wenn es nämlich in dem Gedränge und den Gängen oder sogar bei der «Jagd um den Einkaufswagen» kein Weiterkommen mehr gibt. Robert East von der Universität Kingston wies nach, dass die Wirkung solcher Ladenschlachten subtiler ist: Es ist – ganz abgesehen von den obenerwähnten abschreckenden Effekten – nicht unbedingt nachteilig, wenn die Massen während der Weihnachtseinkäufe gerade dort sind, wo wir uns befinden. Ob wir Menschenmengen mögen oder nicht, hängt davon ab, wo wir sind. In einer Bar mögen wir sie, in einer Bank nicht, sagt East. In einem Geschäft kann ein Mangel an Käufern signalisieren, dass die Ware schlecht oder zu teuer ist, während wir inmitten einer Menschenmenge unter Umständen zielgerichteter und effektiver einkaufen. Menschenmassen können andererseits auch die Stresshormone auf unerträgliche Höhen ansteigen lassen.

Das Marktforschungsinstitut der Concordia-Universität in Montreal hat sich ein ehrgeiziges Projekt vorgenommen, das im Einzelnen herausfinden soll, wie wir uns auf der Pirsch nach dem ganz besonderen Weihnachtsgeschenk verhalten. Dazu wurden acht Thesen aufgestellt, die angeben, von wem wir uns beraten lassen, wenn wir ein Geschenk kaufen wollen, und wie viel Zeit wir auf die Suche verwenden. Die Forscher waren an den Auswirkungen einer Reihe von Faktoren interessiert wie «Freude am Erlebnis» (dem reinen Vergnügen, auf der Suche nach dem Geschenk durch ein Geschäft zu bummeln), «Käuferstrategie zur Reduktion des sozialen Risikos» (beispielsweise wie viel Mühe wir uns geben, ein Geschenk zu finden, das uns nicht geizig und gefühllos dastehen lässt) und dem «psychologischen Risiko» (unsere Entschlusskraft, uns angesichts der elenden Drängelei gegenüber anderen Kunden durchzusetzen). Aufgrund früherer Forschung und sehr viel gesunden Menschenverstands stellten sie die folgenden «Thesen zum Weihnachtseinkauf» zusammen:

1. Die Kunden suchen weniger lange, wenn sie in Begleitung sind, aber länger, wenn sie nach einem kostspieligen Geschenk suchen oder sich einen engen finanziellen Rahmen gesteckt haben.

2. Je weniger Zeit wir zum Einkaufen haben und je mehr Geld wir ausgeben können, umso mehr verlassen wir uns auf Informationsstände und den Rat von Verkäufern.

3. Der Rückgriff auf einen Wunschzettel – wenn etwa die Dame

des Herzens ein bestimmtes Parfum begehrt – führt im Geschäft zu gezielter Suche nach genau dieser Marke oder darauf bezogener Information.

4. Je enger die Beziehung der Kunden zum Empfänger eines Geschenks ist, umso genauer wissen sie, was die Empfänger wollen, umso weniger Zeit verbringen sie mit der Suche.

5. Je schwieriger die Beziehung der Kunden zum Empfänger, beispielsweise einer ungeliebten angeheirateten Verwandten, ist, umso zeitaufwendiger ist die Suche nach dem Geschenk.

6. Menschen, die gern einkaufen, gern nach «Schnäppchen» suchen und gern schenken, verwenden mehr Zeit auf das Ritual, während jene, denen nicht so sehr an bestimmten Markenprodukten liegt, weniger Zeit investieren.

7. Bei der Jagd nach Geschenken spielen Geschlecht, Alter, Bildung und Familiengröße eine Rolle. Frauen achten beispielsweise mehr als Männer auf Information, die sie im Geschäft durch die Auslagen erhalten, während Männer sich mehr auf den Rat der Verkäufer verlassen. (Die Forscher der Concordia-Universität erhielten viele Bestätigungen der bekannten Beobachtung, dass Männer beim Weihnachtseinkauf eher arm dran sind: «Männer neigen dazu, den Weihnachtseinkauf bis zur letzten Minute aufzuschieben; und dann stehen sie verzweifelt mit dem Wunschzettel in der Hand da.» Oder sie zeichnen sich, wie eine frühere Untersuchung feststellte, bei dem Ritual «durch Verzweiflung, Hektik, Zögerlichkeit und Unbehagen» aus.)

8. Ob die Kunden den Auslagen vertrauen – die ein Beispiel für das sind, was die Gruppe als eine «Quelle nicht personengebundener Geschäftsinformation» bezeichnet –, hängt mehr vom Standort der Auslage ab als beispielsweise von der Zugehörigkeit zu einer sozialen Klasse und von der potentiellen Kaufkraft des Kunden.

Als die Forscher der Columbia-Universität diese Thesen aufgestellt hatten, machten sie die Probe aufs Exempel. Da eine frühere Untersuchung der Einkaufsgewohnheiten Strümpfe, Hemden, Schals und Ähnliches als beliebte Geschenke erkannt hatten, konzentrierte sich die Gruppe auf die Suche nach einem Kleidungsstück. Um herauszufinden, was den Käufern dabei durch den Sinn ging, erarbeiteten sie einen Fragebogen, der von der religiösen Einstellung der Kunden bis zur Identität des Empfängers reichte. Da von den mehr als tausend Fragebögen 366 zurückgegeben wurden, konnte die Beziehung zwischen den unterschiedlichen Faktoren, die den Geschenkekauf beeinflussten, statistisch erfasst werden.

Der erste Entwurf der Thesen für den Weihnachtseinkauf wurde weitgehend bestätigt. Beispielsweise gaben sich Frauen in der Tat mehr Mühe, das ideale Geschenk zu finden, als Männer; ganz besonders bemüht waren die Eltern älterer Kinder, die noch im Elternhaus lebten. Wie zu vermuten, verwandten Käufer, die ein teures Geschenk, etwa einen Pelzmantel, suchten, mehr Zeit auf den Kauf und ließen sich lieber beraten.

Es gab jedoch einige interessante Ausnahmen. Die Untersuchung bestätigte die Annahme, dass eine Begleitung hilfreich ist, nicht. Das stimmt insbesondere dann nicht, wenn die Begleitung ein Ehemann ist, der zu der Unternehmung mitgeschleppt wurde. «Frauen gehen oft mit ihren Männern einkaufen und bitten sie um ihre Meinung, aber im Grunde wollen diese Frauen nur eine Bestätigung ihrer Entscheidungen und vertrauen den Meinungen ihres Ehemanns nicht restlos.» Es trifft auch nicht zu, dass Wunschzettel einen Einfluss auf die Zeit haben, die zum Einkauf nötig ist. Selbst wenn ein Pullover gewünscht wird, erschweren immer noch viele mögliche Schnitte und Moderichtungen die Wahl. Und auch die Regel, dass Menschen mehr Zeit darauf verwenden, ein Geschenk für einen «psychologisch schwierigen

Menschen», wie z. B. die gefürchtete Schwiegermutter, zu suchen, wurde nicht bestätigt.

Dagegen ergaben sich andere, zum Teil höchst unerwartete Regelhaftigkeiten. Stark im Glauben verwurzelte Käufer neigen dazu, sich mehr auf Informationen zu verlassen, die vom Geschäft geliefert werden, was vermuten lässt, dass ihnen eher daran liegt, das richtige Geschenk zu finden, als religiös weniger gebundenen Mitmenschen. Menschen aus kleineren Familien ließen sich gern beraten, und Schnäppchenjäger suchten im Laden nach Informationen, vermieden dabei aber Verkaufspersonal, dessen Rat sie vermutlich nicht vertrauten.

Diese Art von Einsichten in das Erlebnis des Weihnachtseinkaufs lässt sich gut anwenden. Wenn Geschäfte beispielsweise für Männer attraktiv sein wollen, sollten sie relativ wenig Geld auf Verpackung, Hinweisschilder und Auslagen verschwenden, sondern lieber viele Angestellte haben, die den männlichen Kunden bei der Entscheidungsfindung zur Seite stehen. Für Frauen dagegen gilt das Gegenteil: Sie wünschen sich bessere Hinweise und wenig aufdringliche Verkäufer. Die Gruppe von Concordia gibt ohne weiteres zu, dass noch viel zu tun ist, bis wir alle Beweggründe aufgedeckt haben, die am Weihnachtseinkauf beteiligt sind, meint jedoch, einen ersten Schritt zu ihrer Beschreibung unternommen zu haben.

Eine deprimierend vertraute weihnachtliche Erfahrung ist das Anstehen vor der Kasse in einem Supermarkt, wenn wir beladen sind mit ungeheuren Mengen an Ess- und Trinkbarem. Zum Glück für uns Käufer wissen wir über diese Qualen jetzt mehr als je zuvor, nachdem sich Mathematiker seit neun Jahrzehnten mit dem Verhalten von Warteschlangen beschäftigt haben. Obwohl die Warteschlangen vor den Kassen alle durch zufällige Verzögerungen beeinflusst werden, bewegen sie sich doch im Durchschnitt gleich schnell. Dieses Merkmal der weihnachtlichen Einkaufserfahrung lässt sich durch den sogenannten Poisson-Prozess mathematisch erfassen. Danach kommen Menschen zu jeder Zeit mit gleicher Wahrscheinlichkeit an die Kasse, aber wann genau sie dort ankommen, unterliegt dem Zufall.

Diese Tatsache hat einige subtile Auswirkungen. Man könnte beispielsweise denken, dass die Rate, mit der Kassierer die Kunden abfertigen, dieselbe sein sollte wie die, mit der sie an die Kasse kommen, um die Warteschlangen möglichst kurz zu halten. «Falsch», sagt Robert Matthews von der Aston-Universität (England). Solange die Kassierer die Kunden nicht schneller abfertigen, als sie ankommen, wird die Schlange im Lauf der Zeit immer länger – theoretisch wird sie unendlich. Der Grund ist, wie Matthews sagt, dass Kassierer in der Lage sein müssen, mit der Zufälligkeit der Ankunft der Kunden fertig zu werden, was bedeutet, dass die Kassen im einen Augenblick leer sind, während schon im nächsten viele Kunden warten. Damit also die Warteschlange kurz und die Anstehenden zufrieden sind, müssen die Geschäftsführer es ertragen, dass ihre Angestellten gelegentlich untätig sind. Oder sie können die Anzahl der Kassierer verringern – und sich die Beschwerden der Kunden über lange Wartezeiten anhören. Man kann nicht zugleich zufriedene Kunden und durchgehend beschäftigte Angestellte haben.

Eine Möglichkeit, dieses Problem zu bewältigen, besteht darin, alle Wartenden in einer großen Warteschlange zu sammeln, wie man es oft in Banken oder in Freizeitparks beobachten kann. Die Auswirkung auf die Wartezeiten kann gewaltig sein. Wenn man fünf Schlangen vor fünf Kassen durch eine einzige ersetzt, von der aus die Kunden jeweils zur nächsten freien Kasse gehen, verringert sich die durchschnittliche Wartezeit um den Faktor fünf.

Warum aber ist der Kunde in der Warteschlange nebenan immer vor mir dran, wenn es doch diese schöne Theorie gibt? Wie Robert Matthews sagt, sind auch bei drei gleich langen Warteschlangen alle gleich anfällig für zufällige Verzögerungen, und die Chance, dass man selbst verschont bleibt, ist eins zu drei: In zwei Dritteln der Fälle ist also der eine oder andere Ihrer Nachbarn besser dran und vor Ihnen fertig. Matthews interessiert sich für das Anstehen als eine der Manifestationen von Murphys Gesetz – «Was schiefgehen kann, geht schief» –, zu dem er Forschungsergebnisse veröffentlicht hat. Er formulierte Murphys Gesetz für Warteschlangen: «Wenn die eigene Warteschlange von einer anderen überholt werden kann, wird sie überholt werden.»

Hier lohnt sich ein kurzer Abstecher zu einer anderen Frage, für die sich Matthews interessiert hat – die von der Jahreszeit abhängige Suche nach Socken. Eine amerikanische Durchschnittsfamilie mit zwei Erwachsenen und zwei Kindern hat zwei Paar roter Socken, die sie in jedem Jahr vor den Kamin hängt, damit Santa Claus sie mit Nüssen, Süßigkeiten und anderen Leckereien füllen kann. Aber, sagt Matthews, dieser Brauch weist auf eines der irritierendsten Probleme des heutigen Lebens – die Epidemie der verlorenen Socken. Die weihnachtlichen Sockengeschenke von Tanten und Großmüttern sind berühmt; ihnen können Matthews' Forschungsergebnisse nützliche Hinweise auf das geben, was sie kaufen oder stricken sollten.

Jeder, der über eine einigermaßen umfangreiche Kollektion von Socken verfügt, wird in seinem Schrank schon die Vermehrung nicht zueinander passender Socken bemerkt haben und jede Woche einige Zeit auf der Suche nach einem vollständigen Paar verbringen. Erfreulicherweise veröffentlichte Matthews in der Zeitschrift *Mathematics Today* eine Lösung dieses altbekannten Problems. Er beruft sich dabei auf die Kombinatorik, eine mathematische Disziplin, die es ermöglicht, Kombinationen, Anordnungen und Muster zu analysieren. Die Eingebung kam ihm, so sagt er, als er «eines Morgens das Badezimmer putzte». Eine eilige

Rechnung führte zur Aufstellung der drei Murphy-Gesetze für nicht zueinander passende Socken.

1. «Wenn nicht zueinander passende Socken geschaffen werden können, werden sie geschaffen»: Wenn zwei Socken zufällig verlorengehen, ist es viel wahrscheinlicher, dass zwei ungleiche Socken zurückbleiben, als dass sie, was viel bequemer wäre, als vollständiges Paar verschwinden.
2. Der zufällige Verlust von nur der Hälfte der Socken reduziert die Anzahl der übrigbleibenden vollständigen Paare um drei Viertel – wobei diese in einem Meer nicht zueinander passender Socken verschwinden.
3. Selbst wenn alle ungleichen Socken aussortiert werden, bleibt das Problem, vollständige Paare zu finden, beträchtlich. Sie müssen ungefähr ein Drittel von zehn Paaren durchsuchen, bis Sie eine vernünftige Chance haben, ein einziges passendes Paar zu finden.

«Auf den ersten Blick mag es grotesk erscheinen zu sagen, dass ungleiche Socken geschaffen werden, sowie die Möglichkeit dazu besteht», sagt Matthews. «Aber eine kurze Überlegung zeigt, wie plausibel das ist.» Man stelle sich eine Schublade vor, in der nur vollständige Sockenpaare mit unterschiedlichen Mustern liegen. Wir brauchen nur von der Annahme auszugehen, dass der Verlustprozess zufällig ist, dass also die Wahrscheinlichkeit dafür, dass ein Socken verlorengeht, für alle Socken gleich ist. Wenn ein Socken verlorengeht, bleibt ein ungleicher Socken zurück, der Partner des gerade verlorenen. Wenn der nächste verloren geht, kann es dieser gerade entstandene ungleiche sein oder einer von einem noch vollständigen Paar. Da die Letzteren in der Überzahl sind, ist es offensichtlich viel wahrscheinlicher, dass ein weiteres vollständiges Paar zerstört wird, also noch ein einsamer Socken entsteht. «Wir erkennen hier die ersten Hinweise darauf, dass Murphys Gesetz wirklich auf Sockenschubladen zutrifft», sagt Matthews.

Versuche, Murphys Gesetz der ungleichen Socken zu überlisten, nehmen gewöhnlich die Form praktischer Maßnahmen an, Sockenpaare zusammenzuhalten; so kann man sie vor der Wäsche in einen Kopfkissenbezug tun. Im Idealfall möchten wir das Gesetz natürlich widerlegen, ohne uns solche Mühe zu machen. Die einfachste Lösung besteht darin, alle unterschiedlichen Paare von Socken durch identische zu ersetzen oder nach dem Vorbild des älteren Albert Einstein ganz auf Socken zu verzichten oder aber eine stoische Gleichgültigkeit gegenüber ungleichen Socken aufzubringen.

«Glücklicherweise zeigt jedoch die kombinatorische Analyse, dass diese eher tristen Lösungen unnötig drakonisch sind: Wir können uns etwas Vielfalt zugestehen», sagt Matthews. Er empfiehlt, dass Menschen (sprich: Tanten, die Socken schenken wollen) zwei Arten von Socken kaufen, nämlich rote «Weihnachts»socken und Paare in einer anderen Farbe. Wenn dann die Hälfte verlorengeht, reduziert sich die Anzahl beider Arten auf die Hälfte und damit die Anzahl der möglichen Paare auf drei Viertel, wie zuvor. Diese verbleibenden Socken aber gehen jetzt nicht in einer Unmenge ungleicher Socken unter, und im Allgemeinen gehen von beiden gleich viel verloren. «Und natürlich kann man garantieren, dass man nur drei Socken herauszugreifen braucht, um ein passendes Paar zu haben, wenn man es morgens eilig hat», sagt Matthews. Er gibt jedoch zu, dass die Kombinatorik das größte Geheimnis der fehlenden Socken noch nicht lösen konnte: Wo sind sie geblieben?

7. KAPITEL

Schnee

Leise rieselt der Schnee
Still und starr liegt der See
Weihnachtlich glänzet der Wald
Freue dich, Christkind kommt bald
Deutsches Volkslied

Ein Weihnachten ohne Schnee ist kein richtiges Weihnachten. Ein Viertel des Globus, also mehr als 100 Millionen Quadratkilometer, liegt irgendwann im Lauf des Jahres unter einer Schneedecke. Ein Zehntel der Landfläche der Erde ist jahraus, jahrein schneebedeckt, unter Gletschern begraben. Jedes Jahr fällt eine Daunendecke aus Neuschnee auf fast einen von je vier Quadratkilometern Land.

Auch innerhalb der Sprache ist das Wort Schnee eine mächtige Metapher, ein Symbol für Reinheit, Einsamkeit und Vergänglichkeit. Denken Sie beispielsweise an Schneewittchen, an all die zum Schmelzen verdammten Schneemänner oder an Bilder mit winterlichen Landschaften. Aber Schnee ist mehr als ein notwendiger Bestandteil von Weihnachten. Die Beobachtung dieser zarten Flocken, die Kenntnis ihrer Bildung, das Vorhersagen des Schneefalls – das alles sind wichtige Aufgaben, die für unsere Gesellschaft von großer Bedeutung sind. Weltweit wird mindestens ein Drittel des Wassers, das zur Bewässerung verwendet wird, aus Schnee gewonnen. Schnee ist auch ein Geschäft, ob Sie nun Ski fahren, nach einem plötzlichen Wintereinbruch die Straßen einer Großstadt geräumt werden müssen oder Wetten auf weiße Weihnachten abgeschlossen werden. Wissenschaftler haben jeden Aspekt des Kreislaufs untersucht, der uns den Schnee beschert, von der Bildung eines einzelnen Kristalls hoch oben im Himmel bis zu den Geheimnissen, die tief unten im festgepackten Schnee stecken und mit deren Hilfe Klimaveränderungen über Hunderttausende von Weihnachten hinweg verfolgt werden können.

In England untersucht das Wetteramt in Bracknell Schneeflocken mit dem Flugzeug *Snoopy*, einer alten Lockheed C130 Hercules mit einer langen, mit Instrumenten besetzten Nase. In Japan werden im Labor künstliche Schneestürme erzeugt. In den USA hofft man, mit Hilfe des Schnees der Luftverschmutzung auf der Spur zu bleiben und den Farmern vorhersagen zu können, wie viel Wasser ihnen zur Bewässerung zur Verfügung stehen wird. Im badischen Pfinztal entwickelt das Fraunhofer-Institut für chemische Technologie umweltfreundliche Formen künstlichen Schnees, und es gibt sogar erste Ansätze, Schnee auf Bestellung fallen zu lassen. Meteorologen impfen Wolken mit Silberiodid, um Schneestürme auszulösen, und Skiorte verwenden Bakterien, um ihren Schnee selbst zu machen.

Natürlicher Schneefall, bei dem «Frau Holle die Betten ausschüttelt», beruht auf einer Kombination aus der Art der Umlaufbahn der Erde um die Sonne und der Neigung der Erdachse um 23,5 Grad. Erdbahn und Neigung bestimmen den Einfallswinkel der Sonnenstrahlen relativ zum Erdboden, die Dauer der täglichen Sonneneinstrahlung und damit die Jahreszeit.

Astronomen sprechen von Äquinoktien, wenn Tag und Nacht

gleich lang sind, und von Solstitien oder Sonnenwenden, wenn die Sonne am Mittag ihren höchsten oder niedrigsten Stand hat. Diese Ereignisse markieren den Wechsel der Jahreszeiten. Auf der Nordhalbkugel beginnt der Frühling mit dem Frühlingsäquinoktium (etwa 21. März), der Sommer mit der Sommersonnenwende (etwa 21. Juni), der Herbst mit dem Herbstäquinoktium (etwa 23. September) und der Winter mit der Wintersonnenwende (um den 21. Dezember). Während die Erde ihre Bahn zieht, tauschen Nord- und Südhalbkugel sozusagen ihren «Platz an der Sonne». Im Juni ist die Erdachse so geneigt, dass die Nordhalbkugel zur Sonne hin «gekippt» ist. Die Sonnenstrahlen fallen dann direkter ein, und die Tage sind länger; dort ist dann Sommer. Im Dezember ist die Achse so gekippt, dass die Südhalbkugel zur Sonne hin geneigt ist. Dann ist dort Sommer und im Norden Winter.

Wie viel Energie von der Sonne auf einen Ort der Erde fällt, hängt davon ab, wie hoch die Sonne um die Mittagszeit am Himmel steht, und somit davon, wie viele Tageslichtstunden es gibt. Diese Zeitdauer ist auf der Nordhalbkugel zur Sommersonnenwende am längsten und zur Wintersonnenwende am kürzesten. Keine der Sonnenwenden fällt jedoch in die heißeste oder kälteste Jahreszeit, denn die Erde reagiert nur träge auf die Sonneneinstrahlung, und deshalb verschiebt sich das Erwärmen und Abkühlen der Hemisphären um mehrere Wochen. Die Erdumlaufbahn ist etwas elliptisch, deshalb ist die Sonne während des Winters auf der Nordhalbkugel näher an der Erde als während des Sommers. Dieser Entfernungsunterschied – 147 Millionen Kilometer zu 152 Millionen Kilometer – ist jedoch nur gering und wird von den Auswirkungen der Achsenneigung und anderen Faktoren weit übertroffen. Beispielsweise tritt zwar der Winter auf der Südhalbkugel dann ein, wenn die Sonne am weitesten entfernt ist, aber wegen der größeren Wassermassen auf dieser Halbkugel sind die Winter dort wärmer als in den entsprechenden nördlichen Breiten.

Schnee entsteht aus einer der bizarrsten und kompliziertesten aller Flüssigkeiten, einer, die besonders häufig missverstanden wird – aus Wasser. Für uns alle ist Wasser etwas Selbstverständliches, aber für Wissenschaftler ist es eine unerschöpfliche Quelle von Überraschungen. Nur wenn wir etwas über diese allgegenwärtige Flüssigkeit wissen, lassen sich die Eigenschaften des Schnees wissenschaftlich erfassen.

Wasser ist bei Zimmertemperatur flüssig, während alle anderen Stoffe, die aus ähnlich großen Molekülen bestehen – etwa Stickstoff, Methan oder Wasserstoffsulfid –, Gase sind. Auch Siedepunkt, Schmelzpunkt und Wärmeleitfähigkeit des Wassers fallen aus der Reihe und sind viel höher als bei vergleichbaren Substanzen. So braucht man beispielsweise viel mehr Energie, um einen Liter Wasser zum Kochen zu bringen als eine entsprechende Menge einer anderen Flüssigkeit. Es gibt noch mehr Unterschiede. Eis nimmt z. B. mehr Raum ein als Wasser, während die meisten Stoffe schrumpfen, wenn sie abkühlen.

Die Tatsache, dass Eis auf Wasser schwimmen kann, war für die Passagiere der *Titanic* tödlich, ist aber für Lebewesen im Allgemeinen von großem Vorteil. Wenn Eis dichter wäre als Wasser, würden unsere Seen von unten her zufrieren, aber zum Glück für alles, was schwimmt, paddelt und im Schlamm wühlt, bildet das Eis auf einem See eine isolierende Decke, die das darunter liegende Wasser vor Kälte schützt, sodass es flüssig bleiben kann. Außerdem hat Wasser als Lösungsmittel verblüffende Eigenschaften. Wie Whiskytrinker wissen, vermischt es sich gut mit Alkohol. Auch Zucker, Salz und andere Mineralstoffe lösen sich leicht darin auf. Wasser ist zudem ein ideales Transportmittel, wenn es darum geht, Zellen mit Nährstoffen zu versorgen, und deshalb ist die Suche nach außerirdischem Leben so eng mit der Suche nach außerirdischem Wasser verknüpft.

Alle diese seltsamen Eigenschaften des Wassers lassen sich aufgrund seiner molekularen Komponenten und ihrer «sozialen» Neigungen verstehen. Der englische Naturphilosoph und Chemiker Henry Cavendish beschrieb 1784 die chemische Zusammensetzung von Wasser als eine Verbindung von Wasserstoff und Sauerstoff und machte damit einen ersten Schritt zum Verständnis der Molekularstruktur und somit der besonderen Eigenschaften von Wasser. Wasserstoff und Sauerstoff sind Elemente, zwei der etwa hundert grundlegenden chemischen Bausteine der Materie. Der kleinste Teil eines Elements, das unabhängig existieren kann, ist ein Atom; Atome bestehen aus einem positiv geladenen Kern, der von einer oder mehreren diffusen Elektronenhüllen umgeben ist, deren negative Ladung die positive des Kerns ausgleicht. Auf dem Punkt am Ende dieses Absatzes haben mehr als eine Milliarde Atome Platz.

Atome bleiben nicht irgendwie aneinander hängen. Die eines bestimmten Elements verbinden sich nur auf ganz bestimmte Weise mit denen eines anderen. Im einfachsten Fall kommt eine Bindung zwischen den Atomen eines Moleküls dadurch zustande, dass sich die Atome ein Elektronenpaar teilen, was eine Art negativ geladenen «Klebstoff» ergibt, der die positiv geladenen Atomkerne aneinanderbindet.

Die besonderen Eigenschaften des Wassers sind eine Folge der Verteilung der negativen elektrischen Ladung im Molekül. Man weiß heute, dass jedes Wassermolekül aus einem Sauerstoffatom und zwei relativ winzigen Wasserstoffatomen besteht; diese drei Atome sind wie die Eckpunkte eines Dreiecks angeordnet. Die positiv geladenen Kerne der drei Atome werden durch die negativ geladenen Elektronen zusammengehalten, aber der Sauerstoff ist ausgesprochen gierig und lenkt die Aufmerksamkeit der Elektronen so stark auf sich, dass die beiden Wasserstoffatome ihrer negativen Ladung beraubt werden und nur ihre zwei nackten positiv geladenen Kerne übrig bleiben. Diese isolierten Ladungen wiederum fühlen sich stark zu anderen Elektronen hingezogen, besonders zu jenen im Sauerstoffatom eines benachbarten Wassermoleküls.

Aus jedem Sauerstoffatom ragen wie Hasenohren zwei Elektronenpaare hervor, an die sich die elektronenhungrigen Wasserstoffatome benachbarter Wassermoleküle anheften können. Die dabei entstehenden sogenannten Wasserstoffbindungen können jedes Wassermolekül an vier andere binden. Auf diese Weise werden bei Zimmertemperatur ungeheuer große Netzwerke von Bindungen geschmiedet. Die Moleküle verbinden sich zu einer Flüssigkeit, bewegen sich also nicht mehr unabhängig voneinander, wie sie es in einem Gas tun. Übrigens lassen eben diese Wasserstoffbindungen das Wasser blau erscheinen, denn sie absorbieren einen Teil vom Rot des Sonnenlichts. Wenn Wasser gefriert, halten eben diese Bindungen die Wassermoleküle auf Abstand voneinander. Deshalb ist die Struktur des Festkörpers offener und weniger dicht als die der Flüssigkeit. Man könnte also die Wasserstoffbindungen für den Untergang der *Titanic* verantwortlich machen.

Auch bei einem anderen Rätsel, das Wissenschaftler jahrelang zu lösen versuchten, spielen Wasserstoffbindungen eine Rolle. Warum hat Eis eine so schlüpfrige Oberfläche, dass wir darauf so leicht Ski, Schlitten und Schlittschuh fahren können? Die Antwort ergab sich vor kurzem aus Experimenten, die Peter Toennies am Max-Planck-Institut für Strömungsforschung in Göttingen durchführte. Die Wissenschaftler beschossen Eis mit trägen, energiearmen Heliumatomen, die so leicht von einer Oberfläche abprallen, dass sie außerordentlich empfindlich sind für die Bewegung und Anordnung ihrer obersten molekularen Schicht. Aus der Art und Weise, wie die Heliumatome von einem einzigen auf $-243\,°\mathrm{C}$ abgekühlten Eiskristall zurückprallten, ließ sich berechnen, dass die winzige dabei frei werdende Wärmeenergie die Wasserstoffbindungen zwischen den Wassermolekülen an der Oberfläche um etwa 10 Prozent dehnen und komprimieren konnte. Wie der Physiker Alexei Glebov, ein Mitglied dieser Gruppe, erläutert, sind demnach die Wassermoleküle bei höheren Temperaturen, wie sie etwa in einer Eislaufhalle herrschen, beweglich genug, um die Wasserstoffbindungen aufzubrechen und neu herzustellen, sodass sie sich wie Murmeln auf einem Tisch über die ganz Oberfläche verteilen können. Diese Eigenschaft bewirkt, dass Eis auch weit unter dem Gefrierpunkt so glatt bleibt.

Auch andere Geheimnisse des Eises lassen sich durch die Wasserstoffbindungen erklären. Bei normalem Atmosphärendruck und Temperaturen unter dem Gefrierpunkt verbinden sich Wassermoleküle zu größeren Netzen, deren Grundbausteine sechsgliedrige Ringe mit hexagonaler Symmetrie sind, also derselben Symmetrie, die auch Schneeflocken aufweisen. Man hat sogar versucht, einzelne Wassermoleküle aneinanderzustecken, um die Struktur von Wasser und Eiskristallen zu erforschen. Diesen Prozess haben David Clary, theoretischer Chemiker am University College London, und Jon Gregory von der Universität Cambridge mit Hilfe von Computerprogrammen und «Quanten-Monte-Carlo»-Methoden simuliert, einem Zufallssystem, das die Formen untersucht, zu denen sich Wassermoleküle zusammenfinden können. In Ergänzung dieser Arbeit hat Richard Saykally von der Universität von Kalifornien in Berkeley in Strahlen, die bis nahe an die tiefste mögliche Temperatur abgekühlt wurden, Gruppen von zwei, drei und mehr Wassermolekülen geschaffen. Die Ergebnisse dieser Versuche bestätigen die Vorhersagen. «Gruppen von zwei, drei, vier und fünf Wassermolekülen haben sich alle zu flachen Ringen angeordnet», sagt Clary. «Aber ein Molekül mehr verändert die Lage. Sechs Wassermoleküle bilden einen dreidimensionalen Käfig.» Ein Stern ist geboren: die kleinste von Menschen gemachte Schneeflocke.

Die Chemiker Timothy Zwier, Caleb Arrington, Christopher

Gruenloh und Joel Carney von der Purdue-Universität haben sich bemüht, acht Wassermoleküle miteinander zu verbinden. Dabei entstanden zwei Arten von kleinen Eiswürfeln mit gleicher Masse und Struktur, aber unterschiedlichen Anordnungen der Wasserstoffbindungen. Auf der Oberseite jedes Würfels waren die Wasserstoffbindungen gleich ausgerichtet. In der unteren Schicht jedoch wiesen die Bindungen entweder in dieselbe Richtung wie die in der oberen Schicht oder in die genau entgegengesetzte. «Diese Befunde bestätigen, was Theoretiker schon seit Jahren behaupten», sagt Zwier, «dass nämlich die acht Wassermoleküle vorzugsweise einen Würfel bilden. Sie geben auch die ersten Hinweise darauf, dass Wasser selbst in sehr kleinen Ansammlungen die Fähigkeit hat, seine Wasserstoffbindungen unterschiedlich auszurichten.»

Vielleicht fragen Sie sich, wie Zwier und seine Mitarbeiter es schafften, diese winzigen Würfel zu untersuchen. Sie regten die Moleküle mit einem Infrarot-Laser an, was dazu führte, dass sich die Wasserstoffbindungen in den winzigen Würfeln ausdehnten und zusammenzogen. Dann konnten sie durch Analyse der Wellenlängen des sich ergebenden Spektrums und den Vergleich ihrer Ergebnisse mit Computerberechnungen aus einer anderen Untersuchung, die an der Universität Pittsburgh durchgeführt worden war, die molekulare Anordnung der Wasserstoffbindungen bestimmen.

Da die von Zwier gefundenen beiden Eiswürfelstrukturen in Bezug auf die Energie praktisch gleichwertig sind, sollte man denken, dass die Form, die eine bestimmte Molekülgruppe annimmt, einzig und allein davon abhängt, welche Zusammenstöße bei ihrer Entstehung stattfinden. Das hat entscheidende Auswirkungen auf die Anzahl der Formen oder Phasen von Eis. «Wasser hat mehr feste Aggregatzustände – insgesamt neun – als jeder andere reine Stoff, den wir kennen, da es Phasen bilden kann, die sich nur durch die Ausrichtung der Wasserstoffbindungen unterscheiden», sagt Zwier. Kein Wunder, dass alle Eiskristalle verschieden sind!

Damit außerhalb des Labors Schnee fällt, braucht man Wolken. Dazu muss warme, feuchte Luft abgekühlt werden, indem sie entweder nach oben gedrängt wird, wie dann, wenn sie an einem Berg emporsteigt, oder indem sich ein Keil kalter Luft darunterschiebt. Wenn die Luft sehr sauber ist, kann sie bis zu einem sehr hohen Grad mit Wasserdampf gesättigt, ja sogar «übersättigt» werden, bevor sich Wassertropfen bilden. In geringerer Höhe bilden sich nur dann Tropfen, wenn sogenannte Wolken-Kondensationskerne vorhanden sind. Wenn die Lufttemperatur sinkt, kondensiert der Wasserdampf zu kleinen Tropfen (mit einem Durchmesser von etwa $^1/_{100}$ Millimeter). Wir Menschen sehen diese riesigen Ansammlungen winziger Tröpfchen von unten als die Kissen und Streifen, die wir Wolken nennen.

Obwohl die Temperaturen innerhalb einer Wolke oft weit unter dem Gefrierpunkt liegen, bleiben die Wassertröpfchen üblicherweise flüssig. Diese «unterkühlten» Tröpfchen verharren als Wolke in der Luft, bis sie sich auf extreme Temperaturen von $-40°$ C und darunter abkühlen; dann gefrieren sie zu winzigen Kristallen, sogenanntem «Diamantenstaub». Ein Anzeichen für Eiskristalle in hohen Luftschichten sind die federartigen Schleier, die wir Zirruswolken nennen. Ein anderer Hinweis sind optische Effekte, die daher rühren, dass sich die Kristalle wie Prismen verhalten und zu seltsamen Halos führen, die wir um die Sonne herum sehen, oder zu hellen Flecken, den sogenannten Nebensonnen.

Bei Temperaturen über $-40°$ C bildet sich nur dann Schnee, wenn sich ein sogenannter Gefrierkern findet, um den herum sich der Kristall bilden kann. Diese «Schneesamen» sind zahlreich und können aus vielerlei bestehen, aber im Vergleich zu der Anzahl der Staubteilchen in der Atmosphäre gibt es nur wenige, und sie sind schwer zu erkennen. Zu ihnen zählen Staub, vulkanische Asche, Bodenabrieb und sogar außerirdische Materieteilchen. Jedes Jahr regnen 40 000 Tonnen dieser kleinen Partikel aus dem Weltraum in die Atmosphäre. Diese sogenannten Brownlee-Teilchen wurden zuerst von dem Wissenschaftler Doland Brownlee von einem U2-Aufklärungsflugzeug aus eingefangen.

Im Vergleich zu den vielen Wassertropfen in einer Wolke gibt es sehr wenige natürliche Gefrierkerne, und deren Anzahl hängt von der Temperatur ab. So gibt es beispielsweise bei $-20\,^{\circ}$C nur etwa einen Kern pro Liter. Man sollte also denken, wir könnten aufgrund dieser Angabe allein aus der Temperatur schließen, wie stark eine Wolke zur Schneebildung neigt. Aber so leicht macht es uns die Natur nicht, erklärt Tom Lachlan-Cope, der «Schneemann» der britischen Antarktis-Vermessung. Viele Wolken enthalten bei Temperaturen zwischen -10 und $-20\,^{\circ}$C viel mehr Eiskristalle, als zu erwarten wäre. Diese komplizierten «Misch-Phasen»-Wolken zeigen, dass Wetterforscher noch viel tun müssen, bis man die Physik winterlicher Niederschläge versteht.

Die Schneeflocken, die vom Himmel fallen, unterscheiden sich dadurch, wie sie in ihren «Ecken» neue Wassermoleküle ansiedeln. Wenn die Kristalle bei unterschiedlichen Temperaturen und Feuchtigkeitsgraden durch die Luft fallen und vom Wind herumgewirbelt werden, wächst jedes auf seine ganz eigene Art. Es gibt keine zwei gleichen Schneeflocken, da ihre Form vom Wechselspiel zwischen der Zufälligkeit ihrer Begegnung mit Wassermolekülen und ihrer Vorliebe für die sechseckige Anordnung bestimmt wird. Die Kristalle verbrauchen den Wasserdampf in der Wolke und wachsen rasch an, bis sie groß genug sind, um sich im sogenannten Bergeron-Findeson-Prozess als Schneeflocken niederzuschlagen.

Das Wachstum einer Schneeflocke im großen Maßstab wurde 1987 mit Hilfe eines Computermodells von Johann Nittmann von

Dowell Schlumberger SA in Frankreich und Eugene Stanlex von der Boston-Universität in den USA nachvollzogen. Ihre Arbeit beruht auf Forschungen, die mindestens bis aufs Jahr 1949 zurückgehen. Damals stellte der russische Physiker G. P. Ivantsov eine Gleichung auf, die die Form der Spitzen einer Schneeflocke vorhersagen sollte. «Man kann jede Bewegung, die ein Wassermolekül hinzufügt, mit dem Drehen einer Roulettescheibe vergleichen», sagt Stanley. «Wie sich die Milliarden Moleküle, die eine Schneeflocke ausmachen, zusammenfinden, entspricht einer Milliarde Umdrehungen der Scheibe.» Eine Schneeflocke sammelt gewöhnlich an den Spitzen mehr Moleküle an, während die Flächen in der Mitte der Flocke im Lauf ihres Wachstums weniger zugänglich werden. «Es ist für jemanden, der in engen Gängen umherirrt [also ein Wassermolekül, das sich in den Windungen einer Schneeflocke willkürlich bewegt], sehr schwer, nicht an den Seitenwänden hängen zu bleiben», sagt Nittmann.

Mit Hilfe von Computersimulationen konnten die Zufallsbewegungen von 20 000 Molekülen nachvollzogen werden, und die Ergebnisse waren überraschend. «Als wir das Modell auf dem Computer laufen ließen, erhielten wir ein Bild, das einer wirklichen Schneeflocke so täuschend ähnlich war, dass es uns fast den Atem verschlug. Nie zuvor war mit einem Computer ein Bild erzeugt worden, das so sehr einer wirklichen Schneeflocke glich», sagt Stanley.

Atmosphärische Schneekristalle können unendlich viele Formen annehmen; sie sind Zusammensetzungen aus Plättchen, Sternen, Prismen, Nadeln, haben die Form von Dendriten (also Verzweigungen), hexagonalen Säulen und unregelmäßigen Kristallen. Bei etwa $-1°$ C wachsen die Eiskristalle zu dünnen Plättchen. Wenn die Temperatur auf $-11°$ C sinkt, entwickeln sie sich zu hohlen Säulen. Bei $-15°$ C bildet sich das heraus, was jedermann eine Schneeflocke nennt, und das Sternenmuster beginnt zu wachsen.

Stanley und Nittmann konnten ihr Computermodell so programmieren, dass sie die beiden Grundformen der Schneeflocke erhielten, also sowohl die flachen sechseckigen Plättchen als auch die weihnachtliche Form mit sechs gefiederten Strahlen. Das Endergebnis hing offenbar vom Wind ab. Wenn er böig war, konnten die Kristalle zu sechseckigen Plättchen «ausgefüllt» werden. Wenn die Eiskristalle durch die Wolke fallen, tauen die Kristalle leicht an und klumpen durch einen Prozess, der Aggregation genannt wird, zusammen. Danach gefrieren sie wieder, und zwar zu Schneeflocken. Diese Aggregation läuft am besten bei Temperaturen um den Gefrierpunkt ab − wenn es zu kalt ist, sind die Kristalle zu trocken. Die größten Schneeflocken bilden sich, wenn die Temperatur zwischen 0 und 2° C liegt. Bei höheren Temperaturen schmilzt der Schnee zu Regen oder Schneeregen. Diese Tatsache kann eine Wettervorhersage erschweren, da eine schmelzende Schneeflocke in großen Höhen für ein Radarnetz auf dem Erdboden wie ein dicker Wassertropfen aussieht. Aber mittlerweile hilft *Snoopy*, das uralte Forschungsflugzeug des britischen Wetterdienstes, dabei, die Unterschiede zu erkunden.

Die durch die Wolken wirbelnden Eiskristalle können auch andere Auswirkungen haben. Beim Zusammenstoß, Zerfall und bei Wechselwirkungen mit Wassertropfen können elektrische Ladungen entstehen, die zu statischer Aufladung und selbst zu Blitzentladungen, den sogenannten Elmsfeuern, führen. Diese stillen Leuchterscheinungen, elektrische Büschelentladungen, die sich um hervorragende Kanten und Spitzen bilden, treten oft gleichzeitig mit Eiskristallen, Schneeflocken und Graupel oder weichem Hagel auf.

Die Schneesterne auf Weihnachtskarten sind idealisierte Versionen der echten Flocken. Die meisten Schneeflocken sind dagegen nur hässliche Stiefschwestern, aber die zugrundeliegende Symmetrie des Schnees war unseren Vorfahren schon vor Jahrtausenden aufgefallen. Die Chinesen erwähnten sie bereits 135 vor Christus, und die Europäer beachten sie jedenfalls seit dem Mittelalter, als der Dominikanermönch und Philosoph, Wissenschaftler und Theologe Albertus Magnus über Schneekristalle schrieb. Zu Beginn des siebzehnten Jahrhunderts faszinierte dieses Thema den Astronomen und Mathematiker Johannes Kepler. «Da immer, wenn es zu schneien beginnt, die ersten Schneeflocken die Figur von sechsstrahligen Sternen haben, muss es dafür eine bestimmte Ursache geben. Wäre es Zufall, warum fallen sie nicht fünfstrahlig oder siebenstrahlig?» In seinem Büchlein *Vom sechseckigen Schnee* zieht Kepler Parallelen zu Bienenzellen und der Anordnung von Granatapfelkernen, konnte aber die Sechseckform der Flocken nicht erklären. Mit ihr beschäftigte sich auch der englische Wissenschaftler und Erfinder Robert Hooke, der in seiner *Micrographia* (1665), einer Darstellung seiner mikroskopischen Forschungen und eines der wissenschaftlichen Meisterwerke seiner Zeit, Zeichnungen von Schneeflocken veröffentlichte.

Das Erscheinungsbild der Schneeflocken fand in der Allgemeinheit jedoch wenig Aufmerksamkeit, bis um die Mitte des neunzehnten Jahrhunderts in den USA ein Buch über Wolkenkristalle mit den Zeichnungen «einer Dame» erschien. Die fragliche Dame hatte Schneeflocken auf einer schwarzen Fläche aufgefangen und dann durch eine Lupe betrachtet. In der zweiten Hälfte des Jahrhunderts war Wilson Alwyn Bentley aus Jericho (Vermont) so sehr von der weißen Pracht fasziniert, dass er zum wohl besessensten Bewunderer dieser Kunstwerke wurde. Bentley, später nur «Schneeflocken»-Bentley genannt, hatte als Fünfzehnjähriger von seiner Mutter ein Mikroskop geschenkt bekommen und schon vor seinem siebzehnten Geburtstag 300 Zeichnungen von Schneeflocken angefertigt. Der Vater förderte die Neigung seines Sohnes durch den Kauf einer Kamera, die die flüchtigen Schneekristalle für immer festhalten konnte. Am 15. Januar 1885 gelang ihm die

Photomikrographie einer Schneeflocke. Nach sechzehn Jahren des Sammelns, das ihm bei jedem Schneefall durchschnittlich 70 bis 75 Bilder einbrachte, wusste Bentley – von Beruf Farmer – viel darüber, welche Schneefälle und Temperaturen die besten Ergebnisse lieferten. Er erlebte den Höhepunkt seiner lebenslangen Leidenschaft, als 1931 sein Buch über Schneeflocken veröffentlicht wurde, das mit etwa der Hälfte seiner 5381 Fotos illustriert war. Bentley starb am 23. Dezember 1931 an einer Lungenentzündung, die er sich zugezogen hatte, als er zu Fuß in einem Schneesturm zehn Kilometer gehen musste, um nach Hause zu kommen.

All diese Fotografien und Zeichnungen bezeugen, dass keine zwei Schneeflocken gleich sind. Aber vor einigen Jahren fand Nancy Knight vom Nationalen Zentrum für Atmosphärenforschung der USA Zwillingsschneeflocken, genau gleiche hohle sechseckige Prismen. War die Unterschiedlichkeit der Schneeflocken also doch nur ein Mythos? Andererseits ist eine haargenaue Entsprechung so unwahrscheinlich, dass sie unmöglich erscheint, auch wenn Knights Schneeflocken identisch aussehen. Man bedenke nur, wie ungeheuer viele Moleküle daran beteiligt sind: Eis hat eine Dichte von etwa 1 Gramm pro Kubikzentimeter, und daraus und aus der Masse eines Wassermoleküls können wir berechnen, dass ein Eiswürfel mit einem Zentimeter Kantenlänge etwa 30 000 000 000 000 000 000 000 Moleküle enthält, wobei es auf einige mehr oder weniger nicht ankommt. Eine Schneeflocke enthält also etwa 100 000 000 000 000 000 000 Wassermoleküle. Dann bedenke man, dass die acht Moleküle in den Nanowürfeln nach Tim Zwier auf zwei Weisen angeordnet sein können, und stelle sich die Menge der Möglichkeiten vor, aus 100 Millionen Millionen Millionen Wassermolekülen eine Schneeflocke zusammenzusetzen! Unvorstellbar, dass dabei zwei gleiche entstehen!

Abgesehen von Nancy Knights fast identischen Zwillingen gibt es noch viele andere bemerkenswerte Flocken. Besonders auffällig sind die Größenunterschiede. Die meisten Schneeflocken haben weniger als 1 Zentimeter Durchmesser. Bei Temperaturen um den Gefrierpunkt, leichtem Wind und labiler konvektiver Atmosphärenschichtung können sich viel größere und unregelmäßige Flocken ausbilden. Dann fällt der Schnee sehr tief und dick. Wir wissen nicht, wie groß die größte Schneeflocke war, die je gefallen ist, aber es gibt mehrere Berichte über Riesenflocken. So berichtet O. Baschin in der *Meteorologischen Zeitschrift*: «Am 10. Januar 1915 gegen $4\frac{1}{2}$ p trat in Berlin ein kurz dauernder Schneefall ein, der neben Flocken von gewöhnlicher Größe auch solche von beträchtlichen Dimensionen lieferte. Zahlreiche Schneeflocken wiesen einen Durchmesser von 8 bis 10 cm Durchmesser auf, und diese fielen nicht nur schneller wie die kleinen Flocken, sondern sie wirbelten auch nicht in dem gleichen Maße durcheinander, schlugen vielmehr eine regelmäßige Bahn ein. Ihre Form war meist diejenige einer runden oder ovalen Schüssel, deren Rand nach aufwärts gebogen war. Sie schaukelten zwar im Winde hin und her, doch ließ sich niemals ein völliges Umkippen beobachten, das die konkave Seite nach unten gebracht hätte.» Im Januar 1887 fielen im englischen Chepstow Monsterflocken mit etwa 9 cm Durchmesser, wie ein Mr. E. J. Lowe in der Zeitschrift *Nature* berichtete. Aber die größten aller bekannten Flocken fielen in demselben Monat am 28. Januar 1887 auf Fort Keogh (Montana) in der Nähe der Ranch von Matt Coleman, der sagte, sie seien «größer als Milchpfannen». Sie sollen 38 cm breit und fast 20 cm dick gewesen sein.

Auch auf dem Boden weist Schnee noch eine verblüffende Vielfalt auf. «Schnee» ist ein indogermanisches Wort (englisch *snow*, lateinisch *nix*, französisch *neige*, italienisch *neve*), das für fallenden ebenso wie für liegenden Schnee verwendet wird. Die hoch im kalten Norden lebenden Eskimos oder Inuit jedoch sind so vertraut mit Schnee, dass sie viele Wörter zu seiner Beschreibung haben sollen. Jedenfalls wird das behauptet. Tatsächlich handelt es sich hier aber um einen «großen Eskimo-Wortschatz-Schwindel». Es gibt wahrscheinlich etwa ein Dutzend Wörter, für die es auch deutsche Entsprechungen gibt (Schnee, Schneeregen, Schneematsch, Schneesturm, Schneelawine, Hagel, Packschnee, Graupel, Pulverschnee, Harsch ...). Der Linguist Geoffrey Pulhun vermutet, dass die angebliche Anzahl der Inuit-Wörter in diesem Jahrhundert deshalb sozusagen lawinenartig zunahm, weil das «den vielen anderen Facetten ihrer polysynthetischen Andersartigkeit entspricht: Nasen aneinanderreiben, die Ehefrau mit Gästen teilen, rohen Seehundspeck essen und Großmutter vor die Tür setzen, damit sie von Eisbären gefressen wird.»

Unabhängig von der Benennung gibt es jedenfalls große Schwankungen im Wassergehalt von Schnee. Wenn frischer Schnee 25 cm hoch liegt, kann er so wenig wie 3 mm Wasser enthalten oder auch 10 cm, je nach der Kristallstruktur des Schnees, der Windgeschwindigkeit, der Temperatur und anderen Faktoren. Auch die Art, wie Schnee Schall reflektiert, verrät uns etwas über seine Konsistenz. Eine dicke Schicht von frischem, lockerem Schnee absorbiert Schallwellen ausgezeichnet. Wenn die Oberfläche mit der Zeit glatt und hart wird oder der Wind sie geglättet hat, reflektiert sie Schallwellen. Der Schall scheint dann klarer zu sein und weiter zu reichen.

Das Aussehen von Schnee gibt Rätsel auf. Schnee besteht aus Eis, unterscheidet sich aber von seinen kristallinen Bestandteilen in einer Hinsicht – seiner Farbe. Um zu verstehen, warum Eis blau und transparent ist, Schnee aber glänzend weiß, müssen wir etwas über das Verhalten von Eis und Schnee im Sonnenlicht wissen. Die meisten natürlichen Stoffe absorbieren etwas Licht, und das gibt ihnen ihre Farbe – deshalb ist beispielsweise das Wasser blau. Auch Eis ist blau, weil es Licht im roten und gelben Teil des elektromagnetischen Spektrums der Sonne etwas besser absorbiert als im blauen, sodass mehr blaues Licht hindurchgeht als rotes oder gelbes. Weil der Unterschied in der Absorption der verschiedenen Farben des Lichts so gering ist, erscheint uns Eis nur in großen Mengen, etwa in einem Gletscher, als blau. All die Luftblasen und Staub- und Schmutzteilchen, die vom Gletschereis eingeschlossen sind, vertiefen die blaue Farbe noch, weil Licht, das in den Gletscher einfällt, von diesen Unvollkommenheiten gestreut und reflektiert wird und so im Gletscher herumschießt. Das gibt dem Eis die Gelegenheit, das rote und gelbe Licht zu absorbieren, und verstärkt gleichzeitig das blaue Licht.

Schnee dagegen sieht weiß aus. Die komplexe Struktur von Schneekristallen führt zu zahllosen winzigen Flächen, von denen sichtbares Licht reflektiert wird. Die Lichtstrahlen prallen von einem Eiskristall zum anderen, sodass sich das Licht zufällig, aber effektiv in der Schneeflocke ausbreitet, bevor es einen Ausgang findet. Dabei wird es nicht absorbiert, weil die Lichtwellen so oft gestreut werden, dass ihre Wege im Eis immer nur kurz sind.

Da Schnee Licht reflektiert, schmilzt er vor allem dann, wenn die Luft warm ist, und weniger, wenn er von der Sonne beschienen wird. Derselbe lichtstreuende Vorgang wie im Schnee spielt sich auch in weißer Farbe, Nebel, Wolken und den flauschigen weißen Bärten rundlicher Herren ab, die auf Rentierschlitten durch die Welt reisen. Wenn die Streuung eine bestimmte Intensität erreicht, können die Lichtwellen so miteinander interferieren, dass das Licht sogar eingefangen wird. Dieser Vorgang, die Anderson-Lokalisation, wurde von Diederik Wiersma am Europäischen Labor für nichtlineare Spektroskopie in Florenz an einem bepuderten Halbleiter nachgewiesen. «Man kann es sich als ‹halbgefrorenes Licht› vorstellen, das in Zufallsschleifen herumläuft», sagt er.

Das Erscheinungsbild von Schnee kann jedoch täuschen. Ein außerordentliches Beispiel wurde kürzlich von einer Kamera an Bord des polarumlaufenden Satelliten der NASA festgehalten, die einen kosmischen Schneeball fotografierte, der 15 000 km über dem Atlantischen Ozean zerbrach. Diesen wohl größten je gesehenen Schneeball hatten keine begeisterten Schulkinder zusammengerollt; er war anscheinend ein Außerirdischer, einer der hausgroßen Kometen, die unseren Planeten alle paar Sekunden einmal bombardieren. Noch immer ist eine erbitterte wissenschaftliche Auseinandersetzung darüber im Gange, ob es diese riesigen Schneebälle wirklich gibt. Die von Louis Frank von der Universität von Iowa aufgestellte Behauptung, wonach die Erdatmosphäre tagtäglich von kosmischen Schneebällen bombardiert wird, deren Masse das Äquivalent von mehr als einer Million Tonnen Wasser ist (dreißig Schneebälle pro Minute, jeder 20 Tonnen schwer), wurde – und wird – von vielen Wissenschaftlern für maßlos übertrieben gehalten. Während ich dieses schreibe, ist die Debatte noch nicht entschieden. Bashar Rizk vom Lunar and Planetary Laboratory in Tucson (Arizona) sagte auf einer Konferenz, «der Erdhimmel müsste wie ein Weihnachtsbaum leuchten», wenn fortwährend solche Mengen an Schneebällen auf ihn herunterregneten. Nach seinen Berechnungen wäre jedes dadurch erzeugte Funkeln so hell wie der Mond und müsste eine Minute andauern.

Der herkömmliche Schneefall findet faszinierende Anwendungen. Schneeflocken, die durch die Atmosphäre fliegen, haben eine reinigende Wirkung. Nach einer Untersuchung an der Universität von Wisconsin in Madison sammeln sie Luftverschmutzer besser auf als Regentropfen. Das legt eine gezielte Verwendung von Schneestürmen zur Luftreinigung nahe. Die reinigenden Aspekte des Schnees freuen auch alle, die sich für die chemische Geschichte der Atmosphäre interessieren, denn er enthält Hinweise auf vergangene und zukünftige Weihnachten. Wenn Schnee auf der Erde liegt, enthält er gefrorene Überreste von dem, was vorher im Himmel war, und wenn man eine Schneeschicht durchschneidet, erhält man gleichsam eine Reihe von Momentaufnahmen der atmosphärischen Chemie und der Luftverschmutzer, von Wüstensand, vulkanischer Asche, Radioisotopen von Atombombentests bis zu Teilchen aus Auspuffgasen, die die Flocken am Himmel aufgenommen haben. Dasselbe gilt für Eisschichten oder Gletscher, die sich unter dem Druck der Schneelast im Lauf vieler Jahre gebildet haben und die die chemischen Fingerabdrücke von Gasen, Säuren, Pollen und Staub enthalten. Auch Hinweise auf frühere Naturkatastrophen sind festgehalten und eingefroren: Spuren von Ammoniumformiat lassen auf Waldbrände schließen, Säure zeigt Vulkanausbrüche an und die Radioaktivität den Ausfall von Nukleartests und Kernreaktorunfällen.

Eine Gruppe von Wissenschaftlern aus Amerika und China hat genaue Klimaaufzeichnungen der vergangenen 130000 Jahre gewonnen, indem sie 300 Meter tief in die Guliya-Eiskappe bohrten. Dieser Gletscher, der eine Fläche von 200 Quadratkilometer bedeckt, liegt 6700 Meter hoch in den Bergen Westchinas. «Eine Aufzeichnung aus den Subtropen über einen so langen Zeitraum ist wirklich einmalig», sagt Ellen Mosley Thompson von der Ohio-State-Universität. Die Gruppe aus Ohio zerschnitt den Eisbohrkern in 34800 Stücke, die dann auf das Verhältnis der Sauerstoffisotope, Staub und Pollen, Nitrat-, Chlorid- und Sulfationen untersucht wurden. «Man hat jahrelang gedacht, die Klimaverhältnisse seien in den Tropen und Subtropen sehr beständig gewesen», sagt Mosley-Thompson. «Aber der neue Eisbohrkern aus Guliya und andere Ergebnisse von Bohrungen aus geringeren Höhen legen nahe, dass diese Bereiche in den letzten 100000 Jahren beträchtliche Klimaschwankungen durchgemacht haben.»

Im tiefen Inneren Grönlands ist ein anderer weiter Bereich atmosphärischer Geschichte in den Eisschichten eingeschlossen. Von 1989 bis 1996 hat eine Gruppe von 30 Forschern aus acht europäischen Ländern im Rahmen des Grönland-Eisbohrkernprojekts ein Loch durch die Eiskappe gebohrt. Man hatte als Bohrpunkt den höchsten Punkt des grönländischen Inlandeises gewählt und konnte so einen Eisbohrkern entnehmen, der, wieder zusammengesetzt, insgesamt eine Länge von 3,2 Kilometer hätte und der damit 200 000 Weihnachten weit zurückreicht. Der Glaziologe John Moore beschrieb den mühsamen, langsamen Bohrvorgang: «Wir bohren jedes Mal, wenn wir den Bohrer ansetzen, etwa 2,5 Meter tiefer. Es dauert eine Stunde, bis der Bohrer im Loch ist, dann bohrt er zehn Minuten, und wir brauchen fünfzig Minuten, bis wir ihn wieder herausgeholt haben.»

Nach einer ersten Untersuchung an Ort und Stelle wurde der Rest des 10 cm dicken Eisbohrkerns nach Kopenhagen gebracht, wo er gelagert und genauer untersucht wurde. Der Zeitraum, aus dem die zusammengepressten Eisproben berichten, umfasst eine Eiszeit, eine frühere warme Periode, die Ähnlichkeit mit der heutigen hat, und einen Teil der vorausgegangenen Kälteperiode. Aus der physikalischen und chemischen Analyse von etwa achtzig gelösten Bestandteilen ließ sich die Geschichte des Klimas ablesen. «In den obersten Eisschichten finden wir Staubteilchen der Tschernobyl-Katastrophe von 1986», sagt Joergen Taageholt vom dänischen Polar-Zentrum. «Viel weiter unten haben wir im Eis Spuren des sauren Regens gefunden, die vom Vesuvausbruch im Jahr 79 herrühren.»

Wenn die Forscher das Eis zerstampfen, setzen sie die Luft alter Atmosphären frei. Eingeschlossene Luftblasen geben Aufschluss über Kohlendioxyd- und Methankonzentrationen, die schon in früheren Jahrtausenden das Klima durch den Treibhauseffekt beeinflusst haben könnten. «Wir versuchen, in die Vergangenheit zu schauen, um zu verstehen, was das Klima bestimmt, und um das Klima für die Zukunft zuverlässiger vorhersagen zu können», sagt David Peel, ein Programmleiter des British Antarctic Survey.

Die Temperaturen früherer Zeiten lassen sich aus der Zusammensetzung der Sauerstoffisotope herleiten. Wenn Meereswasser in niedrigen und mittleren Breiten verdampft, enthalten die Wassermoleküle bestimmte Anteile der beiden Formen, in denen Sauerstoff vorkommt, nämlich das schwere Isotop Sauerstoff-18 und das leichte Isotop Sauerstoff-16. Aber diese Anteile verändern sich, wenn Wolken in Richtung Pol wandern. Die schwereren Wassermoleküle, die Sauerstoff-18 enthalten, kondensieren schneller als die leichten und schlagen sich früher als Regen oder Schnee nieder. Wenn die verbleibenden Wassermoleküle in Grönland angekommen sind, hat sich der Anteil an Sauerstoff-18 je nach den Temperaturen auf dem Weg dahin eher verringert.

Diese Aufzeichnungen aus dem Eis geben auch Hinweise darauf, dass das Klima veränderlicher sein könnte, als wir denken. Das hat deutliche Auswirkungen auf die langfristigen Aussichten auf weiße Weihnachten. Die Annahme, dass die allmähliche Zunahme von Luftschadstoffen und Spurengasen, wie es die Treibhausgase sind, zu einer ebenso allmählichen Veränderung der Klimaverhältnisse führen werden, scheint logisch. Aber diese beruhigende Annahme wurde aufgrund der vom Eis freigegebenen Klimaaufzeichnungen widerlegt, denn diese zeigten, dass das Klima der Erde während der Eiszeiten sehr rasch von warm zu kalt und zurück wechselte. Klimatologen haben sich vergewissert, dass diese Klimaschwankungen mit den Eiszeiten und mit Veränderungen der Eisdecken zusammenhängen. In einem computergestützten Modell wurde eine ganze Armada von Eisbergen im Nordatlantik freigesetzt, wodurch ihr Schmelzwasser in den Ozean gelangte und den fein ausbalancierten Kreislauf der Meeresströmungen unterbrach, der dafür sorgt, dass Europa wärmer ist als Nordamerika. Inzwischen gibt es jedoch Belege dafür, dass Klimaveränderungen auch ohne solche Eisdecken in einem oder zwei Jahrhunderten ablaufen können – also angesichts der enormen geologischen Zeiträume sozusagen in einem Augenblick.

Hinweise auf ruckartige Klimaveränderungen aus dem inländischen Grönlandeis lassen vermuten, dass das Klima der Erde sich in einem natürlich ablaufenden Zyklus von 1000 bis 3000 Jahren jeweils plötzlich stark abkühlt. Die Untersuchung von Sauerstoffisotopen − ein indirektes Maß für die Temperatur − zeigte, dass sich solche Klimaschwankungen im letzten Teil der letzten Eiszeit vor etwa 10000 bis 30000 Jahren abspielten. Die Temperaturaufzeichnungen weisen Schwankungen auf, die wie Stufenwellen aussehen, bei denen auf eine Periode relativer Stabilität ein plötzliches Ansteigen oder Abfallen der Temperatur folgt. Dieselben Aufzeichnungen waren jedoch für die letzten 10000 Jahre relativ flach. Wir können also beruhigt schlafen, wenn wir wissen, dass es nur dann zu einem Klimaruck kommt, wenn Eis die ganze Erde fest im Griff hat. Oder nicht?

Hinweise darauf, dass sich solche beunruhigenden plötzlichen Veränderungen auch noch abspielten, nachdem die Eisdecke schon fast ganz verschwunden war und die Bedingungen den heutigen ähnelten, gibt die Arbeit von Gerard Bond, einem Paläoklimatologen am Lamont-Doherty-Erd-Observatorium der Columbia-Universität in Palisades (New York). Er fand bei der Untersuchung geschichteter Gesteinsbrocken, die von Eisbergen und Meereseis in den Nordatlantik gebracht, dann auf dem Meeresboden abgelagert und unter Sedimenten in der Nähe von Island und Grönland begraben wurden, dass die abrupten Abkühlungen im Holozän − so bezeichnen Geologen die letzten 10500 Jahre − stattgefunden haben, nach dem Ende der letzten Eiszeit und zu Beginn der menschlichen Kultur.

Die regelmäßig angeordneten Schuttschichten zeigten, dass es alle 1000 bis 3000 Jahre besonders viel schwimmendes Eis gab − was nahelegt, dass die globale Temperatur besonders hoch war. Bond datierte die Höhepunkte dieser Ablagerungen auf die Zeiten vor 12300, 10800, 8000, 5700, 3900, 2750 und 800 Jahren. «Die plötzlichen Abkühlungen im Holozän waren nicht so stark wie die während der Eiszeiten, aber sie könnten doch zu strengen Wintern geführt haben, zu Missernten und anderen ungünstigen Einflüssen», sagt Bond. Vielleicht war der letzte solche Zyklus die Kleine Eiszeit, die um 1100 begann und wenige hundert Jahre später ihren Höhepunkt fand. In dieser Zeit bedeckten Gletscher die Alpen, Alaska, Neuseeland und Schweden, auf den hohen Bergen Äthiopiens lag Schnee, die globale Temperatur war insgesamt 1,1° C niedriger als heute, und die Winter in Europa und Nordamerika waren sehr kalt. «Wenn das wirklich ein regelmäßiger Klimarhythmus ist, dann gibt es ihn noch heute», sagt Bond. «Sobald wir verstehen, wie es zu diesen plötzlichen Klimaänderungen kommt, wenn die Erde relativ eisfrei ist, können wir das kommende Ereignis voraussehen. Die Wahrscheinlichkeit, dass uns ein Klimasprung bevorsteht, könnte höher sein, als wir bisher angenommen haben.»

Aber ein großes Rätsel bleibt: Was verursacht solche plötzlichen Klimaveränderungen? Eine Theorie besagt, sie würden durch regelmäßige Veränderungen in der Zirkulation der Weltmeere ausgelöst, da die Ozeane, die riesige Mengen an Wärmeenergie um den Globus herum transportieren, klimabestimmend sind. Eine andere Möglichkeit ist, dass das Klima auf äußere Faktoren reagiert, vielleicht auf die Menge der Strahlung, die von der Sonne auf die Erde fällt. Neuere Funde haben einen Klimazyklus von 100 000 Jahren mit dem Einfluss von kosmischem Staub in Verbindung gebracht, den Teilchen also, die vor allem für Schnee verantwortlich sind.

Weihnachten selbst wird mit einem wohlbekannten Klimazyklus in Verbindung gebracht, dessen Auswirkungen sich alle 3 bis 7 Jahre bemerkbar machen. Wie schon seit Jahrzehnten bekannt ist, verschiebt sich in diesem Zeitraum ein riesiger Bereich warmen Oberflächenwassers zur Westküste von Südamerika hin, und das wirkt sich weltweit auf die Niederschläge und Winde aus. Die Erwärmung kann über ein Netz von Bojen und Sensoren, das sogenannte Tropical Atmosphere Ocean Array, nachgewiesen werden, das den Wind und die Meerestemperaturen misst. Diese Erwärmung ist als El Niño – das Christkind – bekannt, da sie gewöhnlich mit Weihnachten zusammenfällt. Der schöne Name täuscht über Auswirkungen hinweg, die biblische Ausmaße annehmen. El Niño beeinflusst das Klima des halben Planeten ganz unmittelbar. Er raubt den Passatwinden im tropischen Pazifik Kraft, sodass sie die Richtung wechseln. Ein großer Bereich warmen Oberflächenwassers bewegt sich von einem Ende des äquatorialen Pazifik zum anderen, begleitet von einer weit ausgedehnten tropischen Regenzelle. Es regnet im Durchschnitt 10 % mehr als sonst. Der El Niño von 1982, der unvorhergesehen kam und zunächst gar nicht als solcher erkannt wurde, führte zu Tausenden von Toten und richtete weltweit Schaden im Wert von 13 Milliarden Dollar an.

El Niño beeinflusst Beginn und Stärke des indischen Monsuns und der afrikanischen Niederschläge ebenso wie Häufigkeit, Intensität und Zugbahn pazifischer Stürme. Auf sein Konto gehen regionale Dürren, Waldbrände, Flutkatastrophen, Erdrutsche und tropische Wirbelstürme ebenso wie das veränderte Verhalten von Schwärmen von Anchovis, Thunfisch, Krabben und anderen Speisefischen, was manche Fischer freut und andere nicht: Beim letzten El Niño (1997–1998) verendeten in der Beringsee Millionen ausgewachsener Lachse, während bei San Francisco große Fänge des äquatorialen Speisefischs Mahi Mahi gemacht wurden.

El Niño wirkt sich auf den sogenannten Jetstream über den USA aus und führt zu ausgedehnten Überschwemmungen. Dramatische Beispiele sind die Flutkatastrophen, bei denen 1993 der Mississippi über seine Ufer trat, und die sintflutartigen Regenfälle, die Kalifornien in den Jahren 1994 und 1995 heimsuchten.

Beim El Niño von 1997/1998 führte die Temperaturerhöhung im Pazifischen Ozean vor dem Großen Barrier-Riff und Panama zum Ausbleichen von Korallen, als die für das Überleben der Riffs notwendigen Algen vertrieben wurden. Auch der Ferne Osten ist vor den Auswirkungen des El Niño nicht geschützt, wie die Rauchschwaden bezeugen, die weite Bereiche Südostasiens bedeckten, als um die Jahreswende 1997/1998 ausgedehnte Brände außer Kontrolle gerieten.

Dieses Christkind spielt neben den Jahreszeiten die zweitwichtigste Rolle, wenn es um das Wetter geht, und es macht uns damit insofern auch ein Geschenk, weil es die Aussicht auf langfristige Klimavorhersagen eröffnet. «Unsere Modelle können nicht vorhersagen, dass es im nächsten Jahr am zweiten Weihnachtsfeiertag regnen wird, aber sie können vorhersagen, ob es im nächsten Dezember mehr regnen wird als gewöhnlich», sagt Nicholas Graham, Klimatologe am Scripps-Institut für Ozeanographie in La Jolla (Kalifornien). «Wir werden nicht mit Sicherheit sagen können, dass es eine Dürre geben wird, sondern eher, dass es mit großer Wahrscheinlichkeit in einer bestimmten Region der Welt zu einer Dürre kommen wird», fügt Mark Cane vom Lamont-Doherty-Erd-Observatorium der Columbia-Universität hinzu. Cane und sein Kollege Stephen Zebiak entwickelten 1986 das erste Computermodell, das El Niño erfolgreich vorhersagte. Etwa zur selben Zeit entwickelten Graham und sein Kollege Tim Barnett, ebenfalls am Scripps-Institut, ein neues Verfahren, das einen Zusammenhang zwischen El Niño im tropischen Pazifik und dem Weltklima herstellte. Dieser Fortschritt ermöglichte es ihnen, aufgrund der Oberflächentemperaturen des Pazifik Niederschläge, Temperaturen und andere Klimavariablen an anderen Orten vorherzusagen.

Fast ein Jahrzehnt später konnte mit Hilfe von El Niño vorhergesagt werden, wie die Getreideernte auf der anderen Seite der Erde ein halbes Jahr später ausfallen würde. Diese Verbindung zwischen El Niño und der Getreideernte in Zimbabwe, wo Mais die Hauptnahrungsquelle ist, wurde von Mark Cane und Gidon Eshel von Lamont-Doherty und von Roger Buckland von der von zwölf Nationen getragenen Southern African Development Community's Food Security Technical and Administrative Unit in Harare aufgedeckt. Sie zeigten, dass eine geringe Niederschlagsmenge und die schlechten Ernteerträge zwischen 1973 und 1990 jeweils mit der periodischen Erwärmung des östlichen äquatorialen Pazifik korrelierten. Computermodelle, die im August eines Jahres einen El Niño vorhersagen, geben also Hinweise auf die Ernteerträge im nächsten April. Diese Vorwarnung ermöglicht es den Bauern, entsprechende Maßnahmen zu ergreifen, und den politischen Entscheidungsträgern, für das Speichern von Wasser und den Import von Getreide zu sorgen oder andere Vorsichtsmaßnahmen zu treffen.

Können nun Wissenschaftler, wenn sie alles berücksichtigen, was man heute über die Launen des Klimas, die Molekülstruktur von Eis, die fraktale Struktur des Schnees und die Entstehung von Schneeflocken in Wolken weiß, auch für weiße Weihnachten sorgen, unser aller Traum? Dank der modernen Technologie ist es mittlerweile möglich, uns mit Schnee unabhängig vom Wetter zu versorgen. In Skiorten verschießen Schneekanonen in einem milden Winter Wasser als feinen Sprühregen, um Schnee zu erzeugen. Aber, wie schon gesagt, brauchen Eiskristalle etwas, um das herum sie sich bilden können – sie kristallisieren nicht ohne einen Gefrierkern. Die Schneehersteller haben offenbar wenig Vertrauen zu den Staubpartikeln, die in der Atmosphäre umhertreiben, sondern nehmen harmlose Bakterien zu Hilfe. Das Ergebnis ist ein Schnee, der es an Güte nicht mit dem richtigen aufnehmen kann und der zum Klumpen neigt:

Nicht nur die Schneekanonen der Wintersportorte erzeugen künstlichen Schnee. Dank einer Maschine, die im japanischen

Shinjuku von Suga Test Instruments Co. gebaut wurde, kann es selbst am heißesten Julitag schneien. Dieser computergesteuerte Simulator, der mit 1,25 Millionen Dollar wesentlich teurer ist als eine Schneekanone, ermöglicht die Herstellung natürlicher Schneeflocken. Die Firma hat sich auf die Erforschung von Witterungsvorgängen spezialisiert und sieht im künstlichen Schnee eine wertvolle Ergänzung zu der Kombination von Sonnenschein, Winddruck und Regen, denen Materialien in Tests ausgesetzt sind. Im Labor hergestellter Schnee kann auch Einsichten in die atmosphärischen Bedingungen vermitteln, unter denen Schnee entsteht.

Neben solchem künstlichen Schnee gibt es für jene, die sich außerhalb der Saison ein Winterwunderland schaffen wollen, natürlich auch die *echt* künstliche Form. Der traditionelle Plastikschnee von der Art, wie er in Hollywood hergestellt wird, besteht aus winzigen Flocken weißen Polyäthylens, die nach Gebrauch entsorgt werden müssen. Alternativ dazu gibt es jetzt biologisch abbaubare Flocken aus modifizierten milchsauren Polymeren, die ein Hersteller, Sturm's Special, in Lake Geneva (Wisconsin) aus Mais und Nebenprodukten der Käseherstellung erzeugt. Die Flocken sind unterschiedlich groß, meist unregelmäßig und tellerförmig.

Dietmar Voelkle und Frithjof Baumann vom Fraunhofer-Institut für Chemische Technologie im badischen Pfinztal haben zwei neue Sorten Kunstschnee entwickelt: einen biologisch abbaubaren aus geschäumter Kartoffel- und Maisstärke, der sich nach Meinung seiner Erfinder geradezu ideal für Schaufensterdekorationen eignet, weil er an allem hängen bleibt, was feucht ist. «Da die Flocken einen Stärke-Wasser-Kleber freisetzen, können die Dekorateure damit sogar Eiszapfen modellieren oder einen Schneemann bauen», begeistert sich Baumann. «Fügt man mehr Wasser hinzu, lösen sich die Flocken auf. Daher können sie auch unter freiem

Himmel verstreut werden, ohne dass man sie hinterher vom Trottoir fegen und entsorgen muss.» Die zweite ihrer künstlichen Schneekreationen besteht aus feuerfestem geschäumtem Polyäthylen, das im Theater sehr realistisch schweben und funkeln kann, wenn es mit Glimmerteilchen versetzt wird. Dieser Kunstschnee hatte sein Bühnendebüt bei einer Aufführung von «Fürst Igor» im Badischen Staatstheater in Karlsruhe, wo er die Situation rettete, als die Ware aus Hollywood nicht rechtzeitig ankam.

Bis jetzt gibt es nur eine Möglichkeit, mit absoluter Sicherheit echte weiße Weihnacht zu erleben: Man steige bis zur Schneegrenze, der Höhenlinie, oberhalb deren ewiger Schnee liegt. In hohen polaren Breiten ist die Schneelinie auf Meereshöhe. In Nordskandinavien liegt sie bei etwa 1200 m, in den Alpen bei etwa 2400 m und im Himalaja bei 4500 m. Aber müssen wir bei all dem, was wir über den Schnee wissen, wirklich immer noch Sklaven der Geographie und der Jahreszeit sein? Gibt es wirklich keine weiße Weihnacht auf Bestellung?

Wenn wir über die Art von Geldmengen verfügten, die einen Krösus erblassen ließen, sollte es, so sagen die Meteorologen, möglich sein, die Atmosphäre zu beeinflussen und dadurch das gewünschte Weiß zu erzeugen. Der Trick besteht darin, die Wirkung zu reproduzieren, die den Schneefall auslöst, also warme, feuchte Luft über stationäre keilförmige Kaltluft zu schieben und dadurch zum Aufsteigen zu zwingen, sodass Schnee kondensiert. In England oder Deutschland beispielsweise schneit es dann, wenn im Winter warme, feuchte Luft von Westen her zuströmt, nachdem es einige Tage kalt gewesen ist.

Ich habe den britischen Wetterdienst – nicht ganz im Ernst – gefragt, was ich tun müsste, wenn ich ganz sicher sein wollte, dass es am ersten Weihnachtstag in London schneit. Normalerweise passiert das etwa einmal in zwölf Jahren. «Sie müssten dafür sorgen, dass Irland viel gebirgiger ist – etwa so hoch wie die Alpen –, und es sich nach Süden erstrecken lassen, sodass es im Atlantik einen Block bildet», sagte ein etwas überraschter Sprecher. Die Winde, die dann vom Festland kämen, würden im Lauf einer Woche für genügend Abkühlung sorgen. «Dann müssten Sie den Block im Westen umkippen lassen, damit die Wettersysteme aus dem Atlantik warme, feuchte Luft über die kalte Luft schieben können», fuhr er fort. Überflüssigerweise wies er darauf hin, dass der Auf- und Abbau einer Gebirgskette in Irland das Verfahren etwas unpraktisch erscheinen ließ.

In Deutschland wäre weiße Weihnacht nach Meinung von Klaus Hasselmann, Direktor am Max-Planck-Institut für Meteorologie in Hamburg und Fachmann für Klimadynamik, dann garantiert, wenn ein Gebirgszug von etwa Alpenhöhe sich von den Beneluxländern bis zur Bretagne erstrecken würde. Während die Versorgung mit kalten Ostwinden im Dezember gewöhnlich ausreicht, ist jedoch auch hier eine praktische Lösung der Zufuhr warmer, hoher Meeresluft noch nicht in Sicht.

Ähnlich hypothetische Pläne werden in den USA erwogen, um sicherzustellen, dass es zu Weihnachten von Georgia bis New Jersey schneit. Dieses amüsante Unterfangen ist das Werk von Allen Riordan, einem Experten für die Vorhersage von extremen Wetterereignissen vom Southeast Consortium für Unwetter und Tornados an der State Universität von North Carolina. Riordan braucht zunächst einmal Arbeitskräfte. Die Ingenieure des amerikanischen Heeres und die kanadische Regierung müssten zusammenarbeiten, um die Nikolaus-Strömung – sibirische Kaltluftmassen – genau so über Neuengland zu lenken, dass sie dort auf ein warmes und feuchtes Tiefdruckgebiet vom Golfstrom treffen. Diese Verschiebung der kalten Luftmassen vom Nordwesten, wo sie normalerweise liegen, weg nach Neuengland wäre wohl der schwierigste Teil des «Vorhabens», das die Schneehersteller vermutlich von zwei Seiten her angehen müssten. Ersten würden sie rund um die Uhr ackern, um die kanadischen Rockys so hoch zu machen, dass eine erfolgreiche Umleitung der kalten Luftströmung garantiert ist. «Das erfordert wohl einige Lastwagen voll Erde», sagt Riordan. Um die Kaltluft weiter nach Osten zu locken, müsste die kanadische Regierung dann etwa eine Woche vor Weihnachten die Hudsonbai einfrieren lassen. Das Eis würde die Luft kalt halten, indem es über Land ein Hochdruckgebiet aufrechterhält. Wenn dann die kalte Luft östlich der Appalachen und über Virginia nach Süden strömte, würde sie auf warme, feuchte Luft treffen, die mit dem Golfstrom herangetragen wird.

Damit die warmen und kalten Luftmassen zusammentreffen, müsste sich entlang der Luftmassengrenze ein Tiefdruckzentrum ausbilden. Um dem nachzuhelfen, müsste die US-Navy mit einer Reihe massiver Explosionen Feuerbälle schaffen, die groß genug wären, um die Luftsäulen zu erwärmen und das Tiefdrucksystem in Gang zu setzen. «Danach läuft alles von selbst», sagt Riordan voraus. Die warme Luft zieht dann über North und South Carolina nach Norden, darunter drängt sich kalte Luft nach Süden, und wir sollten am Heiligen Abend Schnee unter den Füßen haben. Ohne solche Eingriffe sind die Aussichten auf Schnee im mittleren North Carolina «wirklich sehr gering», sagt der Nationale Wetterdienst in Raleigh. Nach Riordans Berechnungen läge der zur Auslösung der großen Explosionen geeignetste Ort in Florida in der Nähe von Jacksonville. Wäre eine weiße Weihnacht diesen Preis wert?

8. KAPITEL

Festessen

Wärst du, Kindchen, im Kaschubenlande,
Wärst du, Kindchen, doch bei uns geboren!
Sieh, du hättest nicht auf Heu gelegen,
Wärst auf Daunen weich gebettet worden.
…
Kindchen, wie wir dich gefüttert hätten!
Früh am Morgen weißes Brot mit Honig,
Frische Butter, wunderweiches Schmorfleisch,
Mittags Gerstengrütze, gelbe Tunke,

Gänsefleisch und Kuttelfleck mit Ingwer,
Fette Wurst und goldnen Eierkuchen,
Krug um Krug das starke Bier aus Putzig!
Kindchen, wie wir dich gefüttert hätten!
Werner Bergengruen,
Kaschubisches Weihnachtslied

Die erste in England bekannte Weihnachtskarte stammt von dem Künstler John Horsley, der im sogenannten «narrativen» Stil am Rand der Karte Akte der Barmherzigkeit darstellt, ein im viktorianischen England beliebtes Thema. Das Thema des von Blätterwerk umrahmten Mittelbildes jedoch ist keine Korrektur sozialer Ungerechtigkeit im Sinn von Dickens, sondern eine Szene, die viel zeitgenössische Resonanz fand: eine große Familie beim Weihnachtsmahl.

Eine der schönsten Beschreibungen eines festlichen Weihnachtsmahls stammt aus Thomas Manns Roman «Die Buddenbrooks». Nach dem Tischgebet und einer «kleinen mahnenden Ansprache, die hauptsächlich aufforderte, aller derer zu gedenken, die es an diesem Heiligen Abend nicht so gut hätten wie die Familie Buddenbrook ... setzte man sich mit gutem Gewissen zu einer nachhaltigen Mahlzeit nieder, die alsbald mit Karpfen in aufgelöster Butter und mit altem Rheinwein ihren Anfang nahm.

Der Senator schob ein paar Schuppen des Fisches in sein Portemonnaie, damit während des ganzen Jahres das Geld darin nicht ausgehe ... Der Puter, gefüllt mit einem Brei von Maronen, Rosinen und Äpfeln, fand das allgemeine Lob. ... Es gab gebratene Kartoffeln, zweierlei Gemüse und zweierlei Kompott dazu, und die kreisenden Schüsseln enthielten Portionen, als ob es sich bei jeder einzelnen von ihnen nicht um eine Beigabe und Zutat, sondern um das Hauptgericht handelte, an dem alle sich sättigen sollten. Es wurde alter Rotwein von der Firma Möllendorpf getrunken ... Während dann Onkel Justus einen ölgelben, griechischen Wein in die kleinsten Gläser zu schenken begann, erschienen die Eisbaisers – rote, weiße und die braunen, mit Schokoladeeis gefüllten – und die zugehörigen Waffeln. ... Bevor man zu Butter und Käse überging, ergriff die Konsulin noch einmal das Wort zu einer kleinen Rede, in der sie zum Dank für den sichtbarlichen Segen aufforderte und dazu, einträchtig anzustoßen auf das Wohl der Familie und ihre Zukunft.»

Für den Wissenschaftler ist die Zubereitung von Festspeisen, ob Weihnachtsgans, Truthahn, Kartoffelknödel, Stollen, Lebkuchen oder Plätzchen nichts anderes als ein Zweig der angewandten Chemie. Die Fleischfarbe von Geflügel gibt Einblick in den Lebensstil von Gans, Ente und Puter, während Scanner, die gewöhnlich der Diagnostik menschlicher Krankheiten dienen, Fettablagerungen in der Nahrung oder eine Bohne im Weihnachtskuchen aufspüren können. Mit Hilfe der Thermodynamik können wir Weihnachtsgebäck und -braten zur Vollkommenheit gelangen lassen. Chemiker haben gezeigt, dass selbst die Soßen, die zu Braten oder Nachtisch serviert werden, ihre Konsistenz der einzigartigen Anordnung von Molekülen in Strukturen verdankt, die höchstens 50 Millionstel eines Meters Durchmesser haben.

Falls solche materialistischen Einsichten Ihrer Weihnachtsstimmung Abbruch tun, bedenken Sie die vielen kulturellen Einflüsse, die Weihnachten prägen: Wer sich zu einem traditionellen Weihnachtsessen mit Truthahn und Stollen niederlässt, verzehrt unter einem deutschen Weihnachtsbaum einen aztekischen Vogel und danach ein mit subtropischen Trockenfrüchten gewürztes Gebäck!

Der durch die kalte Jahreszeit bedingte größere Nahrungsbedarf führte schon bei unseren Vorfahren im Norden Europas zu einer Vorliebe für winterliche Festgelage, und das gilt auch heute noch. Die Speisen unterscheiden sich natürlich von Land zu Land, von Gegend zu Gegend, von Jahr zu Jahr und von Kultur zu Kultur, und das hat zu der Fülle des Angebots geführt, aus der wir heute wählen können. In Spanien isst man am ersten Weihnachtstag eine Suppe aus Hühnern, Gemüsen und Nudeln. In Frankreich genießt man nach der Mitternachtsmesse am Heiligen Abend ein spätes Souper, *le reveillon*, das sich je nach der Region unterscheidet. Im Elsass wird als Hauptgang gewöhnlich eine Gans serviert, im Burgund eher ein mit Maroni gefüllter Truthahn, und Pariser beginnen das Mahl gern mit Austern und Pâté de foie gras. In katholischen Ländern gehört oft Fisch auf den Weihnachtstisch, besonders am letzten Fastentag, dem Heiligen Abend. In der Tschechoslowakei und sonst wo, wo dieser Fisch gefangen oder gezüchtet wird, isst man Karpfen gern gebacken und mit Soße. In Polen ist eingelegter Hering beliebt, in einigen italienischen Städten gibt es Aal und Tintenfisch, und die Schweden bereiten einen *Lutfisk* zu, einen Fisch, der mehrere Tage lang in Beize eingelegt wurde. Die Säure zermürbt das Gewebe, indem sie die Proteine spaltet.

Die Vielfalt der weihnachtlichen Gerichte spiegelt auch die Verfügbarkeit von Nahrung. Als Paris Weihnachten 1870 von den Preußen belagert war, lieferten die Zoos und die Abwässerkanäle das Fleisch für das Festessen im beliebten Restaurant *Voisin*, das Consommé vom Elefanten, gedünstetes Känguru, Antilopenpâté und eine mit Ratten garnierte Katze servierte. Heute wird Weihnachten im trockenen Inneren Südafrikas oft mit der lokalen Ausbeute an Mopanewürmern, den fetten, stacheligen, gefleckten Raupen der Kaisermotte *Gonimbrasia belina*, gefeiert. Wie kürzlich bestätigt wurde, ist der Eiweiß-, Fett-, Vitamin- und Kaloriengehalt dieser Raupen durchaus vergleichbar mit dem von Fleisch und Fisch.

Natürlich sind auch mit anderen im Dezember gefeierten nichtchristlichen Feiern viele Gerichte verknüpft. So essen die Afroamerikaner in den USA während der Kwanzaa-Zeit gern bestimmte Obstsorten (*mazao*) und Mais (*vibunzi*), und zu Chanukka gehören *latkes* (Kartoffelpuffer) und *sufganiyot* (in Öl ausgebackene Krapfen).

Auch Schinken gehört, ob gekocht oder geräuchert, zu den Festspeisen der Jahreszeit; schon bei den skandinavischen Julfesten wurde der Göttin Freia ein Wildschwein geopfert. Heute wird die traditionelle Weihnachtsgans oft durch magere Puten oder – den kleiner werdenden Familien angemessen – Enten ersetzt. Karpfen und Lachs waren bei festlichen Gelegenheiten beliebt und wurden auch als eigener Gang vor dem Fleisch serviert. So beschreibt beispielsweise James Woodford in seinem Tagebuch eines Landpfarrers 1773 ein Weihnachtsmahl, das aus «zwei schönen gekochten Kabeljaus bestand, umgeben von gebratenen Seezungen mit Austernsoße, danach Rindfleisch, Erbsensuppe, Lamm, Wildenten, Salat und Hackfleischpasteten. An diesem Abend gab es auch noch Kaninchen.» Der gleiche Geist des Überflusses prägt auch ein Gedicht von «Whistlecraft» (dem Pseudonym von John Hookham Frere), das aus dem frühen neunzehnten Jahrhundert stammt:

Lachs, Wild und wilde Beeren wurden serviert
Hunderte, Dutzende, Unmengen,
Fässer voll Honig, Gallonen von Senf,
Hammel, fette Rinder, Schweineschinken,
Reiher, Rohrdommeln, Pfauen, Schwäne und Trappen,
Krickenten, Wildenten, Tauben, Pfeifenten
und, mit schönen Plumpuddings,
Pfannkuchen, Apfelkuchen und Eiercreme …

Ein wahrer Katalog von Festspeisen findet sich in Dickens' *Weihnachtslied*, das die genussvolle Seite von Weihnachten ebenso vermittelt wie die spirituelle: «Auf dem Fußboden waren zu einer Art von Thron Truthähne, Gänse, Wildbret, große Braten, Spanferkel, lange Reihen von Würsten, Pasteten, Plumpuddings, Austernfässchen, glühende Kastanien, rotbäckige Äpfel, saftige Orangen, appetitliche Birnen, ungeheure glasierte Kuchen und Gefäße mit siedendem Punsch aufgehäuft.» Der Historiker Thomas Carlyle war nicht gerade für impulsives Handeln bekannt, aber nachdem er *Ein Weihnachtslied* gelesen hatte, konnte er gar nicht rasch genug einen großen Truthahn bestellen. Seine Frau bemerkte, dass er «einen richtigen Anfall von Gastfreundschaft bekam und tatsächlich darauf bestand, im Abstand von nur zwei Tagen zweimal zum Abendessen einzuladen».

Der klassische Weihnachtsbraten in England, Deutschland und anderswo war lange Zeit die Weihnachtsgans. Ihr Platz wurde immer mehr von dem magereren Truthahn eingenommen. Dieser Vogel begann seinen Eroberungsgang in Europa 1519, als Schiffe die ersten Tiere von Mittelamerika nach Spanien brachten. Von dort machte er seinen Weg in die spanischen Niederlande und dann nach England, wo er in Farmen gezüchtet wurde. Im achtzehnten Jahrhundert wurden die Tiere in Herden von Norfolk nach London getrieben. Am Weihnachtstag 1815 beschrieb der englische Essayist Charles Lamb dieses Ereignis als «die schmackhafte große Norfolk-Massenvernichtung».

An der Tafel der Königin Victoria lief der Truthahn im Jahr 1851 dem Schwan den Rang als Weihnachtsvogel ab, aber erst gegen Ende des Jahrhunderts konnte er die Gans oder, im Norden Englands, den Rinderbraten als Weihnachtsbraten ersetzen. (In den USA war der wilde Truthahn als einheimischer Vogel schon lange eine beliebte Festtagsspeise.) Um 1900 wären, so schätzte *The Royal Magazine*, «die zu Weihnachten gebratenen Puten und Gänse einer Armee gleichgekommen, die, in Zehnerreihen aufgestellt, von London bis Brighton reichen würde», und der Champagner, mit dem sie gewöhnlich hinuntergespült wurden, hätte «die Brunnen auf dem Trafalgar Square unablässig fünf Tage lang fließen lassen». Und nachdem beim Festmahl so viel wie möglich von dem gebratenen Vogel verzehrt worden war, konnte sich die Familie noch lange an den Resten erfreuen, kaltem Fleisch, Frikassee, Haschee etc.

Der herkömmliche Truthahn wird vermutlich schon bald gentechnisch verändert werden. Bernie Wentworth und seine Kollegen am Department of Animal Science an der Universität von Wisconsin in Madison meinen, Puten könnten etwa 20 Prozent mehr Eier legen, wenn sie nicht in Brutphasen verfallen würden. Das Ziel seiner Forschung ist es, die Vögel «umzuplanen», sodass sie sehr wenig Prolaktin erzeugen, das Hormon, das Brutverhalten auslöst. Wentworth hat ein «komplementäres» Bruchstück von DNA hergestellt, das sich an die Gene anheftet, die Prolaktin bilden, und dessen Produktion verhindert. Biofundamentalisten und andere Gegner der Gentechnik behaupten, damit würde man die Puten zu Maschinen machen, die eine vom Markt bestimmte Funktion erfüllen. Es ist sicherlich eine ethische Frage, ob Geschöpfe für einen vom Menschen vorgegebenen Zweck manipuliert werden sollen und dürfen; jedenfalls stellt die Gentechnik nur eine von vielen Möglichkeiten dar, die DNA so zu verändern, dass Geschmack und Beschaffenheit zukünftiger Weihnachtsmahlzeiten beeinflusst werden.

Chemiker sehen Gans, Ente und Truthahn nicht als schmackhafte Mahlzeit, sondern als eine Kombination von Wasser, Fett und Protein in den Anteilen von $60 : 20 : 20$. Das Fleisch ist zum größten Teil Muskelgewebe und besteht vor allem aus Protein und Wasser. Die Fasern, die dem Muskel seine Beschaffenheit geben, bestehen aus zwei Proteinen, Myosin und Aktin. Sie liegen in Schichten und gleiten übereinander, wenn der Muskel gereizt wird und kontrahiert. Die Farbe des Fleisches gibt Auskunft darüber, wie der Vogel aufgewachsen ist, denn der Unterschied zwischen hellem und dunklem Fleisch rührt weder vom Blut noch von dem roten Sauerstoffträger Hämoglobin her, sondern von dem engverwandten Molekül Myoglobin, das wie Hämoglobin ein Eisenatom enthält.

Die Bewegung der Muskeln wird durch zwei Arten von Muskelfasern bewirkt. Die schnellen «weißen» Muskelfasern sind bei raschen Bewegungen und Zuckungen aktiv und beziehen ihre Energie aus Glukose, die langsamen «roten» dagegen kommen bei jenen eher langanhaltenden Bewegungen zum Tragen, für die die

Energie aus dem Kohlehydrat- und Fettvorrat stammt. Hier kommt das rote sauerstoffhaltige Myoglobin ins Spiel, das den vom Blut herangeschafften Sauerstoff speichert, bis die Muskelzellen ihn brauchen. Es besteht eine Beziehung zwischen dem Sauerstoffverbrauch und dem allgemeinen Aktivitätsniveau des Körperteils: Muskeln brauchen umso mehr Sauerstoff, je häufiger sie benutzt werden. Die schnellen Fasern sind weiß, weil sie für das rote Molekül, das Sauerstoff speichert, wenig Verwendung haben.

Truthähne stehen viel herum, fliegen aber wenig, deshalb ist ihr Brustmuskel weiß und ihr Beinfleisch dunkel. Die Keule ist unter anderem deshalb fetter als die Brust, weil Fett die Energiequelle ihrer roten Muskelfasern ist. Flugenten oder andere fliegende Vögel dagegen verbringen viel Zeit in der Luft, deshalb ist ihre Brust oft so dunkel wie ihre Keulen und überall voll Myoglobin.

Auch die molekulare Zusammensetzung beeinflusst die Beschaffenheit des Fleischs. Das Fleisch der Gänse- und Putenkeule ist zäher als das Brustfleisch, weil die Tiere ihre Beinmuskeln mehr bewegen als die Brustmuskeln. Wenn der Vogel wächst und sich bewegt, werden die Muskeln größer, denn dann nimmt die Anzahl der Aktomyosin-Filamente in den Muskelfasern zu. Je mehr Fasern durchschnitten werden müssen, umso zäher ist das Fleisch. Deshalb sind alte Tiere zäher. Im Allgemeinen jedoch ist das zähere Fleisch von Tieren, die sich viel bewegt haben, geschmackvoller als das zartere der trägeren. Zartheit und Aussehen von gekochtem Fleisch hängen auch von der Reaktion der chemischen Bestandteile ab, also davon, wie die molekularen Komponenten beim Schütteln, Rasseln und Rollen der Wärmeenergie reagieren.

Wenn Myoglobin beim Kochen erhitzt wird, wird es braun, weil das Eisen in seiner Mitte oxydiert, was die Lichtabsorption des Moleküls verändert. Proteine und andere Komponenten zerfallen beim Erhitzen in kleinere Teile, von denen einige klein und flüchtig sind und von unserem Geschmackssinn wahrgenommen werden.

Andere wiederum entstehen aus einem Molekül, das Adenosin-Triphosphat (ATP) heißt und die chemische Energiewährung der Zellen ist. In dem ungeheuer vielfältigen Cocktail von Verbindungen, die beim Kochen entstehen, wird der Fleischgeschmack vor allem vom Inosin-Monophosphat bewirkt, das bei der Zersetzung von ATP entsteht, und vom Mononatriumglutamat, dem Natriumsalz einer natürlich vorkommenden Aminosäure.

Wenn wir beispielsweise einen Truthahn braten, ziehen sich die Muskelfasern zusammen, bis bei Temperaturen über etwa 80° C bestimmte Zellen innerhalb der Fasern zerfallen. Gleichzeitig werden durch die Wärme Bindungen zwischen Molekülen – Wasserstoffverbindungen und sogenannte Disulfidbrücken – zerstört, die die Form der Proteine, Spiralketten von Aminosäure, garantieren. Die Proteine wickeln sich dann ab und nehmen offenere Formen an, und das Fleisch wird zart. Wenn das Fleisch jedoch zu lange gebraten wird, bilden die Proteine ein Netzwerk neuer chemischer Verbindungen. Diese Querverbindungen zwischen den Proteinen ersetzen die früheren, zarten und lassen das Fleisch durch die sogenannte Hitzekoagulation zäh werden.

Eine andere Ursache für Zähigkeit ist das Bindegewebe, das die Muskeln an die Knochen bindet. Es enthält drei weitere Proteine – Kollagen, Retikulin und Elastin. Weder Retikulin noch Elastin werden durch die beim Kochen entstehende Wärme wesentlich geschwächt, aber die drei Stränge des Kollagens trennen sich und werden zu der weichen Substanz, die wir als Gelatine kennen. Das Geheimnis eines guten Bratens besteht also darin, kollagenes Gewebe zu denaturieren und zugleich eine zu starke Koagulation der Muskelproteine zu vermeiden. Eigentlich ganz einfach!

Nicht so einfach ist die Berechnung der Bratzeit eines Weihnachtsvogels. Denaturation und Koagulation der Proteine laufen in Keulen, Flügeln und Brust bei unterschiedlichen Temperaturen und mit unterschiedlichen Geschwindigkeiten ab. Glücklicherweise gibt es nach Meinung von Peter Barham, Physiker an der Universität Bristol, eine Hand voll verlässlicher allgemeiner Grundsätze für einen perfekten Braten. Je länger das Tier bei höheren Temperaturen brät, umso mehr Feuchtigkeit verliert es und umso größer ist die Wahrscheinlichkeit, dass die Muskelproteine koagulieren. Eine Minimaltemperatur von 70° C wandelt Kollagen in Gelatine um und garantiert, dass die Muskelfasern aufbrechen. Im einfachsten Fall lässt sich die beste Bratzeit also als die Mindestzeit definieren, die nötig ist, um die Mitte des Tiers auf 70° C zu erhitzen.

Das nächste Problem – wie lange der Braten im Ofen bleiben soll – gehört in die Thermodynamik. Diese wohletablierte Disziplin wurde mit der Erforschung der Dampfkraft Anfang des 19. Jahrhunderts zu einer Wissenschaft. Der Name stammt von den griechischen Bezeichnungen für Wärme und Bewegung. Diese Wissenschaft lässt sich auf Weihnachtsbraten ebenso anwenden wie auf Dampfmaschinen.

Ein wesentlicher Beitrag zur Lösung des Problems findet sich in der sogenannten «Bibel» dieses Gebiets, dem von H. S. Carslaw und J. C. Jaeger 1947 veröffentlichten Buch über Wärmeleitung in Festkörpern. Die Verfasser geben darin Gleichungen für die Wärmeleitung in einer homogenen Kugel an, wobei sie wohl kaum erkannten, dass sich daraus die Beziehung zwischen dem Durchmesser des Vogels und der Bratzeit herleiten lässt. Um das Problem mathematisch abzusichern, waren ein paar vereinfachende Annahmen nötig. Im Zusammenhang mit Weihnachten ließe sich das folgendermaßen beschreiben: Erstens muss der Ofen die ganze Zeit über gleich warm sein. Zweitens ist die thermische Diffusivität das Maß dafür, wie rasch die Wärme durch den Braten hindurchgeht – unabhängig von der Temperatur und der Zeit. Und drittens, und das ist das wichtigste, sollte der Truthahn möglichst dick, möglichst kugelrund sein.

Die Zeit, die nötig ist, bis sich die Wärme durch das Gewebe verteilt, sodass auch die Mitte dieses runden Vogels eine bestimmte Temperatur erreicht, ist proportional zum Quadrat des Bratenradius. Wenn wir annehmen, dass dieser runde Braten dieselbe Masse (M) hat wie der wirkliche Truthahn, können wir den Radius nach einer wohlbekannten Formel berechnen, da ja die Masse M einer Kugel proportional zur dritten Potenz des Radius ist. Auf diese Weise berechnen wir, dass die Bratzeit proportional ist zur Kubikwurzel aus dem Quadrat von M. Bei einem von der Kugelform abweichenden Braten ist glücklicherweise die einfache Vorschrift «pro Pfund 20 Minuten plus 20 Minuten, wenn der Braten klein ist, oder 15 Minuten pro Pfund plus 15 Minuten, wenn er groß ist» eine gute Annäherung. Wenn der Vogel gefüllt wird, braucht man keine höhere Mathematik für die Überlegung, dass man die Füllung am besten in den Hals stopft. Dort wird es nämlich heißer als in der Mitte, wo die Füllung möglicherweise nicht gar wird.

Die Beilagen dagegen regen wieder zum Nachdenken darüber an, wie die Molekularstruktur aufs Kochen reagiert. Kartoffeln enthalten Stärkekörnchen – Kohlehydrate, die aus langen Ketten von Zuckermolekülen bestehen –, die quellen, weich werden, und sich bei Erhitzung auf 58 bis 66°C gelartig verändern. Bei dieser Temperatur saugt die Stärke Wasser auf, sodass die Körner viel größer werden als im Rohzustand. Eine perfekt gekochte Kartoffel ist voll solcher gequollener weicher Körnchen.

Der Teig für die zu Chanukka servierten *Latkes* besteht aus geriebenen Kartoffeln, die mit Ei, Mehl und Salz gemischt und in einer gut gefetteten Pfanne gebraten werden. Bei den Chanukka-*Latkes* kommt dem Öl als Bratfett symbolische Bedeutung zu (das Bratöl erinnert an die Ölflamme, die wunderbarerweise acht Tage und Nächte lang brannte, als Judas Makkabäus den Tempel weihte, der von dem syrischen Tyrannen Antiochus entweiht worden war), aber es spielt auch sonst viele wichtige Rollen. Es stellt sicher, dass das Gemisch mit der Wärmequelle überall in Kontakt kommt, es verhindert das Anbrennen, und als Träger von Aromastoffen gibt es dem Bratgut beim Anbräunen zusätzlichen Geschmack. Beim Bräunen reagieren unter anderem Kohlehydrateinheiten der Kartoffelstärke mit den stickstoffhaltigen Aminogruppen einer Aminosäure, die frei sein oder auch zu einem nahegelegenen Eiweißmolekül gehören kann. So entsteht eine instabile Zwischenstruktur, die dann weitere Veränderungen durchmacht. Zwei der vielen Ergebnisse dieser sogenannten Maillard-Reaktion sind die Braunfärbung und der intensive Geschmack. Die Kunst besteht darin, die Oberflächen zu bräunen und gleichzeitig das Innere gar werden zu lassen, was nicht so einfach ist, weil das feuchte Innere größtenteils Wasser ist und niemals über den Siedepunkt hinauskommt. Deshalb empfiehlt es sich, die rohen Kartoffeln zu reiben, damit die Unterschiede zwischen den Garzeiten des Inneren und des Äußeren nicht allzu groß sind.

Auch Röstkartoffeln stellen eine Herausforderung dar. Entweder sind sie eine Enttäuschung, weil sie lapprig und hell auf den Teller kommen, oder sie sehen knusprig aus, sind aber innen hart. Auch sie müssen sowohl gegart als auch gebräunt werden; bei zu hoher Temperatur wird die Oberfläche braun, bevor das Innere gar ist, und bei zu niedriger Temperatur wird das Innere gar, ohne dass Bräunungsreaktionen das Äußere appetitlich machen und den Geschmack verbessern. Das Problem lässt sich durch einen zweistufigen Vorgang lösen. Zunächst sollten die Kartoffeln einige Minuten gekocht werden, sodass ihre Oberfläche schon gelartig ist, und dann erst sollten sie mit Fett in die Bratpfanne gegeben werden. Beim Rösten verhindert die gelartige Fläche, dass die Stärkekörner unter der Oberfläche zu viel Öl aufsaugen. Die Stärke auf der Oberfläche, die selbst etwa 160° C heiß werden kann, degradiert und oxydiert und führt zu der typischen knusprig braunen Hülle.

Grüne Gemüsebeilagen müssen ganz anders gekocht werden als stärkehaltige wie Kartoffeln und Kürbis. Die Zellwände nehmen Wasser auf, quellen und werden dadurch zart. Wenn Erbsen und Bohnen kurz mit kochendem Wasser in Berührung kommen, zeigen sie ein helles Grün, was daher rührt, dass Gase entweichen, die zwischen den Zellen gelöst werden. Dadurch ändert sich die Lichtabsorption, und das Pigment (Chlorophyll) wird sichtbar, mit dem Pflanzen das Sonnenlicht nutzen. Beim Chlorophyllmolekül absorbiert ein Magnesiumatom im Inneren sowohl das violette als auch das rote Licht, und deswegen erscheint das reflektierte Licht grün. Wenn das Gemüse jedoch länger gekocht wird, wird dieses Magnesiumatom durch geladene Wasserstoffatome (Protonen) ersetzt, die das Chlorophyll zu dem fahlen Grün verblassen lassen, das wir alle von zerkochtem Rosenkohl her kennen.

Rosenkohl wurde, so nimmt man an, etwa seit dem fünften Jahrhundert in Nordeuropa angebaut, aber erst 1587 erwähnt. Rosenkohl, eine der traditionellen Weihnachtsbeilagen, wird besonders von Kindern oft heftig abgelehnt. Auch zur Einsicht in dieses Paradox kann die Wissenschaft Wesentliches beitragen: Der etwas bittere, schwefelartige Geschmack wirkt als chemische Keule, die unerwünschte Insekten abhält. Menschen sind bei diesem Gefecht nicht betroffen (obwohl es unangenehme Nebenwirkungen gibt, wenn Darmbakterien den Schwefel in überriechenden Schwefelwasserstoff umwandeln). Rosenkohl und andere Kohlarten gehören zu den nährstoffreichsten Blattgemüsearten, da sie reich an Mineralien, Ballaststoffen, Eiweiß, Karotin und Vitamin C sind. Wie viele andere Früchte und Gemüse enthalten sie außerdem eine Reihe von Stoffen, die vor vielen Krebsarten, darunter Brust-, Darm- und Lungenkrebs, schützen sollen, indem sie den Schaden an der DNA in den Zellen verringern.

Rosenkohl ist auch reich an Glukosinolaten, insbesondere Sinigrin. Ian Johnson vom Institut für Nahrungsforschung in Norwich hat herausgefunden, dass Sinigrin, zumindest unter Laborbedingungen, die Entwicklung beschädigter Zellen unterdrückt, die sich zu Tumoren auswachsen könnten. Die schützende Wirkung des Sinigrin beruht anscheinend auf einem flüchtigen schwefelhaltigen Zerfallsprodukt, das Allyl-Isothiozyanat heißt und die Hauptursache für den Geruch und Geschmack von Rosenkohl ist.

Sinigrin und ähnliche Bestandteile der Pflanzen sind natürliche Pestizide, die Feinde wie Kaninchen und Schnecken abschrecken. Wie kommt es, dass wir Menschen sie nicht nur ungestraft essen können, sondern – wenn wir vom Schwefelwasserstoff absehen – sogar davon profitieren? Möglicherweise liegt die Antwort in unserer evolutionären Vergangenheit. Dank unserer langen Geschichte als Allesfresser, die sehr viele Früchte und Gemüsearten verzehrt haben, sind wir heute an die Aufnahme von Pflanzengiften biologisch offenbar so gut angepasst, dass unsere Gesundheit sogar leidet, wenn wir nicht unablässig mit den chemischen Waffen der Pflanzen versorgt werden. Kinder haben die Abneigung gegen solche Gemüsearten möglicherweise von unseren steinzeitlichen Vorfahren übernommen. Unser Körper – und unser Appetit – ist das direkte Ergebnis eines endlosen Überlebenskampfes, der sich jahrmillionenlang zwischen unseren Vorfahren und den Parasiten, Raubtieren und Krankheitserregern abspielte und bei dem nur die Angepasstesten überlebten. Aus physiologischer Sicht gehören unsere Nahrungsinstinkte immer noch in die Steinzeit, in der sich die Jäger und Sammler besonders im Hinblick auf den Fett- und Salzgehalt ganz anders ernährten als wir heute.

Aus Darwin'scher Sicht könnte sich unsere Abneigung gegen Bitteres entwickelt haben, damit wir giftige Pflanzen meiden, da viele bittere Naturprodukte – beispielsweise Alkaloide wie Strychnin – giftig sind. Die Fähigkeit, sie an ihrem Geschmack zu erkennen, war einmal überlebenswichtig. Wir können uns aber natürlich an den bitteren Geschmack gewöhnen, und das manchmal mit gutem Grund. Die Bitterstoffe im Quinin eines Gin Tonic regen die Speichelproduktion an und machen solche Aperitifs zur idealen Einleitung einer festlichen Mahlzeit.

In früher Kindheit mögen wir also alle Bitteres und damit auch Gemüsesorten wie etwa Kohl nicht. George Williams von der State-Universität von New York, einer der Pioniere der sogenannten Darwin'schen Medizin, hat behauptet, die Nahrungsinstinkte von Kindern gingen dahin, die fadesten und ungewürztesten Nahrungsmittel zu suchen und starke Aromen abzulehnen, da diese gewöhnlich eher giftig seien. In diesem kritischen Stadium ihrer Entwicklung sind Kinder also besser als Erwachsene in der Lage, Toxine zu meiden. Kinder haben auch eine Vorliebe für Süßes, was, wie Dave Mela vom Institut für Nahrungsforschung in Reading, England, schreibt, zeigt, dass sie auf Giftabwehr eingestellt sind, und zugleich sicherstellt, dass sie Muttermilch lieben. Außerdem sagt einem eine Vorliebe für Süßes, wann eine Frucht reif ist.

Ein anderer Grund, warum Kinder gewisse Gemüsesorten instinktiv vermeiden, ist ihr Nährwert. Gemüse ist zwar vitamin-, aber nicht besonders energiehaltig, erklärt Mela, und Kalorien waren für unsere Ahnen vor Jahrtausenden von entscheidender Bedeutung, als sie in Ermangelung vierrädriger Fortbewegungsmittel darauf angewiesen waren, nach Nahrung zu jagen und Raubtiere abzuwehren. Aber die kindliche Abneigung gegen Gemüse hat ernste Folgen. Ein Bericht der englischen Cancer Research Campaign behauptete vor kurzem, das Weihnachtsessen sei heutzutage für viele englische Kinder die einzige Mahlzeit, bei der sie ausreichend Gemüse essen. «Von den etwa 300 000 Krebserkrankungen, die jährlich beobachtet werden, lassen sich etwa ein Drittel auf die Ernährung zurückführen und sind möglicherweise vermeidbar. Eltern geben sich schon seit Generationen

Mühe, Kinder zum Gemüseessen zu bewegen – oft mit wenig Erfolg. Es ist noch viel zu tun, damit Kinder mehr Gemüse essen.»

Die Sache ist noch komplizierter. Für einige Menschen schmecken Rosenkohl, Campari oder Ähnliches noch bitterer als für andere. Das hat vielleicht keine Auswirkungen auf das, was sie als Erwachsene mögen, da wir fast alle lernen, Bitterstoffe, wie sie in Kaffee, Tee und Bier enthalten sind, zu mögen. Als Kinder jedoch hatten diese sogenannten «Superschmecker» vielleicht eine Abneigung gegen alle bitteren Gemüsesorten, nicht nur gegen Rosenkohl. Eine Pionierin auf dem Gebiet von Superschmeckerstudien, Linda Bartoshuk von der Medizinischen Fakultät der Yale-Universität, meint, ein Viertel aller Weißen seien Superschmecker, der Rest schmecke gar nichts oder sei «Mittelschmecker». Jede Gruppe lebt in einer anderen «Geschmackswelt», sodass süßes Marzipan z.B. den Superschmeckern besonders süß schmeckt, wie sie auch den Geschmack von Kaffee und anderen Bitterstoffen sehr ausgeprägt finden. Das Brennen einer Peperonischote kann für Superschmecker doppelt so stark sein wie für Nichtschmecker (die gewisse Substanzen wenig oder gar nicht schmecken).

Superschmecker sind zumeist Frauen und oft daran zu erkennen, dass sie die Substanz 6-n-Propylthiouracil wegen ihres bitteren Geschmacks strikt ablehnen. Sie sind auch bei einer Untersuchung der kleinen Erhöhungen auf der Zunge zu erkennen, die die Geschmacksknospen enthalten. «Wir erkennen sie, wenn sie die Zunge herausstrecken», sagt Laurie Lucchina, eine der Mitarbeiterinnen in Yale. Superschmecker können in einem Kreis von 6 mm Durchmesser bis zu dreißig Erhöhungen haben, während Nichtschmecker in demselben Bereich vielleicht nur zehn aufweisen, die zudem gewöhnlich viel größer sind.

Das Phänomen ist genetisch bedingt. Aufgrund der Regeln für die Vererbung der Superschmecker-Veranlagung ist ein Viertel der Kinder zweier Mittelschmecker Nichtschmecker, ein Viertel

Superschmecker und die Hälfte Mittelschmecker. Meistens wissen mittelschmeckende Eltern einer großen Familie vermutlich nicht, dass dies der Grund ist, weshalb nur einige ihrer Nachkommen eine so starke Abneigung gegen Rosenkohl haben. Dieses Merkmal gibt dann Anlass zur Sorge, wenn es um die Krebsvorbeugung geht. Wie Adam Drewnowski von der Universität Michigan erklärte, vermeiden «Superschmecker, also Menschen mit einer ererbten Empfindlichkeit für bitteren Geschmack, alle Krebsvorbeugungsmittel, die in bitteren und herben Gemüsen und Früchten zu finden sind. Kinder, die Superschmecker sind, mögen weder Brokkoli noch Rosenkohl, da kann man machen, was man will.»

Diese Abneigung fand ihren wohl berühmtesten Ausdruck, als George Bush, der ehemalige Präsident der USA und wahrscheinlich ein Superschmecker, einmal im Weißen Haus offenbarte: «Ich mag keinen Brokkoli und ich habe ihn noch nie gemocht, seit ich ein Kind war und meine Mutter mich zwang, ihn zu essen. Ich bin der Präsident der Vereinigten Staaten von Amerika, und ich werde keinen Brokkoli essen.»

«Viele antioxydative Verbindungen, die für die Krebsvorbeugung so wichtig sind, schmecken entweder bitter, oder sie kommen in bitterschmeckenden Gemüsen und Früchten vor», sagt Adam Drewnowski. So lehnten Superschmecker beispielsweise Naringin ab, den wichtigsten Bitterstoff im Grapefruitsaft, ein Antioxydant, das inzwischen auf seine krebshemmende Wirkung untersucht wird. Dieser Konflikt zwischen den gesundheitlichen Vorteilen bitterer Stoffe und ihrem unangenehmen Geschmack stellt für Hersteller und Gentechniker ein Dilemma dar. Wenn man Rosenkohl mit wenig Sinigrin züchtet, um die beliebte, mildere Art zu erzeugen, riskiert man eine Reduzierung der gesundheitlichen Vorteile und macht die Pflanzen selbst vielleicht auch krankheitsanfälliger.

Eine beliebte Beilage zu Festtagsbraten ist Preiselbeersoße. Wenn Sie das nächste Mal etwas von diesem roten Gelee auf Ihren Teller löffeln, sollten Sie einen Gedanken darauf verwenden, wie diese Frucht der Wissenschaft half, eine ungeheuer große und relativ unerforschte neue Welt zu erschließen, die von Insekten, Mikroorganismen und anderen Krabbeltieren wimmelt. Die Blätter von Zweigen, die man eines Herbstes in einer Preiselbeerplantage in Massachusetts pflückte, enthüllten mit Hilfe eines relativ neuen Verfahrens die dreidimensionale Landschaft der Blattoberflächen und zeigten bisher verborgene Pflanzenhabitate, die von einigen der kleinsten bekannten Lebewesen bevölkert werden.

Bis vor kurzem waren alle Versuche, die mikroskopischen Blätterwelten mit Elektronenmikroskopen zu erforschen, gescheitert, aber 1996 gelang es Wendy Mechaber und ihren Kollegen an der Tufts-Universität in Boston, mit Hilfe des Verfahrens der atomaren Atomkraftmikroskopie (AFM) Einblick in diese Welt zu gewinnen. Dabei tastet eine Silizium-Nitrid-Spitze die Oberfläche des Blattes ab, ähnlich so, wie die Nadel eines Plattenspielers die Oberfläche einer Schallplatte berührt (wobei die Spitze viel schärfer und die Antriebskraft viel kleiner ist, nämlich nur etwa ein Millionstel der eines Plattenspielers beträgt). Auf diese Weise können einzelne Atome aufgespürt werden, ohne die Blattoberfläche zu beschädigen. Mechaber konnte die Oberfläche von Blättern junger und alter Preiselbeerpflanzen vergleichen und Konturintervalle von nur 600 Tausendstel eines Millionstel Meters und ein Puzzle von Zellen aufdecken. Ähnlich wie Berge werden sie im Lauf der Zeit niedriger, denn die wachsartige Oberfläche eines alten Blatts wird abgetragen und bildet ausgefranste Spitzen, die Höhen von 4,3 Millionstel eines Meters erreichen.

Diese Beobachtungen sind hilfreich, wenn man Wechselwirkungen zwischen Insekten, Mikroorganismen und Pflanzen erklären will. In diesen mikroskopischen Welten spielen sich Überlebenskämpfe ab, die jeden Gladiator beschämen würden. Das Fest geht auch nach Beendigung des Weihnachtsessens für eine Heerschar – meist zum Sterben verdammter – winziger Geschöpfe weiter, die in den glänzenden Blättern und roten Beeren der Stechpalme herumwuseln. Die Ilex-Minierfliege (*Phytomyza ilicis*) beispielsweise ist das Insekt, das die kleinen braunen Flecken verursacht, die sich auf so vielen Blättern des Ilex finden. Wie hätte sich Dickens, wenn er noch lebte, wohl von der Ilex-Minierfliege und ihrem bemerkenswerten Kampf inspirieren lassen …

Anfang der achtziger Jahre erforschten John Lawton, jetzt Direktor des Centre of Population Biology in Silwood Park, England, und Phil Heads, der Leiter des Zentrums, an der York-Universität die Ilex-Minierfliege und fanden, dass die Larven in ihren ersten Lebensmomenten am stärksten bedroht sind, denn bis zu 40 Prozent starben bald nach dem Schlüpfen an unbekannten Ursachen. Über 20 Prozent von ihnen werden Opfer der parasitären Wespe *Chrysocharis gemma*. Man schätzt, dass etwa 25 Prozent der Larven, gewöhnlich die größeren, von Vögeln gefressen werden. Selbst für die Überlebenden sind die Aussichten, dass sie sich im nächsten Frühling verpuppen, schlecht, denn oft legt *Chrysocharis gemma* ihre Eier auf dem Kokon der Ilex-Minierfliege ab.

Wenn die wenigen erwachsenen Ilex-Minierfliegen den Baum verlassen, lässt sich ihr Schicksal nicht weiterverfolgen, aber höchstwahrscheinlich fallen noch viele von ihnen anderen Insekten und Vögeln zum Opfer. Die winzigen Geschöpfe, die immer noch in Silwood von Sabine Eber und Hugh Smith untersucht werden, haben eine Überlebensrate von etwa 1 Prozent. Trotzdem leben genug von ihnen weiter und erzeugen auf drei Vierteln der Blätter der Ilex-Sträucher, die in einem großen Teil der nördlichen Halbkugel heimisch sind, neue Minierfliegen. Sie finden sich auch in den Ilex-Zweigen, mit denen in England der Plumpudding garniert wird.

Ein Plumpudding ist ein königlicher Nachtisch. König Georg I., der Hannoveraner auf Englands Thron, manchmal auch «Puddingkönig» genannt, machte sich am 25. Dezember 1614 um 6 Uhr abends anlässlich seines ersten Weihnachtsfestes in England an seinen Verzehr. Das Rezept ist erhalten: 2 $\frac{1}{4}$ kg feingehacktes Nierenfett, $\frac{1}{2}$ kg Eier, $\frac{1}{2}$ kg Trockenpflaumen, entsteint und halbiert, Orangen- und Zitronenschalen in lange Streifen geschnitten, kleine Rosinen, Korinthen, Sultaninen, gesiebtes Mehl, Zucker, braune Brotkrumen, 1 Teelöffel Gewürzmischung, eine halbe geriebene Muskatnuss, 2 Teelöffel Salz, ein halber Liter «neue Milch», der Saft einer halben Zitrone, «ein sehr großes Weinglas Weinbrand».

Diese im Wasserbad gekochte Mischung aus getrockneten Früchten, Eiern, Mehl, Fett und so weiter steht auch in Dickens' *Weihnachtslied* an prominenter Stelle: «Der Pudding war aus dem Kessel genommen. Ein Geruch, wie an einem Waschtag! Das war die Serviette. Ein Geruch wie in einem Speisehaus, mit einem Pastetenbäcker auf der einen und einer Wäscherin auf der andern Seite! Das war der Pudding. Nach einer halben Minute trat Mrs. Cratchit herein, aufgeregt, aber stolz lächelnd und vor sich den Pudding haltend, hart und fest wie eine gefleckte Kanonenkugel, in einem Viertelquart Rum flammend und in der Mitte mit der festlichen Stechpalme geschmückt.»

Der englische Weihnachtspudding hat seinen Ursprung in einem Brei, der aus enthülstem Getreide und Gewürzen in Milch gekocht wurde und gelegentlich als Fastenessen am Heiligen Abend oder auch als Beilage zu Fleischgerichten serviert wurde. Im Lauf der Jahre wurde der Brei mit Eiern, Muskat und Trockenpflaumen angereichert – und oft sogar mit Fleisch. Manche behaupten, die Entwicklung dieser Speise habe sich mit der einer großen Kochwurst, einem Ahnen der schottischen Haggis, vermischt. Irgendwann verlor sich die Wurst oder ging in dem

Pudding auf, der dann eine festere Konsistenz erhielt und in einem dünnen Tuch wie in einem Wurstdarm gekocht wurde. Das Ergebnis war ein Pudding, wie ihn Mrs. Cratchit enthüllte: mit Alkohol oder Brandybutter übergossen und mit Immergrün verziert. Der flammend servierte Pudding enthält manchmal Münzen, die – so wird behauptet – an die Saturnalien erinnern, bei denen es üblich war, Lose zu ziehen. Die begeistertsten Verzehrer von Plumpudding sind heutzutage vermutlich die Wissenschaftler, die an der British Antarctics Survey beteiligt sind und Weihnachten oft 1900 Kilometer vom nächsten Basislager entfernt verbringen müssen.

Früher erhielten sie ein «Weihnachtspaket» mit dem vermutlich weitgereistesten Weihnachtspudding der Welt. Dessen Reise begann mit einer Lastwagenfahrt zum Hafen von Grimsby, von wo die Pakete mit einem Forschungsschiff via Falklandinseln, wo sie Ende Oktober ankamen, Anfang April in die Antarktis gelangten. Dort wurden sie von einem Kahn an Land gebracht und mit einem Schlitten ins Basislager Rothera befördert; diese Strecke konnte, je nach den Packeisbedingungen, bis zu 480 Kilometer lang sein (das hing davon ab, wo das Schiff ankern konnte). Mehr als achtzehn Monate später, 16 000 km von ihrem Herstellungsort entfernt, wurden die Puddinge schließlich verzehrt. Das Ritual hatte eine solche Bedeutung, dass in den sechziger Jahren eine hohe Erhebung in der Antarktis in der Nähe des Basislagers Halley Weihnachtspakethügel getauft wurde, nachdem eine Gruppe von Wissenschaftlern dort Weihnachten gefeiert hatte. Heute werden keine Weihnachtspakete mehr in die Antarktis geschickt, und der Pudding ist Teil der üblichen Versorgungspakete, die im Herbst von Grimsby abgeschickt und das ganze Jahr über verzehrt werden. Trotzdem sind sie am Weihnachtstag weiterhin für all die Wissenschaftler ein Genuss, die sich während ihrer Feldstudien in ihre Zelte «vergraben» müssen, und auch für die, die in den eisigen englischen Basislagern Rothera, Halley, Bird Island und Signy ausharren.

Ein guter Pudding braucht eine lange Vorbereitungszeit. Wenn der Teig ein oder zwei Jahre lang reifen kann, laufen langsame chemische Vorgänge ab, die Ähnlichkeit mit denen in einer Weinflasche im Keller haben. Dann muss der Pudding gekocht werden. Wie das Braten von Fleisch ist auch die Thermodynamik, die sich beim Kochen eines Weihnachtspuddings abspielt, von Physikern untersucht worden. Glenn Cox, Dozent an der Universität Birmingham, wunderte sich, dass Kochbücher sich eher auf Faustregeln statt auf wissenschaftliche Erkenntnisse verlassen, wenn sie Kochzeiten und Temperaturen angeben. Er stellte deshalb eine Gleichung auf, die die Zeit angibt, die nötig ist, damit in der Mitte eines Weihnachtspuddings eine bestimmte Temperatur erreicht wird. Wie beim Bestimmen der Bratzeit wurden zunächst eine Reihe vereinfachender Annahmen gemacht, damit das mathematische Rezept anwendbar war: Der Pudding sollte Kugelform haben und homogen sein (Rosinen und Geldstücke blieben also unberücksichtigt). Cox berücksichtigte auch nicht den Einfluss wärmeabhängiger chemischer Reaktionen auf die Art des Kochens. Die schwierigste Aufgabe bestand darin, das «thermische Diffusionsvermögen» des Puddings zu bestimmen, den Faktor also, der bestimmt, wie gut der Pudding Wärme speichern und leiten kann. Cox verwandte dazu eine «annähernde Schätzung», die auf einem Vergleich mit Stoffen wie Salz, Sand, Bienenwachs, Holzkohle, Wasser und Alkohol beruhte.

Bei der Erstellung seiner Puddinggleichung nahm Cox komplizierte thermodynamische und mathematische Gleichungen wie die sphärischen Besselfunktionen und Fourierreihen zu Hilfe. Im Wesentlichen jedoch beschreibt seine Gleichung schlicht die Temperaturverteilung in einer Kugel, deren Oberfläche eine konstante Temperatur hat. Die Gleichung wurde ähnlich entwickelt wie die für die Bratzeit der Pute und ergab, dass die Kochzeit proportional zum Quadrat des Puddingradius oder zur Kubikwurzel aus dem Quadrat des Volumens sein sollte. Leider stimmen Kochbücher gewöhnlich mit dieser Vorhersage nicht überein, denn, wie Cox fand, geben viele Bücher für einen 1-Liter-Pudding und einen 2-Liter-Pudding dieselbe Kochzeit an, während seine einfache Analyse der Pudding-Thermodynamik besagt, dass ein Plumpudding mit 2 Liter Inhalt näherungsweise 1,6-mal länger kochen sollte als einer mit dem halben Volumen. «Entscheidend ist die Kochzeit», sagt er. Trotzdem gibt Cox bereitwillig zu, dass auch ein richtig gekochter Pudding grauenvoll schmecken kann.

Ein nicht geglückter Pudding wird üblicherweise mit Sauce überschwemmt – und damit sind wir bei einem weiteren Aspekt der Wissenschaft der Weihnachtszeit. Saucen sind wegen ihrer komplizierten chemischen Strukturen von großem Interesse für Oberflächenwissenschaftler. Sahne und Saucen verdanken ihre Eigenschaften einzigartigen Anordnungen von Molekülen zu Strukturen, die bis zu 50 Millionstel Meter messen. Diese Saucen sind Kolloide. Kolloide sind für die Nahrungsindustrie wichtig, da sie Geschmack und Beschaffenheit der Nahrungsmittel und auch ihre Haltbarkeit beeinflussen. Eine Emulsion ist ein Kolloid, das aus zwei Flüssigkeiten besteht, wobei die eine (gewöhnlich Öl oder Fett) in Tröpfchenform in der anderen (gewöhnlich Wasser) emulgiert ist. Das Musterbeispiel eines kolloiden Systems ist Sahneeis, das aus festen Fettteilchen, Eiskristallen und winzigen Luftblasen besteht, also feste, flüssige und gasförmige Stoffe enthält.

Sahne besteht aus Tröpfchen von Milchfett, die mit einem Protein (Kasein) bedeckt und in einer wässrigen Lösung von Molke-Proteinen verteilt sind. Der Fettgehalt der Sahne wird durch die Konzentration der Fetttröpfchen bestimmt, wobei Schlagsahne stärker konzentriert ist als Kaffeesahne. Die Struktur von Brandy-Butter hat Ähnlichkeit mit der von Sahne, bei ihr aber sind umgekehrt Wassertropfen im Fett verteilt. Margaret Robins und Mary Parker am Institut für Nahrungsforschung im englischen Norwich haben ein Experiment durchgeführt, wonach sich der Weinbrand nur dann in die in der Butter verteilten Wassertropfen einbringen lässt, wenn Zucker hinzugefügt wird. Auf noch ungeklärte Weise hilft der Zucker dem Weinbrand, die umgebende Fettschicht zu durchdringen.

Die Struktur der Brandy-Sauce ist komplizierter. Ähnlich wie bei Sahne könnte man sagen, dass in ihr Stoffe in einer wässrigen Lösung verteilt sind. Aber ihre dicke Konsistenz verdankt sie Polymeren, langen Ketten von Zuckermolekülen, die in Mehlkörnchen zusammengepackt sind. Die Stärkepolymere kommen in zwei Formen vor: Eine Art, die Amylose, besteht aus Ketten, die andere, das Amylopektin, dagegen aus verzweigten Molekülen. Beide Arten haften innerhalb der Mehlkörnchen mittels Wasserstoffbindungen aneinander. Wenn die Mehlkörnchen aber mit heißem Wasser vermischt werden, haben die Wassermoleküle genug Energie, um die Körnchen zu durchdringen, sodass ihre Molekularstruktur auseinanderfällt. Dadurch gelangen diese Polymere in die wässrige Lösung von Milcheiweiß, Zucker, Weinbrand und anderen Komponenten, die zur Sauce gehören. Die Stärkemoleküle verbinden sich mit den Wassermolekülen, was als Sol (kolloide Lösung) bezeichnet wird und das ist, was die Sauce andicken lässt. Durch Kochen, starkes Rühren oder langzeitiges Erhitzen verdünnt sich diese Sauce, da sich die Stärkekörnchen mit der Zeit auflösen und eine Brühe mit fein verteilten Stärketeilchen übrig bleibt.

Traditionsgemäß spielt bei der natürlichen Ordnung der Dinge in der Weihnachtszeit auch der Zufall mit; dieser Gedanke ist vermutlich sogar noch älter als die Saturnalien, bei denen ein Priester, ein König oder ein Opfer durch das Los bestimmt wurde. Er entwickelte sich zu der Vorstellung, dass der zum Führer bestimmt ist, der in einem Kuchen oder Pudding ein kleines verborgenes Objekt findet. Ein Beispiel dafür ist der Bohnenkönig, der am Dreikönigstag in England, Holland, Frankreich und anderswo als derjenige bestimmt wird, der die Bohne findet, die im Kuchen versteckt ist. In Dänemark wurde eine einzige Mandel in den Reispudding gesteckt, der am Weihnachtsabend verzehrt wird. Bis heute ist es in England üblich, eine Münze (früher war es ein Sixpence) im Weihnachtspudding zu verstecken.

Dieser Brauch brachte mich an Weihnachten einmal auf den Gedanken, die Münze mit modernen Mitteln aufzuspüren. Laurence Hall von der Fakultät für Klinische Medizin der Universität Cambridge leitet eine Gruppe, die sich mit Magnetresonanz-Bildgebung (MRI) beschäftigt, einem nichtinvasiven Verfahren, das es ermöglicht, Bilder der Organe und der Biochemie lebender Patienten zu gewinnen, und es auf Nahrung anwendet. MRI-Scanner sind mittlerweile unschätzbare Hilfsmittel; gewöhnlich dienen sie dazu, die Verteilung und das Verhalten von Protonen, also subatomaren Teilchen, im Körper zu bestimmen. In Cambridge schauten die Forscher mit ihrer Hilfe unter Orangenschalen, Wurstpellen und Tortendekorationen, um die Beschaffenheit und Zusammensetzung der Nahrungsmittel quantitativ zu erfassen und herauszufinden, wie sie altern und wie sie auf Kochprozesse und auf die Art der Lagerung reagieren.

Das entscheidende Merkmal der Magnetresonanz-Bildgebung ist, dass sie nicht nur einen Querschnitt durch die Nahrung liefert, sondern es auch ermöglicht, die Wanderung von Fett und Wasser zu verfolgen. Sie zeigt, welcher Schaden durch Gefrieren bewirkt wird, und sie ermöglicht es sogar, die Temperaturverteilung innerhalb einer Speise zu beobachten, während sie im Mikrowellenherd gart. Der Scanner kann kleine Veränderungen aufspüren, sogar Teilchen, die einen Durchmesser von nur einem zehntel Millimeter haben, und er kann zeigen, ob ein Pizzaboden durchweicht ist, weil der Belag zu viel Wasser oder Fett enthält.

Die Bewegungen von Wasser und Fett spielen bei Nahrungsmitteln wie Schokoladenkeksen eine ebenso bedeutsame Rolle wie bei der Reaktion von Frühstücksflocken auf Milch. Magnetresonanz kann bei Äpfeln, Bananen und Orangen Druckstellen sichtbar machen und helfen, Transportverfahren zu entwickeln, die den Schaden reduzieren. Aufstrebende Führungskräfte werden sich freuen zu hören, dass dieses Verfahren auch den in einen Kuchen einge-backenen Sixpence aufspüren kann.

Weihnachten ist auch eine Zeit, in der Schokolade gegessen wird – und zwar viel. Der Verbrauch hat enorm zugenommen, seit die Firma Fry and Sons 1847 in Bristol die erste «Essschokolade» nach England einführte. Zu unserem Schokoladenhunger ist schon viel gesagt worden, und er wurde so unterschiedlichen Ursachen wie Depressionen, dem Menstruationszyklus, der Sinnesbefriedigung oder einigen der über 300 chemischen Stoffe zugeschrieben, die in der Schokolade enthalten sind. Die sinnlichen Eigenschaften der Schokolade beruhen auf ihrem Fettgehalt. Kakaobutter kann in einem halben Dutzend unterschiedlicher Arten fest werden, von denen jede eine andere Auswirkung auf das «Mundgefühl» und den Geschmack hat. In den besten Schokoladensorten über-wiegt Art V, die die Schokolade im Mund schmelzen lässt und dafür sorgt, dass sie sich besonders glatt und weich anfühlt. An-ders als andere essbare Fette, die gewöhnlich Öle sind, ist Kakao-butter reich an gesättigten Fettsäuren, sodass sie unter normalen Bedingungen fest ist und einen engen Schmelzbereich bei $34°C$ hat, also ein wenig unter Körpertemperatur. Wenn Schokolade schmilzt, absorbiert sie Wärme, und das führt auf der Zunge zu einem Gefühl von Kühle.

Schokolade enthält Koffein und damit verwandte Verbindun-gen, ist deshalb wie Tee oder Kaffee ein Aufputschmittel, und auch deshalb ist sie uns lieb. Je 100 Gramm enthalten 5 Mil-ligramm Methylxanthin und 160 Milligramm Theobromin (es ist nach dem Kakaobaum *Theobroma cacoa*, «Götterspeise», benannt). Beides sind koffeinähnliche Stoffe. Ursprünglich wurde die Frucht des Kakaobaums zu einem anregenden Getränk verarbeitet. Der Name Schokolade leitet sich von dem aztekischen Wort *xocalatl* her, das «bitteres Wasser» bedeutet; im siebzehnten Jahrhundert schrieb ein peruanischer Arzt, Kakao sei «gut für Wachsoldaten». Es wurde übrigens auch behauptet, Kakao sei das Lieblingsgetränk Casanovas gewesen und habe ihm dann eine Energiespritze gegeben, wenn er sie brauchte. Medizinlehrbücher bemerken jedoch, dass Stimulantien wie Schokolade, wenn sie im Übermaß genossen werden, zu Übelkeit und Erbrechen führen können. Diese Wirkung lässt sich auch bei Kindern beobachten, die sich an weihnachtlichen Süßigkeiten überessen haben.

Je 100 Gramm Schokolade enthalten bis zu 660 Milligramm Phenylethylamin, ein chemischer Verwandter der Amphetamine, von denen man weiß, dass sie zu Gefühlen von Wohlbefinden und Wachheit führen, und das könnte der Grund dafür sein, dass viele Menschen nach einem aufwühlenden Erlebnis oder auch, um mit den Belastungen der Weihnachtseinkäufe fertig zu werden, Heißhunger auf Schokolade verspüren. Phenylethylamin kann Dopamin freisetzen, einen Botenstoff im Gehirn, der in der «Verstärkerstraße», die unsere Lust am Essen oder am Geschlechtsverkehr regelt, eine große Rolle spielt. Es steigert auch den Blutdruck und Pulsschlag und erhöht die Empfindungsfähigkeit und den Blutzuckerspiegel, weswegen man vermuten könnte, dass Schokoladensüchtige «Selbstheilung» betreiben, denn bei ihnen ist ein Mechanismus fehlerhaft, der den Bedarf des Körpers an Phenylethylaminen regelt. Wenn jedoch zu viel Phenylethylamine ausgeschüttet werden oder wenn der Körper unfähig ist, sie abzubauen, weil ein wichtiges Enzym (Monoamin-Oxidase) fehlt, ziehen sich die Blutgefäße im Gehirn zusammen und verursachen Migräne.

Wie eine Untersuchung von Daniele Piomelli, Emmanuelle di Tomaso und Massimiliano Beltramo vom Neurosciences Institute in San Diego gezeigt hat, enthält Schokolade Stoffe, die auf das Gehirn eine ähnliche Wirkung haben wie Cannabis. Seit 1990 weiß man, welcher Bereich des Gehirns auf solche Cannabinoide anspricht, und vor kurzem hat man im Gehirn auch Substanzen gefunden, die sich an diesen Bereich binden. Einer dieser Stoffe ist ein Fettmolekül, das nach dem Sanskrit-Wort für «Segen» Anandamid heißt. Daniele Piomelli beschäftigte sich mit besonders fettreicher Schokolade, da er vermutete, sie könne auch Lipide (Fettmoleküle) enthalten, die mit Anandamid verwandt sind. Das tut sie auch – es sind drei Stoffe aus der N-Azethylanolamin-Gruppe. Piomelli erzählte mir, er habe sich dazu entschlossen, die stimmungsverändernde Wirkung der Schokolade zu erforschen, nachdem er ihr in einem grauen Pariser Winter verfallen war. Jetzt lebt er in Kalifornien, das so sonnig ist wie seine italienische Heimat, und ist kein Schokoholiker mehr. Er sagte: «Hier begnüge ich mich mit Schokoladeneis.»

Man hat auch psychologische Theorien aufgestellt, um die Anziehungskraft von Schokolade zu erklären. David Booth, Psychologe und Ernährungswissenschaftler an der Universität Birmingham, gibt zu, dass einige der chemischen Bestandteile leichte Nebenwirkungen haben können, aber er führt unsere Leidenschaft für Schokolade auf emotionale und soziale Konditionierung in der Kindheit zurück, in der wir bei Süßigkeiten Trost fanden. Peter Rogers vom Institut für Lebensmittelforschung in Reading trägt einen weiteren psychologischen Gedanken zum weihnachtlichen Schokoladenkonsum bei: Er meint, dass wir uns vor allem deswegen mit Schokolade vollstopfen, weil wir uns gemäß der gesellschaftlichen Normen dabei zurückhalten sollten.

Vielleicht ist es gut für Ihre Figur, wenn Sie sich beim Genuss weihnachtlicher Leckereien Zurückhaltung auferlegen, aber Ihre

Entschlusskraft könnte Ihre Gesundheit untergraben. Sie könnte für Ihre geistige Gesundheit sogar schädlich sein, wie ein faszinierender Versuch von Ellen Bratslavsky und Roy Baumeister von der Case-Western-Reserve-Universität in Cleveland (Ohio) zeigte. Sie untersuchten die Selbstkontrolle einer Gruppe von Studenten, denen sie einen Teller mit Schokoladenkeksen und einen mit Radieschen hinstellten. Einigen Studenten wurde gesagt, sie sollten Radieschen essen und keine Kekse, anderen dagegen, sie sollten Kekse essen und keine Radieschen, bevor sie ein unlösbares Rätsel in Angriff nahmen. Studenten, die der Versuchung widerstanden hatten, die verbotenen Kekse zu essen, arbeiteten im Durchschnitt acht Minuten an dem Rätsel, bevor sie aufgaben. Jene jedoch, deren Selbstkontrolle nicht auf die Probe gestellt worden war, hielten zwanzig Minuten durch. Bratslavsky sagt dazu: «Wenn Menschen auf einem Gebiet Selbstkontrolle üben – etwa unter Stress –, kann sie in anderen Bereichen fehlen.»

Von allen unseren Sinnen ist der Geruchssinn wohl der geheimnisvollste. Es gibt viele Gerüche, die wir mit Weihnachten verbinden, und die Wirkung dieser Aromen ist viel subtiler, als man oft annimmt. Unter den Düften mehrerer Lebensmittel, die Neil Martin, ein Psychologe an der Middlesex-Universität in London, ausprobierte, erwies sich der von Schokolade deutlich als beruhigend für das Gehirn. Martin bat vierzig freiwillige Probanden, sich mit Schutzbrillen und Kopfhörern, um andere Stimuli auszuschalten, in einen «geruchsarmen Raum» zu setzen, während zugleich ein EEG die Gehirnwellen aufzeichnete. Die Probanden wurden zunächst den Gerüchen wirklicher Nahrungsmittel, nämlich faulendem Schweinefleisch, Schokolade, Kaffee und Bohnensuppe, ausgesetzt. Dann schnüffelten sie die synthetischen Gerüche von Mandeln, Knoblauch und Zwiebeln, Erdbeeren, Pfefferminz, Gemüse, Kümmel – und Schokolade. Nur Schokolade führte zu einer verminderten Hirntätigkeit; die Schnüffelnden entspannten sich und wurden unaufmerksam. Für Schokoladenliebhaber ist das vermutlich keine überraschende Neuigkeit.

Gerüche können uns sogar helfen, unsere Arbeit zu verrichten, wie ein Experiment zeigt, das Alison Gould, eine Kollegin von Neil Martin, durchführte. Bei einem Versuch mussten die Probanden eine anstrengende «visuelle Aufmerksamkeitsaufgabe» durchführen, wobei die Umgebung entweder geruchsfrei war oder ein Geruch Aufmerksamkeit erregte (Pfefferminz) oder entspannend war (Bergamotte). Die Ergebnisse waren am besten bei Pfefferminzduft. Eine andere Untersuchung zeigte, dass Versuchspersonen eine anspruchslose Aufgabe erfolgreicher erledigten, wenn sie von einem unangenehmen Geruch – in diesem Fall dem saurer Milch – begleitet war, während komplizierte Aufgaben besser erledigt wurden, wenn die Versuchspersonen durch einen angenehmen Geruch, etwa den eines Raumluftsprays, besänftigt wurden.

Solche Ergebnisse gehören zu den immer häufigeren Hinweisen darauf, dass die Duftfülle von Weihnachten uns möglicherweise stärker beeinflusst, als wir denken. Wir werden uns der unterschiedlichen Gerüche bewusst, da die eingeatmete Luft Duftmoleküle, von den Pyrazinen in Schokolade bis zum Cinnemaldehyd von Zimt, ans Riechepithel bringt. Dieses von einer Schleimhaut bedeckte Organ enthält empfindliche haarähnliche Fortsätze – die Sinnesrezeptoren der Geruchsnerven, die direkt in die Riech-«knospen» des Gehirns führen. Da dieses Gebiet ganz nah bei den Bereichen des Gehirns liegt, die für Emotionen und kognitives Verhalten wichtig sind, überrascht es nicht, dass der Geruchssinn eng mit Gefühlen gekoppelt ist. Ein Geruch kann Menschen in der Zeit zurückführen und eine Erinnerung auslösen – beispielsweise an ein Weihnachtsfest der Kindheit. In Marcel Prousts berühmtem Werk *À la recherche du temps perdu* weckt der Geschmack von Tee und Gebäck beim Erzähler Kindheitserinnerungen. Dieser Effekt wurde auch von Howard Ehrlichman und Jack Halpern von der City-Universität New York beobachtet, als sie Menschen danach befragten, welche Erinnerungen neutrale Worte bei ihnen weckten. Die Erinnerungen waren glücklicher, wenn die Probanden einem angenehmen Geruch ausgesetzt waren (Mandeln), als wenn sie einen unangenehmen rochen (Pyridin).

Diese enge Verknüpfung zwischen den Gerüchen von Weihnachten – ob sie von Gänsebraten, Plätzchen oder einem Lebkuchen stammen – und unseren Empfindungen wurde in Experimenten untersucht, die David Zald vom Veterans Affairs Medical Center in Minneapolis und an der Universität von Minnesota in Zusammenarbeit mit José Pardo durchführte. Zald beobachtete mit einem Gehirnscanner Frauen, während sie eine Reihe von Gerüchen wahrnahmen, die sie aus Plastiktüten inhalierten. Er hatte sich übrigens als Versuchspersonen ausschließlich Frauen ausgewählt, da sie Gerüche gewöhnlich intensiver wahrnehmen als Männer. Zu den als mäßig schlecht eingestuften Gerüchen gehörte der Geruch von Knoblauch, Benzin oder Motoröl. Der schlimmste Gestank war ein Schwefelgeruch, der an verrottendes Gemüse, faule Eier oder Jauche erinnerte. Wenn die Probanden ihn rochen, reagierte augenblicklich ein Paar mandelförmiger Komplexe tief in ihrem Gehirn. Jede Gehirnhälfte hat einen dieser Amygdala genannten Zellhaufen, die gemeinsam einen wichtigen Teil der Maschinerie des Gehirns bilden, die emotionale Reaktionen auslöst.

Wissenschaftlern ist schon lange bekannt, dass es eine anatomische Verbindung zwischen Geruchsempfinden und Gefühlen gibt, eine direkte Verbindung zwischen der Amygdala und den Bereichen des Gehirns, die die Geruchsinformationen verarbeiten. Wenn etwas schlecht riecht, kann man geradezu sehen, wie diese Verbindung benutzt wird und die Amygdala dem Rest des Gehirns mitteilt: «Das Zeug riecht ja furchtbar!» Angenehme Gerüche, wie die von Obst, Blumen, Gewürzen und vermutlich auch von

Tannennadeln und Glühwein, führen zu schwachen Reaktionen und lassen sich nur in der rechten Amygdala verfolgen. Für den Geruch ist jedoch nach Meinung von José Pardo das Umfeld sehr wichtig. Er führt beispielsweise aus, dass das Gehirn den Geruch von brennendem Holz dann, wenn ein gemütliches Kaminfeuer brennt, in der Amygdala vermutlich als «Das ist gut, fühl dich wohl» kodiert, während brennendes Holz jemanden, der in einem dunklen Theater sitzt und Rauch riecht, eher die Botschaft vermittelt: «Schrecklich, Angst, nichts wie raus!»

Eine der zwölf von Zald und Pardo untersuchten Frauen lieferte ein gutes Beispiel dafür, wie wichtig dieser Zusammenhang ist. Sie empfand den wirklich unangenehmen Geruch von Motoröl als gar nicht so übel, und der Hirnscanner zeigte, dass ihre Amygdalae zustimmten. Der Grund war, dass sie einen Sommerurlaub in Alaska in der Nähe einer Ölraffinerie verbracht hatte. «Der Ölgeruch erinnerte sie an diesen wunderschönen Sommer», sagte Pardo.

Die Beziehung zwischen Geruch und Gefühl wurde auch in einer Untersuchung von Alan Hirsch deutlich, einem Geruchsexperten der Forschungsgruppe Smell and Taste Research Foundation in Chicago. Er fand, dass geschlechtliche Erregung bei Männern stark mit Aromen von Nahrungsmitteln gekoppelt ist. Diese Entdeckung ist ziemlich verblüffend, wenn man bedenkt, dass danach Pizza und Popcorn erregender sein sollten als die besten Parfums. «Die untersuchten blumigen Parfums lösten eine mittlere Zunahme von 3 Prozent im Blutstrom des Penis aus», berichtet Hirsch. «Käsepizza führte zu einer Zunahme von 5 Prozent, gebuttertes Popcorn zu einer von 9 Prozent und eine Kombination von Lavendel und Kürbiskuchen zu einer Zunahme von 40 Prozent.» Seiner Meinung nach kann Geruch sogar bei der Gewichtsabnahme helfen: «Geruchs- und Geschmackssinn arbeiten Hand in Hand. Durch Sättigung des Geruchssinns kann man das Gehirn denken lassen, man habe gerade gegessen. Man könnte denken, dass man mehr essen würde, wenn es verführerisch riecht, aber genau das Gegenteil trifft zu.»

Das könnte nach der weihnachtlichen Völlerei gut gelegen kommen, falls auf eine Untersuchung Verlass ist, bei der mehr als 300 übergewichtige freiwillige Probanden drei Reagenzgläser zur Verfügung gestellt bekamen, die jeweils einen anderen Nahrungsduft enthielten. Es wurde ihnen gesagt, sie sollten mit jedem Nasenloch dreimal daran riechen, sobald sie Hunger verspürten, ihre gewöhnliche Nahrungsaufnahme oder ihre sportliche Betätigung aber nicht bewusst ändern. Im Durchschnitt verloren die Probanden sechs Monate lang in jedem Monat $2\frac{1}{4}$ Kilo. Zu den Düften, deren Auswirkungen auf das Gewicht erprobt wurden, gehörten Banane, Pfefferminz, Apfel, Preiselbeeren, gebackenes Brot, gegrilltes Fleisch, Vanille und Cola.

Wenn Sie Ihr Weihnachtsmahl mittags verzehren, könnte es gut sein, dass Sie danach einen Mittagsschlaf halten. In England wird genau um diese Zeit die Weihnachtsansprache der Königin gesendet, was die einschläfernde Wirkung der Mahlzeit noch erhöht. Die Müdigkeit, die wir nach einer schweren Mahlzeit spüren, wurde unter anderem von Jim Horne, dem Leiter des Schlaflabors an der Loughborough Universität erforscht: «Wir Menschen sind dazu gemacht, zweimal am Tag zu schlafen, einmal in der Nacht und noch einmal kurz am frühen Nachmittag, aber das vergessen wir in diesem Teil der Welt gewöhnlich.» Der Mittagsschlaf ist ein Überbleibsel desselben urzeitlichen Programms, das alle Tiere im Busch während der heißen Nachmittagssonne ruhen lässt. In einer heißen Umwelt wird der Wunsch stärker, und Horne bemerkt, dass viele Völker, die in der Nähe des Äquators leben, «sich mit dem Unvermeidlichen abgefunden haben, wonach die nachmittägliche Siesta (italienisch für das lateinische *Sexta hora*, ‹sechste Tagesstunde›) zum Leben gehört».

Jim Horne hat auch untersucht, welchen Einfluss Alkohol auf den Mittagsschlaf hat. «Theoretisch», sagt er, «wirkt Alkohol dann, wenn man am frühen Nachmittag müde ist, stärker. Man kann also damit rechnen, dass ein halber Liter Bier zum Mittagessen eine stärkere Wirkung hat als am Abend, wenn man wacher ist. Es hat sich bestätigt, dass die Wirkung etwa doppelt so stark ist.» Alkohol wirkt sich auf die Körperuhr aus und verstärkt die nachmittägliche Müdigkeit, sodass die Halbe Bier zum Mittagessen dieselbe Wirkung hat wie die ganze Maß am Abend. All das hat schwerwiegende Folgen. «Autofahrer sollten mittags überhaupt nicht trinken, und die legale Blutalkoholgrenze gibt hier keine Garantie für ‹sicheres› Fahren», sagt Horne. Horne empfiehlt allen, die die Ansprache der Königin genießen oder sich nach einem schweren Essen neu gestärkt fühlen möchten, einen kurzen Mittagsschlaf, der höchstens fünfzehn Minuten dauern sollte. «Sonst schläft man wirklich ein und fühlt sich beim Aufstehen wie zerschlagen und noch viel müder als vorher.» Alternativ dazu können Sie sich durch etwas Bewegung, frische Luft, kaltes Wasser ins Gesicht, oder, am besten, eine Tasse starken Kaffees auf die weiteren Weihnachtsfeierlichkeiten einstimmen.

9. KAPITEL

Der «Geist»
der Weihnacht

Gesegneten Abend, wir treten ein,
Wir hätten gern ein Gläslein Wein.
Ein Gläslein Wein ist nicht gnua,
Ein Trumm vom Zeltn ghört auch dazu.
«Klopferruf» aus Bayern

Die allererste von John Horsley entworfene Weihnachtskarte war umstritten. Es wurde kritisiert, dass sie, obwohl als Botschaft des guten Willens gemeint, zu verwerflichem Verhalten ermutigte, da sie – in einer der handkolorierten Fassungen – ein grüngekleidetes Mädchen zeigt, das einen Schluck Rotwein trinkt. Die Proteste der Antialkoholiker gegen diesen Fall von Alkoholkonsum Minderjähriger hatten jedoch wenig Wirkung, und als die Weihnachtskarten einige Jahrzehnte später weit verbreitet waren, wurden regelmäßig fröhliche Feste abgebildet. Auch ohne die Anregung durch Weihnachtskarten wurde nicht nur im neunzehnten Jahrhundert viel Alkohol bei Festen ausgeschenkt. Die Zeitschrift *The Studio* fragte 1894 sarkastisch: «Ob wir wohl bei einer Untersuchung aller Fälle von Trunkenheit in diesen Jahren auch nur einen einzigen finden könnten, der sich, wenn auch noch so entfernt, auf die Zeichnung von Mr. Horsley zurückführen ließe?»

Selbst heute wäre kaum eine Weihnachtsfeier denkbar ohne die Mikroben, die uns durch den Gärungsvorgang seit Jahrtausenden mit Alkohol versorgen. Vermutlich haben viele von Ihnen ein Lieblingsprodukt dieses mikrobiellen Abfalls. Ich bevorzuge einen trockenen Weißwein, einige meiner Freunde jedoch ein Glas kühles Bier, dem sie begierig auf den Grund zu kommen versuchen. Wie immer Sie es sonst mit Alkohol halten, mit einiger Wahrscheinlichkeit trinken Sie in der Weihnachtszeit mehr als gewöhnlich.

Die Wissenschaft kann sich jetzt ein genaues Bild der molekularen Vorgänge machen, die sich im Körper des Trinkers abspielen und die vom ersten Einatmen des delikaten Buketts eines Weins bis zur Absorption des Alkohols in den Blutstrom, der sich daraus ergebenden Störung der Chemie des Gehirns und dem letzten Stöhnen eines Katers reichen.

Whistlecrafts Verse aus dem neunzehnten Jahrhundert, die die Exzesse der weihnachtlichen Feiern beschreiben (siehe Kapitel 8), enthalten auch eine Aufzählung weihnachtlicher Getränke, die einem die Augen wässerig und den Kopf schwer machen können: «Und dann tranken sie guten Gascognewein, mit Met und Ale und selbstgebrautem Cidre, denn Porterbier, Punsch und Glühwein kannten sie nicht.» Jahrhundertelang wurden Met, Bier und Wein in riesigen Mengen während der Weihnachtszeit konsumiert. In England zum Beispiel zählten zu den beliebtesten Weihnachtsgetränken «churchale» (Kirchenbier), ein besonders starkes Bier, und «lambswool» (Lammwolle), heißes gewürztes Bier, auf dem Äpfel schwammen. Den «wassail bowl», wie dieses Getränk auch genannt wurde, teilte man miteinander, und er hat seit den Zeiten der Anglosachsen schon manchen Streit geschlichtet. Das Wort «wassail» geht auf einen altenglischen Gruß zurück («Es möge dir gut gehen»). Es lässt an weihnachtliche Fröhlichkeit denken, an das Singen von Weihnachtsliedern und daran, dass man auf die Gesundheit seines Nächsten anstößt. Der Brauch nahm verschiedene Formen an. An Silvester trugen zum Beispiel junge Frauen einen «wassail bowl» mit gewürztem Bier durch die ganze Kirchengemeinde. Sie gingen von Tür zu Tür, boten den Bewohnern eines jeden Hauses, an dem sie anklopften, einen Schluck an, sangen den folgenden Vers und erwarteten eine kleine Gabe:

> Unser Beutel ist nur klein,
> Doch dehnbar, da aus Leder.
> Voll soll er sein, tut Geld hinein
> Und füttert ihn – ein jeder.

Oder ein leerer «wassail bowl» wurde von den Sängern herumgetragen, die von den Hausbewohnern etwas zum Trinken forderten. Der «wassail bowl» kam auch innerhalb des Hauses zum Einsatz, und manchmal war statt Äpfel Toast drin. Vielleicht kommt daher der Brauch, einen «Toast» auf jemanden auszubringen, obwohl es andere Erklärungen dieser Bezeichnung gibt. Nicht nur England kennt die sogenannten Heischebräuche. Am Dreikönigstag zum Beispiel ziehen vielerorten die «Heiligen Drei Könige», heute zumeist Kinder, im Ort herum und bekommen Geschenke. Für Fasnacht gilt dasselbe, und wehe dem, der nicht gibt. In ländlichen Bereichen wird dann kräftig über ihn hergezogen.

Im Zusammenhang mit dem Alkoholkonsum gibt es viele Traditionen. Der rituelle Missbrauch des Körpers durch Alkohol ist jahrtausendealt, denn er beruht auf einem der ältesten Vorgänge der Biotechnik – der Gärung von Obst und Getreide aufgrund der Aktivität von Hefepilzen. Das Ergebnis ist eine sowohl im buchstäblichen wie im übertragenen Sinne berauschende Menge von Flüssigkeiten, die alle Alkohol (von dem arabischen Ort *al kohl*) enthalten, der auch Äthylalkohol oder, in der Fachsprache der Chemiker, Ethanol genannt wird.

So verursacht beispielsweise die Hefe auf der Schale von Weintrauben den Alkoholgehalt des Weins, indem sie den im Saft enthaltenen Zucker vergärt. Dieser biochemische Prozess brachte den prähistorischen Menschen, die ihn entdeckten, zwei Vorteile. Erstens ist Wein, wie Käse, ein leicht verdorbenes Nahrungsmittel, das weiterem Verfall widersteht, aber ungefährdet verzehrt werden kann. Zweitens ist der durch diesen Gärprozess erzeugte Alkohol ein Gift, das Lebewesen, auch Menschen, nur in geringen Mengen vertragen, das aber in geringen Mengen wohltätige Auswirkungen haben kann.

Die Wirkung von Hefe hat Wissenschaftler zu allen Zeiten fasziniert und zu mikrobiologischen und biochemischen Untersuchungen angeregt. Die ersten Mikroorganismen, die in reinen Kulturen isoliert werden konnten, waren Bier- und Weinhefen. Die griechischen Worte für «in Hefe» gaben uns das Wort «Enzym», mit dem die Proteine bezeichnet werden, mit deren Hilfe Zellen andere Moleküle umwandeln. Diese Herkunft des Wortes scheint sehr passend, denn in Griechenland war Wein schon zu den Zeiten Homers ein alltägliches Getränk.

Alkohol ist seit Jahrtausenden ein Bestandteil der Feste, die den Lauf des Jahres begleiten – Saat und Ernte, Überflutung des Nils und so weiter. Wenn uns die Weihnachtszeit eine Aufforderung zu tagelangem übermäßigem Essen und Trinken zu sein scheint, sollten wir bedenken, dass das Essen und Trinken anlässlich des «Erneuerungsfestes für einen Pharao» *(heb-sed)* sogar Monate dauern konnte. Schon die Menschen der Neusteinzeit kannten übrigens das Elend des Morgens danach. Reste einer Flüssigkeit in einem alten Tonkrug, der kürzlich in Hajji Firuz Tepe, einem neusteinzeitlichen Dorf im Zagros-Gebirge des Irans, gefunden wurde, stammten von einem Wein, der große Ähnlichkeit mit

Retsina, dem geharzten griechischen Wein, hat. Der Krug wurde mit der Radiokarbonmethode auf mindestens 5400−5000 vor Christus datiert, was bedeutet, dass Menschen schon 2000 Jahre länger Wein trinken, als man früher dachte – und mit ihm feiern. Der gelbliche Rest auf dem Boden des Krugs wurde unter Leitung von Patrick McGovern vom Museum der Universität von Pennsylvania in Philadelphia mit Hilfe von spektroskopischen Methoden untersucht, bei denen das Licht gemessen wird, das der Weinrest bei infraroten und ultravioletten Frequenzen absorbiert. Man fand in ihm Weinstein, ein Kalziumsalz der Weinsäure, die in der Natur nur in Weintrauben in großen Mengen vorkommt. Die Ablagerung enthielt auch das Harz der Terebinthe, das dem Wein in der Antike zugesetzt wurde, um das Wachstum von Bakterien zu hemmen, die Wein in Essig verwandeln, und das auch als Heilmittel bekannt war.

Da Wein früher als Medizin verabreicht und auch als Genussmittel geschätzt wurde, liefert der Fund von Hajji Firuz Einsicht in die Arzneimittel, die zu jener Zeit in Ägypten und Mesopotamien und später in Griechenland und Rom zur Verfügung standen. Auch die rötlichen Ablagerungen in einem zweiten Krug stammten nachweislich von geharztem Wein. Vielleicht war das der dem weißen Wein entsprechende Rotwein. Wir wissen nichts darüber, wie der Wein wohl geschmeckt hat, können aber vermuten, dass die Terebinthe nicht ohne Grund als Terpentin-Baum bezeichnet wird. «Das ist wohl nicht die Art von Geschmack oder Geruch, den man sich wünschen würde», sagt McGovern. «Aber vermutlich war er vorherrschend.»

Auch Bier steht schon seit Jahrtausenden für Feiern zur Verfügung. Vielleicht ist die Erkenntnis, dass die Stärke im Getreide – Gerste, Weizen, Hirse und Mais – durch Behandlung zum Gären gebracht werden kann, sogar älter als der Weinanbau. Der Kniff besteht darin, das Getreide keimen zu lassen, wobei Enzyme freigesetzt werden, die die Stärkemoleküle spalten und sie in ihre chemischen Bestandteile, besonders Glukose, abbauen. In der Natur versorgt dieser Keimungsvorgang den Sämling mit der zum Wachstum nötigen Energie, beim Brauen jedoch liefert er die Glukose, von der sich Hefepilze ernähren können.

Die Ergebnisse von McGoverns Analyse eines Krugs, der aus dem vierten vorchristlichen Jahrtausend stammt und in Godin Tepe, einer anderen Grabungsstätte im Zagrosgebirge, gefunden wurde, lässt vermuten, dass das Bierbrauen in dieser Region schon damals bekannt war. Wir wissen mit Sicherheit, dass in Ägypten bereits im dritten vorchristlichen Jahrtausend Gersten- und Weizenbiere gebraut wurden. Bier war das praktisch zu jeder Mahlzeit gehörende flüssige Brot aller Ägypter, unabhängig von ihrer gesellschaftlichen Stellung und mutmaßlich sogar bei den Göttern beliebt. Es grenzt an ein Wunder, dass die alten Ägypter es schafften, geradlinige Bauten zu errichten. Unsere Kenntnis ihrer Braumethoden beruhte bis vor kurzem auf Aufzeichnungen, die aus der Zeit um 1800 vor Christus stammen; danach wurde gemälztes Getreide haltbar gemacht, indem es zunächst zu einem flachen Brot gebacken wurde. Dieses Brot wurde dann in Wasser getaucht und vergoren.

Vor einigen Jahren verbündeten sich Bierbrauer aus Edinburgh mit Archäologen, um die Geheimnisse der Braukunst der Pharaonen aufzudecken. Das Ziel des vierjährigen Projekts, das von der Egypt Exploration Society und Brauereien aus Schottland und Newcastle unter der Leitung von Barry Kemp von der Universität Cambridge durchgeführt wurde, war es, ein Bier zu schaffen, das Tutenchamun getrunken haben könnte. Eine der Mitarbeiterinnen, Delwen Samuel, hatte sich vorgenommen, Tutenchamuns Brauerei auszugraben und neue Hinweise auf alte Braumethoden zu finden, wobei sie sich auf archäologische Hinweise verließ und nicht wie üblicherweise auf Hieroglyphen, Modelle von Gräbern,

Gemälde und klassische Schriften. Die Expedition ging nach Tel el Amarna, einer alten Hauptstadt Ägyptens auf halber Strecke zwischen Kairo und Luxor, wo einst Tutenchamun (der um 1340 vor Christus als Achtzehnjähriger starb), sein Vater Echnaton und Königin Nofretete lebten. Samuel vermutete, frühere Forscher hätten die alten Rezepte, wie sie auf Wandgemälden dargestellt sind, falsch gedeutet, und untersuchte deshalb nicht nur die Überreste von Brot und Bier, die sich in Gräbern und Grabkammern erhalten hatten, sondern auch solche, die in den Überresten von Häusern gefunden worden waren, wo das Alltagsbier gebraut wurde. Oft fand Samuel Festteilchen, wie sie nach dem Verdunsten der Flüssigkeit übrig bleiben, an den Bruchstücken zerbrochener Krüge, die in Abfallgruben geworfen worden waren, und zwischen den Brotbackformen und den Scherben von Bierkrügen fand sie im Müll der Tempel-Bäcker-Brauer sogar verkohlte Körner von Gerste und Emmer, einer heute sehr seltenen, fast nur noch im Baltikum angebauten Weizenart. Bei der mikroskopischen Untersuchung stellte sich heraus, dass das Brot der Grabbeigaben vor allem mit Emmerweizen gebacken und gelegentlich mit Feigen, Datteln und Koriander gewürzt wurde, beim Bier jedoch mehrere Getreidesorten verwendet wurden – oft Gerste, aber auch Emmer und gelegentlich eine Mischung der beiden.

Aufgrund des erstaunlich guten Erhaltungszustandes einiger der Funde konnte Samuel auch die Stärkekörner in den Resten von Brot und Bier analysieren und daraus wichtige Hinweise auf die Back- und Braumethoden erhalten. Sie kam zu dem Schluss, dass die alten Ägypter einen raffinierten Zweistufenprozess verwandten, der Ähnlichkeit mit den heute in Afrika üblichen Verfahren aufweist. Das Getreide wurde zunächst in zwei gleiche Teile geteilt, von denen einer durch Keimen und langsames Trocknen zu Malz verarbeitet und dann grob gemahlen wurde. Der andere Teil wurde gelegentlich ebenfalls gemälzt, aber jedenfalls grob gemahlen und in Wasser erhitzt. Dann wurden die beiden vermischt, was es dem aktiven Enzym aus dem ungekochten Malz ermöglichte, die Stärke aufzuspalten, die den Enzymen im gekochten Getreide viel mehr Angriffsflächen bot. Dieses Verfahren eignet sich ausgezeichnet zur Herstellung großer Mengen von Zucker aus Getreide, ohne dass der Vorgang mit Hilfe von Thermometern oder anderen Mitteln gesteuert werden muss. Anschließend wurde die im Gemisch verbliebene Spreu durch Sieben entfernt, und die süße trübe Flüssigkeit wurde mit Hefe versetzt und vergoren. Samuel schließt: «Die alten Ägypter waren viel raffiniertere Brauer, als man vermutet hat.»

Für den nächsten Schritt im Rahmen dieses Projekts, die Nachschöpfung der ägyptischen Back- und Braurezepte, baute das Nationale Institut für Landwirtschaft und Botanik in Cambridge Emmer an. Das daraus gebackene Brot hatte, wie Samuel sagt, einen «deutlich nussähnlichen Geschmack» und war sehr wohlschmeckend. Das mit modernen Hilfsmitteln in Brauereien in Schottland und Newcastle gebraute Bier stellte sich als viel stärker und würziger heraus als das heute gebräuchliche. Man konnte es übrigens als «Tutenchamun's Ale» im Londoner Kaufhaus Harrod's für 50 Pfund die Flasche kaufen.

Wenn sowohl Wein als auch Bier zur Verfügung standen, war Bier immer das Getränk des gewöhnlichen Volkes und Wein das der Elite. Vielleicht neigen wir deshalb bis heute dazu, besondere Gelegenheiten wie Weihnachten mit Wein und Sekt zu begießen. Getreide, der Rohstoff für Bier, ist billiger als Trauben, lässt sich länger lagern und ist einfacher und schneller zu vergären. Deshalb war, wie der Ernährungswissenschaftler Harold McGee betont, «Bier für die Griechen und Römer ein Weinimitat, von Barbaren hergestellt, die keinen Wein anbauten». Dasselbe behauptete der griechische Schriftsteller Athenaios, der um 230 vor Christus die Erfindung des Biers beschrieb. Zuerst, so sagte er, war bei den

Ägyptern der Wein bekannt und beliebt, «und deshalb suchte man eine Möglichkeit, jenen zu helfen, die sich keinen Wein leisten konnten, und gab ihnen den Wein zu trinken, der aus Gerste gewonnen wird».

Was sich in unserem Körper abspielt, wenn wir Alkoholisches trinken, hängt von den Erbanlagen und dem Körpergewicht ab. Das Folgende ist jedoch ein angemessener Leitfaden für die Vorgänge im Körper eines Menschen, der sich während der Festtage ins feuchte Vergnügen stürzt. Nach einigen Gläsern Wein erzeugt der Alkohol ein allgemeines Wohlgefühl. Nach einem weiteren Glas können Hemmungen fallen. Wer eine Flasche leer getrunken hat, steht unsicher auf den Beinen. Der Genuss von zwei Flaschen macht benommen und verwirrt. Drei Flaschen führen zu Trunkenheit, und nach vier Flaschen ist ein durchschnittlicher Mann stockbetrunken; allzu rasches Trinken kann sogar tödlich sein.

Ob wir das Bier des Pharao picheln oder uns als Connaisseur an einem alten Burgunder erfreuen, immer spüren der ausgezeichnete Geruchssinn und der weniger ausgeprägte Geschmackssinn die flüchtigen Dämpfe des Buketts auf, sowie wir das Glas an die Lippen setzen. Diese Dämpfe entstehen bei der Gärung, die nicht nur Alkohol, sondern auch einige hundert anderer Stoffe erzeugt. Noch vor dem ersten Schluck gelangen etwa 10 Trillionen Duftmoleküle in die Nase und streichen über ein gelbes Riechfeld, das über Nerven direkt mit dem Gehirn verbunden ist. Biologen zerbrechen sich schon lange den Kopf darüber, wie wir überhaupt etwas riechen können. Eine Forschergruppe der medizinischen Fakultät der Johns-Hopkins-Universität in Baltimore (Maryland) beantwortete die Frage, wie die wasserabstoßenden Duftmoleküle die feuchten Zellwände in der Membran durchdringen, als sie zeigen konnte, dass die Gerüche von Gruppen von Eiweißmolekülen in die Zellen transportiert werden. Wenn diese Moleküle einmal im Zellinneren sind, heften sich die chemischen Komponenten –

beim Wein ist es Weindampf – an die molekularen Andockplätze und teilen mit, dass der Wein beispielsweise von der Sonnenseite eines Tals in Burgund stammt.

Man meinte früher, der Geruch dieser chemischen Komponenten sei abhängig von ihrer Form und die wiederum beeinflusse, wie sich die Moleküle an die «Geruchs»orte in der Nase anheften. Luca Turin vom University College in London jedoch behauptet, dafür sei vor allem die Bewegung der Moleküle ausschlaggebend, und belebt damit einen Gedanken, der auf die Arbeit des englischen Chemikers Sir Malcolm Dyson vor sechs Jahrzehnten zurückgeht. Sehr ähnlich geformte Moleküle können unterschiedlich schwingen und damit zu unterschiedlichen Gerüchen führen, sagt Turin. Ein Molekül, das wie ein Hamburger geformt ist, riecht beispielsweise ganz anders, wenn das «Fleisch» ein Eisenatom ist, als wenn es ein Nickelatom ist. Andererseits können Bor- und Schwefelkomponenten mit unterschiedlichen Formen gleich riechen, weil die Verbindungen von Schwefel mit Wasserstoff und von Bor mit Wasserstoff mit derselben Frequenz schwingen.

Wohl die stärksten Hinweise darauf, dass wir Schwingungen riechen, stammt aus der Beobachtung der Wirkung, die es hat, wenn der Wasserstoff im Acetophenon-Molekül durch seinen schweren Bruder Deuterium ersetzt wird. Das Molekül behält seine Form, aber die Schwingungsfrequenz der Bindung von Kohlenstoff mit Deuterium ist niedriger als die der Bindung von Kohlenstoff mit dem leichteren Wasserstoffatom. Deshalb unterscheiden sich Acetophenon und seine deuteriumhaltige Fassung im Geruch.

Wenn die Hunderte von unterschiedlich schwingenden Molekülen in der Luft mit Rezeptorzellen in der Nase wechselwirken, werden ihre Signale zunächst in den Glomeruli des olfaktorischen Bulbus am Vorderende des Gehirns verarbeitet und dann an die Hirnrinde weitergeleitet, die das Erregungsmuster als einen bestimmten Geruch identifiziert. Wie können wir mehr als 10 000 unterschiedliche Gerüche unterscheiden? Wenn jeder Nerv einen Rezeptor trüge, der auf einen bestimmten Duftstoff zugeschnitten wäre, würde das Gehirn wissen, was es riecht, indem es einfach darauf achtet, welche Nerven aktiv sind. Aber um die gesamte Bandbreite der Aromen von der Apfelfüllung über die gebratene Gans bis zum Zimtplätzchen erkennen zu können, müsste es so viele Arten von Rezeptoren geben, wie es Gerüche gibt. Es könnte andererseits auch nur wenige Arten von Rezeptoren geben, die jeweils unterschiedlich auf einen bestimmten Geruch reagieren. Dann müsste das Gehirn viele Botschaften dieser wenigen Rezeptoren vergleichen, um herauszufinden, was es riecht. So ähnlich arbeiten unsere Augen, die nur drei Arten von Farbrezeptoren haben. Das Gehirn gewinnt alle Farbschattierungen des Spektrums aus relativ wenigen Nervensignalen, indem es die Reaktionen der roten, grünen und blauen Rezeptoren vergleicht.

Heute nimmt man an, dass wir zwischen 50 und 1000 verschiedene Empfängermoleküle in den Rezeptorzellen haben, die am Ende der Zilien, der Fortsetzungen der Riechzellen in der Nasenhöhle, sitzen und sich mit Duftmolekülen in der Luft verbinden. In neueren Arbeiten haben Stuart Firestein und seine Kollegen an der Columbia-Universität sogar damit begonnen, die Rezeptoren mit bestimmten Gerüchen zu verknüpfen. Das erste Aroma, das sie zuordnen konnten, war Oktanal, das für manche einen Fleischgeruch hat und für andere einen leichten Zitrusduft. Eine Reaktion zwischen Oktanal und einem bestimmten Empfängermolekül eines Geruchsrezeptors verändert die Form des Moleküls und löst eine ganze Kaskade von Vorgängen aus, die Informationen an das Gehirn senden. Damit bleibt aber das Problem immer noch ungelöst, wie die Reaktion dieser Rezeptoren auf die komplizierte Mischung von Duftstoffen in einem Geruch in ein charakteristisches Muster der Gehirnaktivität umgewandelt wird. Hier kommt die

Biene ins Spiel. «Was wir riechen können, können auch Honigbienen riechen. Der Unterschied ist gering», sagt Randolf Menzel, Professor für Zoologie an der Freien Universität Berlin. Zusammen mit Jasdan Joerges und anderen Kollegen untersuchte er experimentell, was im Gehirn des Insekts vor sich geht, wenn es etwa eine Nelke riecht, deren Geruch etwa dreißig Komponenten hat. Auf diese Weise gelang es, den Code zu brechen, mit dem das Gehirn Gerüche verschlüsselt. Dazu untersuchten die Forscher die Aktivität der Glomeruli in einer Gehirnregion der Biene, die dem olfaktorischen Bulbus der Säugetiere entspricht. Diese erste Stufe auf dem Geruchsweg sieht wie ein Bündel Weintrauben aus, wobei jede einzelne «Traube» – ein Glomerulus – aus Nervenbündeln besteht. Wie sich zeigte, lösen Gerüche Aktivitätsmuster der Glomeruli aus: Je stärker der Geruch, umso stärker ist die Erregung in den Glomeruli, die von dem Duft angesprochen werden, und jeder Geruch führt zu einem eigenen Muster der Glomeruli-Erregungen. Der Geruch einer Nelke ist nicht einfach nur eine Summe der Aktivitätsmuster, die von jedem ihrer dreißig Teilgerüche herrühren, vielmehr ist das Muster nach Menzel «zwar überwiegend eine einfache Addition, aber die Unterschiede sind subtil. Wenn man mehr als zwei Komponenten mischt, etwa drei oder vier, ergibt sich eindeutig ein neues, für die Mischung typisches Muster.» Ähnliches läuft ab, wenn wir am Weinglas schnuppern. Es sollte deshalb nicht überraschen, dass unterschiedliche Jahrgänge desselben Weins unterschiedliche Gehirnaktivitätsmuster erzeugen können.

Im Vergleich mit unserem Geruchssinn ist unser Geschmackssinn nur grob. Die sogenannte Chemorezeption spielt sich in 9000 Geschmacksknospen auf der Zunge ab. Die Moleküle aus der Nahrung oder den Getränken, die die Geschmacksempfindung wecken, heißen Sapide (vom lateinischen *sapere*, «schmecken»). Sie müssen im Allgemeinen wasserlöslich sein, damit sie in die Geschmacksknospen eindringen können. Es gibt vier Arten von Geschmacksknospen, die auf die Sapide in einem Getränk reagieren: süß (an der Zungenspitze), salzig (seitlich an Zungenspitze und -rändern), sauer (hintere Zungenränder) und bitter (am Zungengrund).

Wenn der erste Schluck getrunken ist, gelangt er durch die Speiseröhre in den Magen, wo er zum Teil über die Magenschleimhaut vom Blutstrom aufgenommen wird. Das geschieht je nach Art des Getränkes unterschiedlich schnell; ein wärmender Glühwein oder Grog alkoholisiert viel rascher als ein kühler Wein, weil die Wärme für eine bessere Blutversorgung der Schleimhaut sorgt, wodurch mehr Alkohol ins Blut gelangt. Auch kohlensäurehaltige Getränke wie Gin Tonic wirken rascher als kohlensäurefreie, weil die Kohlensäure die Aufnahme des Alkohols durch Diffusion beschleunigt; deshalb also «steigt uns Champagner zu Kopf».

Seit es 1996 Forschern an der Medizinischen Fakultät der Washington-Universität in St. Louis (Missouri) gelang, aufzudecken, welche Vorgänge im Gehirn zur Betrunkenheit führen, wissen wir, dass ein fettsaurer Äthylester – eine Verbindung, die sich in Gehirnzellen bildete, die mit Alkohol getränkt waren – im Gehirn eines Menschen, der Weihnachten oder Silvester allzu feuchtfröhlich feiert, die Freisetzung von Botenstoffen hemmt und die Verbindung zwischen Nervenzellen unterbricht. Das führt zu undeutlicher Aussprache, Unbeholfenheit, verlangsamten Reflexen, dem Verlust an Hemmungen und kurzzeitigem Gedächtnisverlust. «Ich hege die Hoffnung, dass wir jetzt ein jahrtausendealtes Geheimnis lösen können», sagt Richard Groß, der gemeinsam mit Rose Gubitosi-Klug diese Gruppe leitet. «Trotz der einfachen Struktur des Alkohols versteht bisher niemand die biochemischen Vorgänge, die seine neurologischen Folgen verursachen. Das aktive Agens in dem Prozess ist eine Verbindung, nicht das Ethanol selbst.»

Während Biochemiker die Wirkungen des Alkohols auf einzelne Zellen genauer untersuchen, haben bildgebende Verfahren gezeigt, welche verheerende Wirkung alkoholische Getränke im Gehirn anrichten können. Eine solche Untersuchung wurde von Malcolm Cooper, John Metz und ihren Kollegen an der Universität Chicago mit Hilfe der sogenannten PET (Positronen-Emissions-Tomographie) durchgeführt, ein Abtastverfahren, bei dem ein mit radioaktivem Fluor markiertes Glukosemolekül anzeigt, welche Bereiche des Gehirns den größten Energiebedarf und damit den größten Grundumsatz haben. Dabei wurden Unterschiede im Gehirnstoffwechsel zwischen jenen festgestellt, die sich gern einmal ein Gläschen zu Gemüte führen, und jenen, die keinen Geschmack an Alkohol finden. Alkohol führt danach linksseitig und im Besonderen in den Frontal- und Temporallappen zu stärkerer Aktivität. Der Scanner offenbarte eine Reihe von Wirkungen, die vermutlich niemanden überraschen, der an einer Weihnachts- oder Silvesterparty teilnimmt, nämlich einen Anstieg des Stoffwechsels in den Sprachbereichen, was erklärt, warum Betrunkene oft zu viel reden, und einen Anstieg in jenen Bereichen des Kleinhirns, die die Bewegung koordinieren, was erklärt, warum zu viel Alkohol uns torkeln lässt. Auch im limbischen System, einem Bereich, das primitive Reaktionen wie sexuelle Erregung und Gewaltanwendung steuert, wurde verstärkte Aktivität beobachtet.

Junge Menschen vertragen im Allgemeinen mehr Alkohol als ältere und schlagen schon deshalb mehr Radau, weil sie weniger schnell ermüden. Das gilt jedenfalls dann, wenn das Verhalten junger Menschen in dieser Hinsicht dem junger Ratten ähnelt. Jüngere Nagetiere reagieren mit mehr alkohol-induziertem Lern- und Gedächtnisversagen als Erwachsene. Gleichzeitig ermüden sie weniger schnell als ältere, was ihnen grundsätzlich ermöglicht, mehr zu trinken, wie Untersuchungen von Scott Swartzwelder und Kollegen an der medizinischen Fakultät der Duke-Universität und der Veterans' Association in Durham (North Carolina) ergaben. «Während seiner Entwicklung ist das Gehirn für die Wirkung von Alkohol ‹falsch› programmiert», sagt Swartzwelder. «Es kann bei einer langen Sauftour wach bleiben, aber gleichzeitig richtet Alkohol bei der Merk- und Lernfähigkeit junger Menschen viel mehr Schaden an als eine vergleichbare Menge im erwachsenen Gehirn.»

Die Untersuchungen von Swartzwelder lassen vermuten, dass schon zwei Cocktails, die bei einem Erwachsenen wenig Wirkung haben, Lernen und Gedächtnis eines jungen Menschen hemmen könnten. Das Gehirn ist zu keiner anderen Zeit so aufnahmefähig wie in der Jugend, und gerade diese Fähigkeit wird durch Alkohol deutlich eingeschränkt. Eine Langzeitstudie über die Folgen von Alkoholkonsum – die bei 21–30-Jährigen aus juristischen Gründen durchgeführt wurde – bestätigt diese Theorie. «Die Gedächtnisleistung unter Alkoholeinfluss war bei den älteren Menschen dieser Stichprobe besser als bei den jüngeren», sagt Swartzwelder. Vielleicht ist das ein weiterer der Gründe, warum die Erinnerungen an die Weihnachtsfeste der Kindheit lebhafter sind als an die der Jugendzeit, in der viele Menschen ihre ersten Erfahrungen mit Alkohol sammeln.

Inzwischen wissen wir ziemlich gut darüber Bescheid, wie Alkohol im Körper verarbeitet wird. Der Körper behandelt Alkohol wie ein Gift und versucht, ihn in der Leber abzubauen. Dieses Organ kann mit großen Mengen Alkohol umgehen, wenn es dazu genügend Zeit zur Verfügung hat – wer einen Liter Hochprozentiges auf einmal trinkt, kann daran sterben, wer dagegen langsam trinkt, kann seine Toleranz für weihnachtlichen Alkoholkonsum steigern. Gewohnheitstrinker haben mehr Enzyme, die Alkohol zersetzen können, als Gelegenheitstrinker.

Eine Halbe Bier oder ein Glas Wein gehen gewöhnlich innerhalb von 30 bis 60 Minuten aus dem Darm in den Blutstrom über. Der Körper verwandelt den Alkohol zunächst in Acetaldehyd, dann in Acetansäure und schließlich in Kohlendioxyd; dabei liefert jedes Gramm Alkohol sieben Kalorien Energie. Das sollte allen, die abnehmen möchten, ebenso zu denken geben wie die Tatsache, dass kleinere Mengen Alkohol den Appetit anregen. Von allen Zerfallsprodukten des Alkohols trägt Acetaldehyd am meisten sowohl zum Kater als auch zur sogenannten «Fahne» bei. Aber die Wirkung kann noch weitreichender sein. Aldehyde, die Familie der Chemikalien, zu der Acetaldehyd gehört, spielen bei Hitzewallungen, erhöhter Pulsrate und Herzklopfen ebenso eine Rolle wie bei Vergiftungen und sogar bei der Entstehung von Krebs. Deshalb ist ihre Vernichtung für die Gesundheit lebender Zellen so außerordentlich wichtig.

Der erste Hinweis darauf, welche Rolle die Gene bei unserer Reaktion auf Alkohol spielen, ergab sich aus Experimenten mit betrunkenen Mäusen. Einige Stämme schlafen nach Alkoholkonsum stundenlang, andere dagegen erholen sich bald wieder. Manche Mäuse starren ausdruckslos auf die Käfigwände, während andere wie verrückt herumrasen. Die Fähigkeit des menschlichen Körpers, mit dem «Geist» der Weihnacht umzugehen, hängt zum Teil von der Funktion zweier Enzyme ab, die von Genen gesteuert werden. Eines, die sogenannte Alkoholdehydrogenase, spaltet den Alkohol in der Leber auf, das andere greift das sogar noch schädlichere Acetaldehyd an, das sich bildet, wenn das erste Enzym seine Wirkung tut. Wer das Pech hatte, Gene zu erben, die eine starke Fassung des ersten Enzyms kodieren und eine schwache des zweiten, leidet schon beim ersten Tropfen Alkohol unter unangenehmen Nebenwirkungen. Bei Menschen, die «keinen Tropfen vertragen», führt der Alkohol sofort zum Erröten von Nase und Wangen und zu Schweißausbrüchen und Unwohlsein. Diese Kombination von Genen ist im Westen viel seltener als überall sonst in der Welt, und vielleicht ist das der Grund, warum Alkohol in der europäischen Kultur eine so außerordentlich große Rolle spielt.

Unterschiede in der Toleranz für Alkohol sind nicht nur der Fähigkeit des Körpers zuzuschreiben, Alkohol in der Leber aufzuspalten. Eine japanische Gruppe entdeckte 1997 im Gehirn einen Stoff, der es Tieren ermöglicht, sich von den Wirkungen des Alkohols zu erholen. Ohne ihn werden sie noch betrunkener und brauchen länger, um nüchtern zu werden. Die Forscher machten Labormäuse betrunken, legten sie auf den Rücken und stoppten die Zeit, bis sie wieder auf die Füße kamen. Mäuse, denen das dafür entscheidende Enzym, die sogenannte Fyn-Tyrosin-Kinase, fehlte, rappelten sich erst nach doppelt so langer Zeit auf wie jene, die über ein Gen verfügten, das dieses Enzym erzeugt. Fyn wirkt offenbar im Hippocampus des Gehirns innerhalb von fünf Minuten nach Ankunft des Alkohols. (Alkohol sorgt normalerweise dafür, dass Gehirnzellen in diesem Bereich schlechter reagieren und vermutlich auch weniger Signale aussenden.) «Wenn das Fyn-Enzym fehlt, wird der Rausch stärker und die Ernüchterung dauert länger», sagt Hiroaki Niki vom Riken Brain Science Institute, der die Forschung leitete. Individuelle Unterschiede in den Enzymniveaus können erklären, warum eine feucht-fröhliche Weihnachtsfeier bei manchen Menschen kaum eine Wirkung zeigt, während andere schon lallen und torkeln.

Das Schwindelgefühl gehört wohl zu den verstörendsten Erfahrungen, die sich bei übermäßigem Trinken einstellen. Wer nicht nur ein Glas Glühwein, sondern mehrere und noch dazu rasch getrunken hat, kennt das Gefühl, der Raum drehe sich um ihn, wenn er sich in einen Sessel oder aufs Bett fallen lässt. Dieses Gefühl wird dadurch verursacht, dass der Alkohol das Gleichgewichtsorgan im Innenohr durcheinanderbringt. Dieses Organ besteht aus einem Sack und drei halbkreisförmigen Kanälen, die

Flüssigkeit enthalten. Wenn wir uns bewegen, wird die entsprechende Bewegung der Flüssigkeit von winzigen Haaren an den Wänden aufgespürt, die die Bewegung in elektrische Impulse umsetzen, mit deren Hilfe das Gehirn das Gleichgewicht berechnet. Dazu nimmt das Gehirn eine gewisse Flüssigkeitsdichte an. Aber wenn Alkohol in diese Flüssigkeit hineingerät, nimmt die Dichte ab, und das führt zu einem scheinbaren Verlust an Gleichgewicht, selbst wenn es keine wirkliche Bewegung gibt.

Das erklärt auch teilweise, warum ein Gläschen Alkohol am Morgen danach die Symptome lindern kann. Nicht die absolute Dichte der Gleichgewichtsflüssigkeit verursacht die Desorientierung, sondern die Veränderung ihrer Dichte. Während der Phase der Ernüchterung, wenn der Alkohol verfliegt, können zu rasche Dichteveränderungen unangenehm sein und zu einem Gefühl der Unstetigkeit führen. Ein wenig Alkohol kann die Rate der Veränderung reduzieren, das Gleichgewicht wiederherstellen und den Katzenjammer vermindern. Beim Kater spielen aber noch andere Dinge eine Rolle.

Der quälende Nachdurst, den ein Kater mit sich bringt, könnte von der harntreibenden Wirkung des Alkohols herrühren. Alkohol hemmt das Hormon Vasopressin, das die Resorption des Wassers von der Niere fördert und damit den Harn konzentriert. Unter Alkoholeinfluss gelangt also mehr Wasser in die Blase, und der Harndrang wird stärker. Wer beispielsweise zwei Glas Wein trinkt, gibt in den nächsten Stunden etwa doppelt so viel Wasser ab. Man meint heute zu wissen, warum übermäßiges Trinken gelegentlich zu fürchterlichen Kopfschmerzen führt. Der dröhnende Kopfschmerz beginnt nicht im Gehirn, das keine Schmerzrezeptoren hat, sondern in den großen Blutgefäßen der Hirnhaut, der Membran zwischen Gehirn und Schädel. Man meinte lange Zeit, der Schmerz werde durch das Anschwellen dieser Blutgefäße verursacht, aber dieser Gedanke wurde widerlegt, als Ärzte über Verfahren verfügten, mit denen sie die Gefäße bei bewussten Patienten untersuchen konnten.

Andrew Strassman und seine Kollegen vom Beth Israel Deaconess Medical Center und der Medizinischen Fakultät der Harvard-Universität in Boston haben auf Experimenten mit Ratten beruhende direkte Hinweise dafür gefunden, dass Nervenendigungen in den Blutgefäßen höchst empfindlich werden, wenn sie bestimmten Substanzen im Blutstrom ausgesetzt werden. Die Nerven reagieren ähnlich empfindlich auch auf Bewegungen, was nahe legt, warum Kopfschmerzen, die von einem Kater herrühren, beim Husten oder bei plötzlichen Kopfbewegungen stärker werden. Die für diese Art der Sensibilisierung verantwortlichen chemischen Stoffe kommen gewöhnlich bei Entzündungen und Verletzungen ins Spiel. Beim Brummschädel jedoch rühren sie von den Zerfallsprodukten des Alkohols her, insbesondere den sogenannten Fuselölen, die sich bei der Gärung bilden. Die Nachwirkungen von billigem Schnaps, billigem Rum oder Rotwein sind deshalb so unangenehm, weil solche minderwertigen Getränke viele Fuselöle enthalten, aber relativ wenig reinen Alkohol. Gin und Wodka führen aus dem entgegengesetzten Grund weniger wahrscheinlich zu einem Kater. Es gibt offenbar eine Beziehung zwischen dem Umsetzen von Methanol zu Formaldehyd und Ameisensäure und dem Einsetzen der Katersymptome im Körper. Interessanterweise verhindert Ethanol, also Alkohol, dieses Umsetzen, was eine weitere Erklärung dafür sein könnte, warum es hilft, am Morgen danach noch ein Glas Wein zu trinken.

Die allerbeste Katermedizin ist natürlich strikte Enthaltsamkeit. Aber wenn man schon trinken muss, sollte man auch essen. Ein voller Magen verzögert die Aufnahme des Alkohols in den Dünndarm, deshalb hat ein Aperitif auf leeren Magen eine größere Wirkung als mehrere Digestifs nach einer schweren Mahlzeit. Auch ein Glas Milch kann helfen. Ein anderes empfohlenes Gegenmittel ist N-Acetyl-Zystein, eine aminosaure Ergänzung, die hilft, den Körper mit Glutathion zu versorgen, einem Teil der Entgiftungsmaschinerie des Haushalts. Sportliche Betätigung dagegen kann die Zersetzungsrate des Alkohols nur wenig beschleunigen, die etwa bei einem Mann mit einem Gewicht von 75 Kilogramm ziemlich konstant bei etwa 21 Gramm Whisky pro Stunde liegt. Kaffee wirkt lediglich als Aufputschmittel, das einigen der depressiven Wirkungen des Alkohols entgegenwirken kann. Vermutlich sind auch solche herkömmlichen Mittel wie das Schwitzen in der Sauna oder kalte Schauer nicht wirklich ein Gegenmittel. Die Ausnüchterung ist einfach eine Frage der Zeit.

Sheryl Smith von der Allegheny-Universität für Gesundheitswissenschaften in Philadelphia hat einen Zusammenhang zwischen einem Kater und Veränderungen eines Rezeptors im Gehirn gefunden, bei dem der Botenstoff GABA Nervenschaltkreise betäubt. Die Veränderungen werden durch die vermehrte Produktion eines Proteins verursacht, das den als Alpha-4-Untereinheit bezeichneten Teil des Rezeptors bildet. Dadurch wird der GABA-Rezeptor weniger wirksam und kann die erhitzten Schaltkreise nicht mehr so leicht beruhigen. Eine Droge, die die Herstellung des Alpha-4-Proteins blockiert, sollte also die Katerbeschwerden lindern, aber eine wirklich wirksame Behandlung bleibt vermutlich für immer außerhalb der Reichweite der Medizin. Ian Calder, beratender Anästhesist am National Hospital für Neurologie und Neurochirurgie in London, behauptet jedenfalls: «Der Kater ist so kompliziert, gegen ihn helfen keine Pillen.»

In einem Leitartikel für das *British Medical Journal* behauptete Calder, Alkohol sei nur eine der Ursachen für die allseits vertrauten Katersymptome wie Nachdurst, Kopfschmerz, Müdigkeit, Übelkeit, Schwitzen, Zittern und Angstzustände, weil andere Faktoren – etwa Schlafdefizit, Rauchen, Überessen, Schnarchen und andere ungewöhnliche körperliche oder emotionale Zustände, die sich nach einer durchzechten Nacht einstellen – ebenfalls eine Rolle spielen und eine wirklich effektive Behandlung des Katers unmöglich machen. Außerdem meint er, ein Gegenmittel sei «nachweislich unerwünscht», weil gerade die Angst vor Nebenwirkungen die meisten Menschen von einem übermäßigen Alkoholgenuss abhält. Selbst mäßige Mengen können schädlich sein, deshalb sei eine schmerzhafte Strafe am Morgen danach in unserem eigenen Interesse.

Viele Menschen können sich nur schlecht an eine durchzechte Nacht erinnern. Wenn Sie meinen, sich bei der Silvesterparty blendend amüsiert zu haben, die Einzelheiten aber eher verschwommen sind, leiden Sie vielleicht unter einer Störung im Haushalt des Proteins c-Fos, das ein allgemeines Maß für die Aktivität der Gehirnzellen darstellt. Wissenschaftler vom Scripps Research Institute in La Jolla (Kalifornien) haben 1997 Spuren von c-Fos in Ratten verfolgt, denen man das Äquivalent von drei oder vier Glas Wein beim Menschen verabreicht hatte. Die Forscher fanden, dass das Protein in mehreren Bereichen des Gehirns stimuliert wurde, besonders in jenen, die an der Steuerung der Emotionen und der Motivierung des Verhaltens sowie der Verarbeitung von Sinnesreizen beteiligt waren. Verringert wurde seine Produktion nur im Hippocampus, dem Teil des Gehirns, in dem sich komplexe Erinnerungen ausbilden.

Diese mäßige Alkoholdosis verminderte bei den im Übrigen unbehandelten Ratten nicht nur das Niveau von c-Fos-Eiweiß im Hippocampus, sondern sie hemmte auch vermehrte Aktivität, die sich typischerweise einstellt, wenn das Tier einer neuen Umwelt ausgesetzt wird. Das könnte erklären, warum sich Alkohol negativ auf die Fähigkeit auswirkt, neue Informationen aufzunehmen. Auch eine geringe Alkoholdosis (das Äquivalent zu ein oder zwei Glas Wein) verminderte das Niveau von c-Fos, konnte aber die Reaktion auf eine Veränderung der Umgebung nicht blockieren.

Eine geringere Dosis reicht also vermutlich nicht aus, um die Verarbeitung neuer Information im Hippocampus zu stören. Zusammengenommen können diese Ergebnisse verstehen helfen, warum man sich nach einer feucht-fröhlichen Nacht nicht mehr an die Einrichtung des Lokals erinnern kann oder daran, auf dem Tisch getanzt zu haben. Je nachdem, wie die Funktion anderer Gehirnstrukturen vom Alkohol verschont bleiben, kann man trotzdem das Gefühl haben, sich gut (oder schlecht) amüsiert zu haben.

Trotz all seiner negativen Auswirkungen kann Alkohol in kleinen Mengen durchaus eine Wohltat sein. Aber sowie die tägliche Dosis bei Männern vier und bei Frauen drei Einheiten überschreitet, nehmen diese gesundheitlichen Vorteile ab. Die Beziehung zwischen Todesrate und Alkoholkonsum war das Thema vieler Untersuchungen. Eine, über die das *British Medical Journal* berichtete, erstreckte sich über 13 Jahre und beobachtete 12 000 männliche britische Ärzte. Am geringsten war die Todesrate bei Ärzten, die in der Woche bis zu 21 Einheiten tranken, sich also das Äquivalent von drei Flaschen Bier täglich gönnten.

Mäßiger Alkoholkonsum erhöht, so meint man, den Blutspiegel mit sehr dichten Lipoproteinen, dem «guten» Blut-Cholesterol, das das Risiko für Erkrankungen der Herzkranzgefäße verringert. Alkohol kann auch die Bildung von Blutgerinnseln in den Arterien verhindern. Eine großangelegte Untersuchung, die Patrick McElduff und Annette Dobson von der Universität Newcastle in New South Wales 1997 als Teil eines Projekts der Weltgesundheitsorganisation veröffentlichten, schloss aus einer Untersuchung von etwa 12 000 Herzanfällen (von denen jeder vierte zum Tode führte), dass das Infarktrisiko bei jenen Menschen am geringsten war, die sich an fünf oder sechs Tagen der Woche täglich ein bis zwei Glas gönnten.

Während solche Untersuchungen zeigen, dass mäßiges Trinken die Wahrscheinlichkeit eines Herzinfarktes verringert, zeigen andere, dass Alkohol auch nach einem Herzanfall wohltätige Wirkungen haben kann. Vincent Figueredo und seine Kollegen an der Universität von Kalifornien in San Francisco behaupteten in den *Proceedings of the National Academy of Sciences*, sie hätten herausgefunden, auf welche Weise mäßiges Trinken den durch einen Herzinfarkt bewirkten Schaden verringert, die Überlebenschancen also vergrößert.

Die Wohltaten des Trinkens könnten auch von dem abhängen, was man trinkt. Offenbar sind Weintrinker besser mit Antioxidantien versorgt als Bier- oder Schnapstrinker, den Vitaminen also, die sogenannte freie Radikale, giftige Schadstoffe und Nebenprodukte des Stoffwechsels neutralisieren können; freie Radikale sind instabile Sauerstoffmoleküle, die im Körper zerstörerisch wirken, Krebs fördern und wesentlich zur Alterung beitragen. Wie Forscher der Universität von New York in Buffalo (New York) berichten, ist der Unterschied «klein, aber entscheidend».

Geoff Lowe von der Universität Hull meint, zu den Wohltaten des Alkohols gehörten vor allem psychologische Faktoren, insbesondere die dadurch bewirkte gute Laune. Er beobachtete bei seinen Kneipenbesuchen, was jeder Trinker weiß: Menschen werden nach dem Genuss von ein oder zwei Glas Bier oder Wein lustiger. Bei einer Untersuchung von 332 Menschen, die in Gesellschaft tranken, zeichneten sich die stärkeren Trinker im Alltagsleben durch ihren Humor und ihre Freude am Lachen aus. Eine zweite Untersuchung zeigte, dass Menschen beim Betrachten der Filmkomödie *Die nackte Kanone* mehr lachten, wenn sie dabei alkoholische Getränke zu sich nahmen, als wenn ihre Getränke alkoholfrei waren. Bei einer dritten Untersuchung wurde beobachtet, wie viel junge Menschen in Bars und Kneipen lachten. Wieder gab es wesentlich mehr Gelächter bei den Gruppen, in denen Alkohol getrunken wurde. Geoff Lowe schließt: «In Anbetracht der Hinweise darauf, dass Lachen entlastend wirkt und die Immunabwehr stärkt, legen unsere Beobachtungen nahe, dass sich mäßiger Alkoholgenuss jedenfalls zum Teil deshalb positiv auf die Gesundheit und Langlebigkeit auswirkt, weil er die Stimmung verbessert und Belastungen erträglicher macht.»

Alkohol ist auch eine rasche Energiequelle, denn mindestens 70 Prozent der in ihm enthaltenen Kalorien stehen sofort zur Verfügung. Ein Gläschen Wodka oder Gin beispielsweise enthält etwa 125 Kalorien und ein Liter Bier etwa 370. Interessanterweise fanden Forscher an der Colorado-State-Universität keinen Zusammenhang zwischen mäßigem Rotweingenuss – wobei «mäßig» definiert wurde als höchstens 5 Prozent der täglichen Kalorienaufnahme eines Menschen – und einer Gewichtszunahme. Ein möglicher Grund könnte sein, dass der Körper Kalorien aus Alkohol anders verarbeitet.

Aber was bedeutet all das für die Auswirkung des Alkohols auf die Lebenserwartung? Eine Untersuchung, die 1991 in der Zeitschrift *Circulation* veröffentlicht wurde, berechnete, dass die mittlere Lebenserwartung eines 35-Jährigen um drei Jahre länger wäre, wenn es keine Herzkrankheiten mehr gäbe. Wenn mäßiger Alkoholkonsum insgesamt gesundheitliche Vorteile mit sich bringt, ließe sich ein Teil dieser drei zusätzlichen Lebensjahre, also vielleicht mehrere Monate, dem mäßigen Alkoholkonsum zuschreiben. Aber das ist ein statistischer Durchschnitt, und alle Menschen sind verschieden. Dieser Schluss gilt nicht nur für jüngere Trinker, denn bei ihnen erhöht sich das Risiko, aufgrund von Alkoholkonsum an Verkehrsunfällen und gewalttätigen Auseinandersetzungen beteiligt zu sein, vermutlich stärker, als sich das Risiko einer Herzerkrankung verringert.

Wie wir schon sahen, wird unsere Reaktion auf Alkohol auch von einer Reihe genetischer Faktoren beeinflusst. Es könnte eines Tages möglich sein zu erforschen, wie jeder Mensch individuell auf Alkohol reagiert. Schon heute sind Chips auf dem Markt, die das Erbgut eines Menschen analysieren können. Bis jetzt wurden sie vor allem dazu benutzt, das Risiko von Erbkrankheiten aufzuspüren, aber in wenigen Jahren werden sie das Weihnachtsgeschenk der Wahl darstellen, denn sie ermöglichen es, die eigene DNA zu analysieren – und dann kann jeder selbst messen, wie er mit seinem Lieblingsgift fertig wird.

Bis dahin jedoch müssen wir alle die Nachteile des Alkoholkonsums in Rechnung ziehen. Erstens sind die in ihm enthaltenen Kalorien «vom Nährwert her gesehen leer», und bei hohem Verbrauch kann Alkohol die Absorption von solchen Fetten und Vitaminen wie Thiamin, Riboflavin, Niazin und Folsäure aus dem Darm hemmen. Alkohol reduziert auch den Gehalt des Körpers an Magnesium, Kalzium und Zink. Alkoholkranke sind oft unterernährt. Wenn das Trinken nicht mehr nur «mäßig» ist – also über mehr als drei Einheiten am Tag hinausgeht –, erhöht sich die Anfälligkeit nicht nur für Herz- und Kreislaufkrankheiten, sondern auch für zu hohen Blutdruck, der ja ein bekannter Risikofaktor ist. Nach der Fettsucht ist Alkohol die zweitwichtigste Ursache für zu hohen Blutdruck.

Alkohol ist auch eine Hauptursache für Leberkrankheiten und wird ebenso mit gewissen Arten von Schlaganfällen in Verbindung gebracht wie mit Mund-, Kehlkopf- und Leberkrebs. Eine 1996 in der Zeitschrift *Nature Medicine* veröffentlichte Arbeit zeigte, dass Ratten, denen man Krebszellen injiziert hatte, bis zu zehnmal mehr Tumore entwickelten, wenn man ihnen zuvor eine große Dosis Alkohol – das Äquivalent zu einem Rausch – gegeben hatte, als wenn sie «abstinent» waren. Die Forscher, unter ihnen Shamgar Ben-Eliyahu von der Tel-Aviv-Universität, schlossen daraus, dass Alkohol die Aktivität der natürlichen Abwehrzellen des Immunsystems unterdrückt, der Zellen also, die dem Körper entscheidend helfen, die Krebszellen zu vernichten.

Den unheilvollen Auswirkungen des Alkohols wurde schon viel

wissenschaftliche Forschung gewidmet. Seit dem Ende der achtziger Jahre jedoch macht sich David Warburton von der Universität Reading zunehmend Sorgen, dass sich ein so großer Teil der
Forschung auf Gefahren und Nachteile konzentriert und den Vorteilen des Essens und Trinkens nur wenig Beachtung geschenkt
wird. Ihn hatten beispielsweise Berichte erschreckt, dass Eltern
im Zuge einer Mode, wonach die Ernährung möglichst viel Bal-
laststoffe enthalten sollte, ihren Kleinkindern nur noch fettarme
Nahrungsmittel gaben und damit das Cholesterol vorenthielten,
was sie zur Entwicklung ihres Gehirns und ihrer Geschlechtshormone brauchten. Warburton gründete daraufhin ARISE (Asso-
ciates for Research Into the Science of Enjoyment), um sich «mit
Gleichgesinnten der Erforschung der erfreulichen Seiten des Lebens zu widmen». Spezialisten aus so unterschiedlichen Gebieten
wie Psychologie, Pharmakologie und Neurochemie fanden sich
zusammen, um gemeinsam die Tyrannei der Lobby der Gesund-
heitsapostel in Frage zu stellen, indem sie nachwiesen, dass viele
der von ihr verurteilten Freuden der Weihnachtszeit – vom Essen
fetter Nahrung bis zum Trinken gehaltvoller Weine – Vorteile
bringen, wenn sie in Maßen genossen werden. Nach Warburton
führt eigentlich erst das Schuldgefühl, das wir wegen unserer Völlerei entwickeln, zu Gesundheitsproblemen: «Wenn Menschen
über ihrer Schuld brüten, sind sie geistesabwesend und machen
mehr Fehler. Chronische Schuldgefühle können zu Stress und
Depressionen führen und diese wiederum zu Essstörungen. Das
kann zu Entzündungen, Magengeschwüren, Herzproblemen und
sogar Gehirnschäden führen.»

Mit begeisterter Unterstützung der Nahrungsmittelhersteller
durchforstete Warburton die Welt nach Gesinnungsgenossen
und fand sie unter anderem in Kalifornien, Irland und Italien bei
Ärzten und in Deutschland und Australien bei Wissenschaftlern,
die die gesundheitlichen Vorteile mäßigen Alkoholkonsums un-

tersuchten. Aus dieser Forschung zog er den Schluss, dass der Genuss selbst ein Gegengift gegen die gefährlichen Belastungen des modernen Lebens darstellt. Schon ein guter Film oder gute Musik führen zu einem Anstieg des als Immunglobulin A bekannten Antikörpers und zeigen damit eine Stärkung des Immunsystems an. Belastungen, wie sie Schuldgefühle darstellen, haben die entgegengesetzte Wirkung. Sie erhöhen die Anfälligkeit für Krankheiten, indem sie die Bildung von Lymphozyten verhindern, den weißen Blutzellen, die Infektionen bekämpfen. Wenn wir müde oder deprimiert sind oder bei der Arbeit herumkommandiert werden, sind wir anfälliger für Erkältungskrankheiten als glücklichere Kollegen.

ARISE legt nahe, dass etwa vier von zehn Menschen die Freuden des Lebens weit mehr genießen würden, wenn sie nicht so viele Schuldgefühle hätten. «Medizinische Hinweise darauf, dass Freude und Genuss für uns gut sind, liefern gute Argumente, die sich gegen die moralistische Selbstgerechtigkeit jener anführen lassen, die meinen, es gäbe nur eine Möglichkeit, das Leben zu leben – nämlich ihre», sagt Warburton. Solange man es nicht übertreibt, kann es also durchaus gesund sein, wenn man sich gönnt, in den Genüssen der Weihnachtszeit zu schwelgen.

Innerhalb des nächsten Jahrzehnts könnte es uns auch die Biotechnologie sehr wohl ermöglichen, mehr Wein und Champagner zu trinken als jetzt, ohne dabei das Risiko eines Brummschädels einzugehen. Das liegt an den Fortschritten in der Entwicklung gentechnisch veränderter Weinstöcke. Der Wettbewerb auf dem Gebiet der Erzeugung von Biotech-Weinen ist groß; zurzeit arbeiten Gruppen in den USA, Frankreich, Israel und Australien daran. Nigel Scott, Forschungsleiter der CSIRO-Abteilung für Gartenkultur in Adelaide, ist der Leiter eines Vorhabens, das sich bemüht, neue Gene in Weine einzuführen. Die Widerstandsfähigkeit der Trauben gegen Parasiten und Fäulnis lässt sich auf diese

Weise relativ leicht erhöhen. Aber die Entwicklung einer Traube, die sich besonders gut zum Keltern eines würzigen Glühweins eignet, liegt in viel weiterer Ferne. «Es ist extrem schwierig, den Geschmack zu verändern», sagt Scott.

Im Labor der CSIRO in Adelaide beschäftigen sich Mark Thomas und Tricia Franks mit Verfahren, bei denen Sultana-Trauben neue Gene eingepflanzt werden. Dabei widmen sie den Pflanzenhormonen besondere Aufmerksamkeit, die die Regeneration weniger Zellen zum Keim und zur Traube bewirken. Aus noch unbekanntem Grund sind die einer gentechnischen Behandlung zugänglichsten Teile der Pflanze Fasern des Stiels, die im Staubbeutel der Pflanzen enden, dort, wo Pollen erzeugt werden. Mit Hilfe von *Agrobacterium tumefaciens*, einem Bakterium, das auf natürliche Weise in Pflanzenwurzeln Gene transportiert, wurde das Marker-Gen Gus in Zellen der Sultana-Fäden eingeführt. Die veränderten Zellen wurden dann im Labor zu Keimen kultiviert, die zu ausgewachsenen Pflanzen werden könnten. Jetzt möchte die Gruppe Sultana-Trauben haltbarer machen und jene Gene ausschalten, die für das Enzym Polyphenoloxidase verantwortlich sind, das sie beim Trocknen bräunlich werden lässt. Nigel Scott ist zuversichtlich, dass sie schon bald hochwertige, goldfarbene Sultana-Trauben produzieren werden.

Auch auf andere Gene hat die Jagd bereits begonnen. Simon Robinson und Ian Dry, die das Polyphenoloxidase-Gen fanden, suchen jetzt nach Traubengenen, die vor Pilzkrankheiten schützen können. Die Gruppe experimentiert auch mit Genen, die am Reifungsprozess beteiligt sind, um die Beschaffenheit der Trauben, den Zuckergehalt und die Synthese von Geschmacksbestandteilen zu verbessern. Die Gruppe hofft, ihre Arbeit auch auf Chardonnay-, Pinot- und Shiraz-Trauben erweitern zu können.

Ein Ziel, das dem Trinker während der Weihnachtszeit am Herzen liegt, ist die Erzeugung einer Traube mit geringem Zucker- und damit geringem Alkoholgehalt. Ein aus ihnen gekelterter Wein würde den jetzt erhältlichen alkoholarmen Weinen geschmacklich überlegen sein. Dann könnte der Weihnachtsmann zum Weihnachtsmahl zwei Flaschen Wein genießen und seinen Schlitten dennoch schnurgerade zum Nordpol steuern.

10. KAPITEL

Weihnachtskoller
und Winterdepression

Er wurde in seinen Freudenausbrüchen von dem Geläut
der Kirchenglocken unterbrochen, die ihm
so fröhlich zu klingen schienen wie nie vorher.
Bim-bam, kling-klang, bim-bam.
Nein, es war herrlich, zu herrlich!
Er lief zum Fenster, öffnete es und steckte den Kopf hin-
aus. Kein Nebel: ein klarer, lustig-heller, frisch-froher
Morgen, eine Kälte, die dem Blut einen Tanz vorpfiff,
vergoldetes Sonnenlicht, ein himmlischer Himmel,
lieblich-erquickende Luft, fröhliche Glocken.
O wie herrlich, wie herrlich! ... Weihnachten
Charles Dickens, *Ein Weihnachtslied*

Zu unserem Bild von Weihnachten gehören glückliche, frohe Menschen, deren Verhalten unserer Überzeugung entspricht, dass diese Zeit irgendwie beglückender und besinnlicher ist als der Rest des Jahres. Diese Überzeugung findet sich auch überall im Werk von Charles Dickens. Von seinem ersten Bericht über Weihnachtsfeiern in den *Londoner Skizzen* bis zu der Glückseligkeit, zu der Scrooge in *Ein Weihnachtslied* geführt wird. Immer wieder betont

Dickens, dass Weihnachten die Zeit des Altruismus, der Wärme und der Freundschaft ist. In unseren Tagen hat die Wissenschaft quantifizierbare Beweise dafür gefunden, dass wir Menschen von der Jahreszeit selbst und ihren Festlichkeiten beeinflusst werden, was über so offensichtliche Manifestationen wie den Kater, die Familientreffen und Gewichtsprobleme hinausgeht. Einige dieser Einflüsse sind positiv, andere negativ und einige schlichtweg merkwürdig.

Feiertage und Feste werden von vielen für ein vermehrtes Auftreten und das Ausbrechen psychischer Störungen wie des «Weihnachtskollers» verantwortlich gemacht. Es entbehrt nicht der Ironie, dass die Selbstmordrate gerade in der Jahreszeit ansteigt, die der Freude, Gemeinschaft und Wohltätigkeit gewidmet ist. Auch wenn neuere Ergebnisse Zweifel an dieser Beobachtung wecken, bleibt doch die Vermutung bestehen, dass die Weihnachtszeit für manche Menschen eine Zeit der Melancholie und der Niedergeschlagenheit ist. Psychologen haben darüber spekuliert, ob vielleicht gerade die mit Weihnachten verknüpften Bilder, Symbole und Phantasien Geisteskrankheiten Vorschub leisten. Möglicherweise löst sogar das Lockern von Verboten, die sonst im alltäglichen Leben der Zügellosigkeit Schranken setzen, Depressionen aus. Vielleicht werden die Samen der Trübseligkeit auch dann gesät, wenn sich Hoffnungen auf magische Wunscherfüllung im Alltagstrott als trügerisch erweisen. Auch ein Weihnachtsfest im Schoß der Familie, das den Erwartungen nicht gerecht wird, könnte das Gefühl von Einsamkeit und Ungenügen verstärken.

Im Lauf der Jahre wurden einige eher ausgefallene psychoanalytische Überlegungen zu diesen düsteren Nebeneffekten des Weihnachtsfestes angestellt. Ein Erklärungsversuch, den der Psychiater Bryce Boyer im Sommer 1955 im *Journal of the American Psychoanalytic Association* veröffentlichte, führte jahreszeitliche

Depression auf «wiedererwachte Konflikte, die mit ungelöster Geschwisterrivalität zusammenhängen, zurück … Es wird versuchsweise angedacht, ob dieses Fest, das die Geburt eines über alle Maßen außerordentlichen Kindes feiert, mit dem jeder Wettbewerb von vornherein aussichtslos ist, nicht vielleicht frühere Erinnerungen, besonders an orale Frustration, neu belebt.» Boyers Überlegungen basierten auf Fallbeispielen aus der Erfahrungswelt von siebzehn Patientinnen, darunter «Mrs. W.», einer dreißigjährigen kinderlosen Hausfrau und «passiven Kirchenchristin», die alljährlich Mitte Dezember depressiv wurde und sich übermäßig mit religiösen Überlegungen beschäftigte. Sie war schon immer davon überzeugt gewesen, ein unerwünschtes Kind zu sein, und hatte das auf die Tatsache zurückgeführt, dass sie «nur» ein Mädchen war. Boyer zufolge ging es bei ihren Grübeleien einzig und allein um das Thema: «Wenn ich nur fromm genug wäre, würde Gott mir einen Penis geben.»

Boyer zitiert auch den Fall der Zeitungsredakteurin «Miss X», einer 34-jährigen lesbischen Episkopalin, die noch Jungfrau war und in ihrer Depression im Pfarrer Gott und sich selbst als «Rivalin Christi um die Stellung seines Lieblingskindes» sah. Nach Boyer verfolgte diese Frau «unbewusst das Ziel, einen Penis zu bekommen, um ihre Mutter damit sexuell befriedigen zu können und dadurch auf ewig in der Rolle des Lieblingskinds zu sein, dem immer freier Zugang zur Mutterbrust gewährt wird». Und er schildert den Fall der 32-jährigen jüdischen «Mrs. Y», einer jungen Mutter, die alljährlich zu Weihnachten depressiv wurde und sich sehnlichst einen Weihnachtsbaum wünschte. Boyer meinte, sie habe «Baum und Penis gleichgesetzt». Er schloss, dass seine Patientinnen «übereinstimmend» versuchten, einen Penis zu bekommen, «mit dem sie ihre Mütter in ihrer Vorstellung dazu bewegen könnten, ihnen die Liebe zu geben, mit der sie nach ihrem Gefühl zuvor die Geschwister überschüttet hatten … Sie identifizierten sich gelegentlich mit Christus, ein Versuch, die eigene Minderwertigkeit zu leugnen und jene Begünstigungen zu erhalten, die ihm zustanden.»

Ähnlich bizarr war der Versuch des Psychologen Richard Sterba, der 1944 versuchte, das Verhalten zur Weihnachtszeit mit den Aktivitäten zu vergleichen, die herkömmlicherweise mit einer Geburt einhergehen: die Aufregung bei der Vorbereitung, die geheime Erwartung, die eilige Geschäftigkeit in letzter Minute, das Verbot, den Raum zu betreten, in dem sich das Geschenk befindet, und die Erleichterung, wenn es überreicht wird, ob es nun ein Baby ist oder ein von einer Tante gestrickter Pullover. «Es ist nicht überraschend», schrieb Sterba, «dass die Geschenke durch den Schornstein kommen, da Kamin und Schornstein im Unbewussten Vulva und Vagina repräsentieren und das Kindesgeschenk also durch den Geburtskanal kommt. Dazu passt auch das Bild vom Weihnachtsmann. Er ist zweifellos ein Sinnbild des Vaters ...» Nach Sterba kann Weihnachten zu unbewussten Phantasien anregen und ungelöste Konflikte aufrühren, die mit der Geburt eines Kindes zu tun haben, was bei dafür empfänglichen Menschen um diese Zeit herum zu Geisteskrankheiten führen kann.

Ein anderer Artikel, der 1954 der Psychoanalytischen Vereinigung der USA in St. Louis vorgelegt wurde, behauptete, es gebe ein Feiertagssyndrom, das von Ende November bis zum Dreikönigstag andaure und gekennzeichnet sei durch Depression, «diffuse Ängste», Sehnsucht nach vergangenen Zeiten und «dem Wunsch nach magischen Problemlösungen». Dieses Syndrom erreicht, so wurde behauptet, wahrscheinlich deshalb zu Weihnachten einen Höhepunkt, weil die davon Betroffenen Schwierigkeiten haben, enge emotionale Bindungen einzugehen, und sich deshalb isoliert, einsam und gelangweilt fühlen. Dieser Gedanke scheint zumindest vernünftiger als Boyers Weihnachtsneurose.

Heute sind die Weihnachtsdepressionen vom ersten Advent an

immer wieder ein Thema für die Medien, und Tonnen von Zeitungspapier werden mit Vorschlägen bedruckt, wie man mit ihnen umgehen sollte. Aber spiegelt diese Berichterstattung wirklich eine besonders hohe Suizidgefährdung? Mehrere Untersuchungen besagen das Gegenteil. Eine englische Untersuchung von 22 169 Selbstmordversuchen, die sich über einen Zeitraum von 19 Jahren erstreckte, ergab, dass die Selbstmordrate bei Frauen während der Weihnachtszeit auf drei Viertel der üblichen Rate abfiel. Bei Männern gab es keine Hinweise auf monatliche oder jahreszeitliche Schwankungen.

Ähnliche Ergebnisse aus den USA belegen, dass das «Syndrom», wenn es denn existiert, keine Auswirkungen zeigt, die stark genug sind, um sich in monatlichen Selbstmordstatistiken niederzuschlagen. Untersuchungen aus den sechziger und siebziger Jahren ergaben ebenfalls, dass die Anzahl der Selbstmorde im Dezember und Januar durchschnittlich oder niedrig war. In einer 1974 in North Carolina durchgeführten und in den *Archives of General Psychiatry* veröffentlichten Untersuchung erfassten William Zung und Richard Green 3672 Selbstmorde und 3258 Einlieferungen in die psychiatrische Abteilung des Durham Veterans' Administration Hospital. Sie fanden weder zu Weihnachten noch während anderer Feiertage eine statistisch signifikante Zunahme der Selbstmordrate oder der Einlieferungen psychisch Erkrankter in Krankenhäuser. Insgesamt zeigen amerikanische Statistiken, die im Lauf der letzten beiden Jahrzehnte zusammengestellt wurden, dass die Selbstmordrate im Dezember niedriger ist als in jedem anderen Monat. Die Selbstmordrate steigt gewöhnlich im Frühling und Sommer an und nimmt im Herbst und Winter ab. «Man findet also keine Zunahme, sondern eine Abnahme der Selbstmorde während der Feiertage», sagt David Phillips, ein Soziologe, der seit dem Ende der siebziger Jahre die Zeitpunkte von mehr als 180 000 Selbstmorden erfasst hat. Beispielsweise war die tägliche Selbstmordrate 1991 in den Monaten April und Juni am höchsten, und es folgen die für August, Juli, Mai und September. Der Dezember war an letzter Stelle. «Die Feiertage gewähren anscheinend einen gewissen psychologischen und gesellschaftlichen Schutz vor dem Selbstmord, aber worin der besteht, ist zurzeit noch unbekannt», schließt Phillips.

Der statistisch erfasste Rückgang von Suiziden während der Feiertage bedeutet nicht unbedingt, dass es weniger Depressionen gibt. Es ist vorstellbar, dass zwar weniger Menschen ihre Tötungsabsicht ausführen, aber mehr Menschen wegen ihrer Depression bei Ärzten oder Krankenhäusern Hilfe suchen.

Zweifellos fühlen sich manche Menschen niedergeschlagen, weil sie eine Neigung zur Saisonalen Affektiven Disturbation (SAD) haben, die erstmals 1984 von Norman Rosenthal, Psychiater am US National Institute of Mental Health, beschrieben wurde. Für dieses Syndrom sind wiederkehrende Depressionen kennzeichnend, die sich alljährlich einstellen, wenn die Anzahl der Tageslichtstunden abnimmt, was bei vielen Menschen zu einer Veränderung in der Chemie des Gehirns führt. Für eine Anzahl von Menschen, die in hohen geographischen Breiten leben, bedeuten Wintertage Elend. Alle Jahre wieder erleben sie Antriebslosigkeit und Müdigkeit, Trübsinn und Verzweiflung. Nach Rosenthal leiden und zerbrechen nicht nur persönliche Beziehungen unter dieser Störung, sie führt auch dazu, dass ihre Opfer zu viel essen und ihnen ihr Beruf gleichgültig wird.

Lange wurden die winterlichen Stimmungstiefs als psychiatrische Absurdität abgeschrieben. Aber in den letzten Jahren haben eine Anzahl von Veröffentlichungen in wissenschaftlichen Zeitschriften Rosenthals Überlegungen bestätigt; darin zeigt sich, dass Mediziner SAD als Krankheit anerkennen. Wie man heute weiß, leiden viermal so viele Frauen wie Männer an dieser Störung, die gewöhnlich bald nach der Pubertät einsetzt und nach der Menopause abnimmt. Rosenthal vermutet, dass die weiblichen Fort-pflanzungshormone das Gehirn irgendwie für die Auswirkungen des Lichtmangels sensibilisieren. Das Auftreten von SAD ist nicht nur unmittelbar mit der geographischen Breite gekoppelt, sondern schwankt auch mit dem Tag-Nacht-Zyklus und beeinflusst am meisten jene, die dem Äquator am fernsten und einem weißen Weihnachten am nächsten sind. Amerikanische Untersuchungen haben SAD-Symptome bei etwa 10 Prozent der Menschen in New Hampshire nachgewiesen, wo die Winternächte lang sind, aber nur bei etwa 1,5 Prozent in Florida, wo die Wintertage länger sind.

Ärzte haben entdeckt, dass sich diese Tiefstimmung bis zu einem gewissen Grad bannen lässt, indem die Betroffenen starkem Licht ausgesetzt werden. Diese Lichtbehandlung kann sogar mitten am Tag wirksam sein, was die Wissenschaftler zunächst sehr verwunderte. Kürzlich hat jedoch ein wichtiges Experiment, das an der Northwestern-Universität in Evanston (Illinois) an Hamstern durchgeführt wurde, neue Einsichten darüber geliefert, wie Licht chemische Vorgänge im Gehirn so beeinflusst, dass Winter und Weihnachten für die an SAD Leidenden erträglicher werden können. Es ist schon seit einer Reihe von Jahren bekannt, dass Serotonin, eine Chemikalie, die Signale an das Gehirn sendet, bei der Depression eine Rolle spielt. Fred Turek und seine Kollegen an der Northwestern-Universität fanden, dass die Reaktion von Hamstern auf Lichtpulse, die ihnen mitten am Tag gegeben wurden, die Wirkung des Serotonins auf ihre biologische Uhr beeinflussten. Diese Ergebnisse lassen vermuten, dass SAD nicht auf einem einfachen Lichtmangel beruht, sondern auf den Auswirkungen, die das Licht auf den Serotonin-Stoffwechsel hat.

Möglicherweise bringen die Feste und Feiern in dunklen Wintertagen für Menschen, die dem Tode nahe sind, einen unerwarteten Vorteil, denn es gibt immer mehr Hinweise darauf, dass Sterbende erfolgreich «mit Gott handeln» können oder ihren ganzen Willen daransetzen, so lange zu leben, bis sie ein wichtiges Ereignis, etwa den Heiligen Abend, noch einmal in der Familie erlebt haben. David Phillips stellte sich in Zusammenarbeit mit Elliot King die Aufgabe herauszufinden, ob Sterbende tatsächlich einige wenige Tage länger leben können, als sie es sonst getan hätten, um noch einmal ein großes Fest feiern zu können. Sie verglichen die Todeszahl bei Juden und Nichtjuden vor und nach dem jüdischen Passahfest. Dieses Fest eignet sich deshalb, weil sich das Passahdatum ähnlich wie das Osterdatum im Lauf der Jahre um etwa vier Wochen verschiebt, wodurch sich die Auswirkung des Feiertags von der der Jahreszeit, insbesondere also von der Dauer des Tageslichts, trennen lässt. Das wichtigste Ereignis der Passahzeit ist neben dem Gottesdienst das Seder, die Mahlzeit, die den Auszug der Israeliten aus Ägypten feiert; auf der langen Wanderung offenbarte sich ihnen durch Mose ihr Gott Jahweh, der ihnen seine Gebote mitteilte und sie in das gelobte Land Kanaan führte; dieses Sederfest wird von drei Vierteln aller amerikanischen Juden gefeiert.

Um eine deutliche Aussage zu erhalten, brauchten Phillips und King eine große Stichprobe. Da Totenscheine in Kalifornien nicht die Religionszugehörigkeit der Verstorbenen angeben, konzentrierten sich die Forscher auf 1919 Todesscheine von Menschen mit so typisch jüdischen Namen wie Cohen, die in den Wochen vor und nach den Passahfesten von 1966 bis 1984 gestorben waren. Als Kontrollgruppe dienten zum einen Menschen, die in diesem Zeitraum verschieden waren und Nachnamen trugen, die wie Rose oder Braun sozusagen neutral sind und sowohl bei Juden wie Nichtjuden häufig vorkommen, und zum anderen solche, bei denen der Totenschein eine japanische oder chinesische Herkunft verriet. Die Forscher entdeckten bei der wahrscheinlich jüdischen Gruppe eine Abnahme der Todesrate in der Woche vor dem Passahfest und eine achtprozentige Zunahme in der Woche danach. Außerdem fanden sie bei 625 Männern mit «eindeutig» jüdischem Namen eine Zunahme um 25 Prozent in der Woche nach dem Passahfest. Wenn das Passahfest auf ein Wochenende fiel, das Familientreffen also höchstwahrscheinlich mehr Menschen zusammenführen und besonders festlich begangen werden konnte, wurden in der Woche danach sogar 61 Prozent mehr Todesfälle registriert als in der Woche davor. Phillips und King fanden keine solchen Unterschiede bei der fernöstlichen Kontrollgruppe.

Dieser als «Passah-Effekt» bezeichnete Befund trat ausschließlich bei erwachsenen Männern auf und fehlte bei erwachsenen Frauen und bei Kindern unter vier Jahren. Er war bei Todesfällen aufgrund jeder der drei Hauptursachen (Herz-, Kreislauf- und Krebserkrankungen) zu beobachten, aber nicht aufgrund anderer natürlicher Ursachen oder aufgrund äußerer Einflüsse. Warum also ging der Todesengel an jüdischen Haushalten vorbei und wartete bis nach dem Fest? Das, behaupten Phillips und King, ist «mit zwei Hypothesen vereinbar: dass der ‹Lebenswille› mit einer verminderten Sterblichkeit einhergeht und dass gemeinsam begangene gesellschaftliche Ereignisse einen wohltuenden Einfluss auf den Verlauf einer Krankheit haben».

Das Phänomen ist nicht neu. Phillips und King wiesen darauf hin, dass sowohl John Adams, der zweite Präsident der USA (geboren 1735), als auch der dritte, Thomas Jefferson (geboren 1743), es schafften, bis zum 4. Juli 1826 zu leben, den fünfzigsten Jahrestag der Unterzeichnung der Unabhängigkeitserklärung also zu erleben. Nach Aussage von Jeffersons Arzt waren seine letzten Worte: «Ist heute der vierte?»

Einige Experten jedoch sind nicht davon überzeugt, dass die Antwort auf diese jahreszeitlichen Veränderungen in der Todesrate im Wunsch des Einzelnen zu suchen ist, den großen Tag zu erleben. Michael Baum von der School of Medicine des King's

College in London schrieb 1988 in *The Lancet*, die Statistik lasse sich auch mit Überlegungen zur Ernährung erklären. «Fromme Juden essen während der Zeit des Passahfestes nichts Gesäuertes, und das führt zu Verstopfung», schrieb er. Eine Ernährung mit viel Matze (ungesäuertem Brot) enthält wenig Kleie, was zu hartem Stuhlgang, höherem Blutdruck und der größeren Gefahr eines Herzanfalls oder Herzinfarkts führt. Baum sprach auch eine Frage an, die Frauen betrifft. Nach Meinung der Gruppe wurde das Todesdatum jüdischer Frauen deshalb nicht vom Passahfest beeinflusst, weil die Frauen an der eigentlichen Feier weniger beteiligt sind. Baum hält dagegen, dass viele Frauen in dieser Zeit einem Nervenzusammenbruch nahe sind. «Viele der ultraorthodoxen Frauen brechen unter der psychischen Belastung der Vorbereitungen für das Passahfest zusammen und suchen Zuflucht im Krankenhaus, bis der Todesengel an ihrer Tür vorübergegangen ist und im Haushalt wieder der Alltag eingekehrt ist.»

Trotzdem fanden Phillips und King weitere Unterstützung für ihre Theorie, als sie 25 Jahre lang alljährlich bei der chinesischen Bevölkerung ihres Wohnorts in der Woche unmittelbar vor dem traditionellen chinesischen Erntemondfest dasselbe Phänomen beobachteten, das sie 1990 im *Journal of the American Medical Association* schilderten. Die Todesrate der älteren Frauen, die bei der Feier eine wichtige Rolle spielen, nimmt bis zu 35 Prozent ab. Es ist, als ob jene, die sonst gestorben wären, ihren Abschied verschieben, um mitfeiern zu können. Nach einer entsprechenden Zunahme der Todesfälle unmittelbar nach dem Fest kehrt die Rate auf ihr übliches Niveau zurück. Diese Beobachtungen bestätigen offenbar die früheren Befunde bei jüdischen Männern. Bei einer Kontrollgruppe, die sich aus Menschen zusammensetzte, für die der chinesische Festtag keine symbolische Bedeutung hatte, zeigte sich kein solcher Effekt.

Das Phänomen lässt sich nicht mit herkömmlichen Hypothesen

erklären, behauptet David Phillips, denn diese erklären nicht das Absinken der Todesrate vor dem Fest, und die Chinesinnen sterben nach dem Fest nicht etwa deshalb, weil die Belastung zu groß war oder sie zu viel gegessen haben. Und weder das Verhalten der Chinesinnen noch das der Juden lässt sich durch ein bestimmtes regelmäßiges monatliches Muster der Sterbeziffern erklären, weil sich das Datum beider Feiertage von einem Jahr zum anderen verschiebt. Die «kausale Verknüpfung» von Psyche und Körper ist möglicherweise viel umfassender, als man früher annahm. Auch persönliche Ereignisse von großer symbolischer Bedeutung – beispielsweise ein fünfzigster Hochzeitstag – können nachweislich kurzzeitige Auswirkungen auf den Todeszeitpunkt haben. «Die beste verfügbare Erklärung ist, dass der Tod bei manchen Menschen hinausgeschoben wird, bis sie ein Ereignis miterlebt haben, das ihnen wichtig ist», sagt Phillips. Wer im Sterben liegt, kann den Tod hinauszögern, um diese «symbolisch bedeutungsvollen Feste», zu denen auch Weihnachten gehört, mitzuerleben.

Nehmen wir einen Augenblick lang an, dass Menschen in der Weihnachtszeit fröhlicher sind als gewöhnlich und mehr feiern. Wirkt sich das auf die Gesundheit aus? Untersuchungen am Institute of HeartMath in Boulder Creek (Kalifornien), die 1995 im *American Journal of Cardiology* veröffentlicht wurden, legen nahe, dass zwar Wut das Herz gefährden kann, aber «andauernde positive Gefühle der Art, wie sie (mutmaßlich) während der Feiertage reichlich vorhanden sind, vor Herzattacken und hohem Blutdruck schützen». Nachweislich haben Entspannungstechniken, die dem Umgang mit mentalem und emotionalem Stress dienen, Auswirkungen auf das autonome Nervensystem, das den Herzschlag und die Atmung kontrolliert. Allan Watkins, Arzt am Southampton General Hospital, meint, der «weihnachtliche Geist» könne ähnliche, wenn auch weniger deutliche wohltuende Auswirkungen haben.

Ich gebe zu, das Thema damit möglicherweise etwas zu strapazieren, aber ich möchte doch einige Untersuchungen an Mäusen anführen, die nahelegen, dass eine so erfreuliche Erfahrung wie ein Weihnachtsfest auch für die Gehirnfunktionen förderlich sein kann. Eine Reihe von Untersuchungen haben in den letzten vier Jahrzehnten gezeigt, dass Labormäuse bei den üblichen Tests, bei denen sie Labyrinthe durchlaufen müssen, besser abschneiden, wenn ihre Umwelt anregend ist. Es ist jedoch höchst umstritten, welche biologischen Mechanismen diesem besseren Abschneiden zugrunde liegen. Eine Gruppe am Salk-Institut in La Jolla (Kalifornien) führte 1997 unter der Leitung von Fred Gage eine Untersuchung durch, die die Auswirkungen der Umwelt auf das Gehirn untersuchte. Gages Kollegen Gerd Kempermann und Georg Kuhn teilten 21 Tage alte Mäuse in zwei Gruppen: Die eine lebte unter den «üblichen» Laborbedingungen, die andere in einem großen Käfig, der «angereichert» war mit Tunneln, Spielzeug, einem Laufrad und solchen Leckerbissen wie Äpfeln, Popcorn und «Müslistangen». (Das ist äquivalent dazu, dass man zwei Gruppen von Menschen vergleicht, von denen sich die eine an Weihnachten langweilt, während die andere das Fest genießt.)

Nach vierzig Tagen wurden diese beiden Gruppen in einem Wasserlabyrinth verglichen. Wie erwartet schnitt die Gruppe, die unter «Mäuseweihnachts»-Bedingungen aufgewachsen war, wesentlich besser ab als die Kontrollgruppe. Die Wissenschaftler fanden auch, dass der Hippocampus, der Bereich des Gehirns, der mit dem Gedächtnis zu tun hat, bei den «angereicherten» Mäusen im Mittel 40 000 Nervenzellen mehr enthielt als in der Kontrollgruppe. «Wir waren überwältigt davon, wie groß die Zunahme war, die einem Gewinn von 15 Prozent in der Anzahl dieser Nervenzellen entspricht», sagt Gage. Er meint, dass die Mäuse in der anregenderen Umgebung nicht unbedingt mehr Hirnzellen *erzeugten*, da sich die Hirnzellen in beiden Gruppen anscheinend gleich schnell teilen. Vielmehr scheint die reizvollere Umwelt förderlich zu sein für das Überleben neuer Hirnzellen.

Mehrere Tage vor dem Ende des Experiments, als die Mäuse etwa 60 Tage alt waren, wurde einigen von ihnen ein Kontrastmittel eingespritzt, das neue Hirnzellen fluoreszent macht, wodurch sie unter dem Mikroskop zu erkennen sind. Bei den «angereicherten» Tieren war die Überlebensrate neugeborener Zellen 60 Prozent höher als bei der Kontrollgruppe. Die Ergebnisse sind bemerkenswert, da die Experimente nicht an jungen Mäusen durchgeführt wurden, bei denen man erwarten würde, dass das Gehirn formbar ist, sondern vielmehr an älteren Tieren. Wenn das menschliche Gehirn wie das einer Maus arbeitet, können auch erwachsene Menschen die «Architektur» ihrer Gehirne verbessern, indem sie ihren Lebensstil mit den Feiern der Weihnachtszeit anreichern.

Aber warum feiern wir überhaupt in dieser Jahreszeit? Während eine Erklärung bis zur prähistorischen Faszination durch die Sonne zurückreicht, könnte eine andere von den Geruchsforschern aufgedeckt worden sein, die meinen, dass Chemikalien im menschlichen Schweiß auf das Gehirn wichtigere Auswirkungen haben als Religion, übermäßiges Essen und Trinken und Festtagsstimmung. Diese in der Luft schwebenden Informationsstoffe, sogenannte Pheromone, können im menschlichen Körper zu Reaktionen führen, wie inzwischen überzeugend daran nachgewiesen wurde, dass der Geruch vom Achselschweiß anderer Frauen den Eintritt der Menstruation beeinflussen kann. Wir wissen noch nicht vollständig, welche physikalischen und geistigen Reaktionen der Schweißgeruch in uns auslöst, aber er könnte sich auch auf die Weihnachtsfeiern auswirken.

Eine Untersuchung, die 1987 am Monell Chemical Senses Center in Philadelphia durchgeführt wurde, lässt vermuten, dass es in jedem Dezember zu einem Spitzenausstoß von zwei der chemischen Substanzen kommt, die im männlichen Schweiß gefunden werden, nämlich Androsteron und Androstenol. «Die Spitze stellt sich genau Ende Dezember ein», bemerkt David Kelly vom Department für Chemie an der Universität von Wales in Cardiff, der meint, diese Schweißstoffe hätten wirklich etwas mit dem weihnachtlichen Geist zu tun. Sie bewirken keinen bestimmten Schweißgeruch, sind aber nach Moschus riechende Steroid-Moleküle. Sie werden auch in männlichen Schweinen und besonders in weißem glutinösem Speichel gefunden, und sie spielen eine Rolle beim schweinischen Vergnügen. Der Eber schnuppert am Speichel im Gesicht der Sau, um festzustellen, ob sie kürzlich einen Eisprung hatte und paarungsbereit ist. Das mit Androstenol verwandte Androstenon wird sogar in Sprayform an Farmer verkauft, die ihre Schützlinge mit einem Aphrodisiakum in die richtige Stimmung bringen wollen.

Androstenon sollte bei der menschlichen geschlechtlichen Anziehung eigentlich keine besonders guten Chancen haben, da viele Menschen den Geruch als abstoßend empfinden: Als jedoch einer von mehreren Stühlen im Wartezimmer eines Arztes damit besprüht wurde, setzten sich Frauen häufiger auf diesen Stuhl als auf die anderen. Ein weiteres Experiment, das vor zwei Jahrzehnten durchgeführt wurde, zeigte eine ähnliche Auswirkung des Steroids, als es auf Sitzplätze in einem Kino versprüht wurde.

Der weibliche Körper gibt Androstenon vor allem über die Brüste ab; eine mögliche Erklärung für seine stimmungsverändernde Wirkung ist deshalb, dass sein Aroma Erinnerungen an das Stillen und damit an die frühe Bindung zwischen Mutter und Kind weckt. «Ich vermute die Ursache der Weihnachtsstimmung in einer plötzlichen Zunahme in der Produktion dieses Stoffs», sagt Kelly. Da Dezember seit jeher eine Festzeit ist, könnte die Produktion dieser Steroide ein Grund dafür sein, warum Menschen zu dieser Zeit des Jahres erregbarer sind als sonst.

Damit sind wir immer noch nicht am Ende der wohltätigen Auswirkungen der Weihnachtszeit. Kinder, die um Weihnachten herum geboren wurden, haben womöglich einen besseren Start ins Leben, was sie einem Phänomen verdanken, das BIRG (ein Kürzel für «geBadet In Reflektierter Glorie») genannt wird und ein Begriff ist, mit dem Psychologen die menschliche Neigung beschreiben, sich mit Erfolg in Verbindung zu bringen.

Der wohl bedeutendste Wissenschaftler aller Zeiten, Sir Isaac Newton, der (nach dem damals in England gültigen Kalender) am Weihnachtstag 1642 geboren wurde, ist möglicherweise ein Produkt dieses BIRG-Effekts. Eine Gruppe von Forschern der Universität von Kalifornien in Davis und des israelischen Instituts für Technologie in Haifa hat diese Beziehung zwischen den Daten von Feiertagen, insbesondere Weihnachten, und den Geburtstagen erfolgreicher Menschen unter die Lupe genommen. Unter den in der Weihnachtszeit Geborenen hatten unverhältnismäßig viele Berühmtheiten am Weihnachtstag Geburtstag. Dieses Phänomen ist für Weihnachten deutlicher als für den 4. Juli oder den 1. Januar, und das galt sowohl für Einträge in *Who's Who* als auch für die Abgeordneten im amerikanischen Kongress.

Nach der BIRG-Theorie ist das Image eines solchen Menschen durch die Verknüpfung von Geburtstag und «positiv bewertetem Reiz» – einem Feiertag – besonders attraktiv. Vielleicht glauben die Eltern eines Weihnachtskindes, das Kind sei etwas so Besonderes wie das Jesuskind und werde deshalb im Leben Vorteile haben. Vielleicht ist eine solche Verknüpfung zwischen Feiertag und Geburtstag, wenn sie einmal hergestellt ist, auch für das eigene Selbstvertrauen gut, womit das Gefühl, diesem Menschen sei ein besonderes Schicksal bestimmt, zu einer sich selbst erfüllenden Prophezeiung würde. Albery Harrison, Nancy Struthers und Michael Moore, die diese Untersuchung durchführten, beschlossen, einen Schritt weiter zu gehen und zu fragen, ob Menschen, die um Weihnachten herum geboren werden, später besonders fromm sind. Die Ergebnisse sind zwar nicht schlüssig, aber sie bestätigen doch die BIRG-Theorie: Im Vergleich mit normalen Kirchenchristen haben es überdurchschnittlich viele der an Weihnachten Geborenen weit gebracht in der kirchlichen Hierarchie.

Heute haben wir anscheinend quantifizierbare Hinweise darauf, dass diejenigen, die sich an die religiösen Traditionen halten und die Feste also ernst nehmen, erwarten können, ein gesünderes Leben zu führen. Francis Galton, der Vater der menschlichen Genetik, schrieb 1872 in seinen *Statistical Inquiries into the Efficacy of Prayer*, er finde keine Hinweise auf die Wirksamkeit von Gebeten. Obwohl seine Suche nach wissenschaftlichen Belegen vergeblich blieb, gab er jedoch zu, dass ein Gebet einen Entschluss stärken und Leiden lindern könne. Eine umfassende Untersuchung wissenschaftlicher Hinweise auf die Bedeutung des «Glaubensfaktors» bei der Bekämpfung von Krankheiten wurde von Dale Matthews von der Medizinischen Fakultät der Georgetown-Universität in Washington D.C. durchgeführt. Er fasste in seinem Überblicksartikel 212 Untersuchungen zusammen und fand, dass in drei Vierteln von ihnen ein positiver Effekt der Religion nachgewiesen werden konnte, besonders in Fällen von Drogenmissbrauch, Alkoholismus und Geisteskrankheit. Fromme Menschen erfreuen sich anscheinend einer besseren Lebensqualität als Nichtgläubige, neigen weniger zu Krankheiten und haben, wenn sie krank werden, bessere Überlebens- und Heilungschancen. Sieben von zehn Untersuchungen schwerer Krankheiten zeigen, dass fromme Menschen länger leben. «Die meisten Untersuchungen zeigen eine positive Wirkung», sagt Matthews, «ganz gleich, ob man Krebs oder Bluthochdruck, Herzkrankheiten oder die körperliche Verfassung untersucht.»

Untersuchungen des Glaubensfaktors müssen sich mit tiefgehenden methodologischen Schwierigkeiten auseinandersetzen.

Für einige ist «Religion» ein persönlicher Glaube, für andere Kirchenbesuch oder das Befolgen traditioneller Rituale. Da es zudem schwer ist, das Zusammenspiel zwischen Religion und seelischer Gesundheit und die Auswirkungen der Religion auf den Lebensstil zu entwirren, und da eine Verschlechterung der Gesundheit oft eine gewisse Aufgeschlossenheit für Religiosität als zuverlässige Quelle von Hoffnung, Sinn und Lebenszielen mit sich bringt, ist dieses Gebiet für den Forscher mit vielen Schwierigkeiten befrachtet.

Trotzdem weisen eine Reihe wichtiger Untersuchungen alle in dieselbe Richtung. Eine Untersuchung von 4000 willkürlich ausgesuchten Menschen in North Carolina lässt vermuten, dass ältere Menschen, die Gottesdienste besuchen, weniger unter Depressionen leiden und sich einer besseren körperlichen Verfassung erfreuen als jene, die nicht in die Kirche gehen. Die Untersuchung wurde vom amerikanischen Nationalen Institut für Altersforschung bezahlt, dem größten seiner Art; der Hauptautor Harold Koenig schloss, dass «Aktivitäten, die auf die Kirche bezogen sind, Krankheiten sowohl direkt durch die Auswirkungen von Gebet oder Bibellesen als Bewältigungsstrategien vermeiden können als auch indirekt, indem sie einer gesunden Lebensweise förderlich sind». Er hat seine Gedanken in einem Buch zusammengefasst, dem er den Titel gab: «Ist Religion gut für die Gesundheit?»

Koenig wurde zunächst eher zufällig auf die Rolle des Glaubens aufmerksam: «Ich bemerkte bei sehr vielen Patienten, dass sie religiöse Praktiken als etwas sahen, was ihnen half, mit Schwierigkeiten fertig zu werden, ganz gleich, ob es Gebet, Bibellesen, Rosenkranzbeten oder etwas anderes war. Ich wollte wissen, ob es ihnen wirklich hilft.» Bei fast einem Dutzend Untersuchungen, die er in Gefängnissen, Krankenhäusern und auch bei den Kranken zu Hause durchführte, fand er seine Vermutung bestätigt.

Einige Aspekte des Einflusses der Religiosität auf die Gesundheit sind offensichtlich. Wie Koenig fand, können Gebete und andere Bewältigungsstrategien älteren Menschen helfen, mit Belastungen umzugehen. Vielleicht sind fromme Menschen auch weniger eigenwillig und deshalb eher geneigt, die Vorschriften ihrer Ärzte zu befolgen. Ältere Kirchenbesucher sind gewöhnlich in der Gemeinde bekannt und werden von ihr umsorgt. Koenig meint auch, dass fromme Menschen normalerweise weniger bereit seien, gesundheitliche Risiken einzugehen: «Aktives religiöses Engagement kann indirekt Gesundheitsprobleme vermeiden helfen, die von schlechter Ernährung, Drogenmissbrauch, Rauchen, selbstzerstörerischen Verhaltensweisen und gefährlichen sexuellen Praktiken herrühren, da sich die meisten religiösen Gruppen gegen sie aussprechen.»

Viele Wissenschaftler vermuten einen Zusammenhang zwischen dem Wohlbefinden der Seele und körperlicher Gesundheit. Aber damit stellt sich die Frage nach Ursache und Wirkung: Fördert eine optimistische religiöse Denkweise die körperliche Gesundheit oder umgekehrt? Eine Untersuchung von 1000 Menschen, die die Beziehung zwischen Religiosität und seelischem Wohlbefinden erforschen sollte und im *American Journal of Psychiatry* veröffentlicht wurde, zeigte, dass der Grad der religiösen Überzeugungen mit der geistigen Gesundung verknüpft ist. Je stärker der Glaube der Patienten, umso rascher erholten sie sich von Depressionen, besonders wenn sie krankheitsbedingt waren, und das galt selbst bei chronischen Krankheiten. Eine Untersuchung aus dem Jahr 1998 wurde an 87 depressiven Menschen durchgeführt, die wegen Herzkrankheit oder Schlaganfall in ein Krankenhaus eingeliefert worden waren; danach gesundeten Menschen, die nach einem wissenschaftlich validierten Fragebogen in Bezug auf «innere Religiosität» hoch eingestuft worden waren, rascher als andere Patienten. «Dies ist die erste Untersuchung, die zeigt, dass unabhängig von medizinischen Eingriffen und der ‹Lebensqualität› der Glaube älteren Menschen helfen kann, sich von einer schweren seelischen Störung zu erholen», sagt Koenig. «Eines Tages können wir vielleicht – aufgrund der Stärke des Glaubens und der Veränderung der Symptome – vorhersagen, bei welchen Patienten sich die Depression verbessern und bei welchen sie schwerer werden wird.» Die heilsame Wirkung der Religiosität ist nicht auf die seelische Gesundheit beschränkt, fügt Koenig hinzu. Vorläufige Daten legen nahe, dass fromme Menschen im höheren Alter einen normaleren Blutdruck haben und weniger an Krankheiten der Herzkranzgefäße sterben.

Zur Erklärung braucht man keine göttliche Intervention heranzuziehen. Da Glaube und Vertrauen und die damit verbundenen Verhaltensweisen einem Menschen helfen können, mit Belastungen umzugehen, reduzieren sie die negativen Auswirkungen dieser Belastungen auf den Körper. Depression, Angst oder psychische Erregung führen dazu, dass die Adrenalindrüsen die Stresshormone Cortisol und Epinephrin freisetzen, chemische Stoffe, die den Körper entweder darauf vorbereiten, sich der Gefahr zu stellen oder vor ihr zu fliehen. Wenn solcher Stress wochen- und monatelang anhält, kann die Freisetzung dieser Substanzen die Wirkung des Immun- und kardiovaskulären Systems negativ beeinflussen und das Risiko einer Erkrankung erhöhen. Koenig fährt fort: «Einige der ersten Hinweise auf einen Zusammenhang zwischen religiöser Anteilnahme und der Funktion des Immunsystems wurden kürzlich bei einer Untersuchung von 1700 Probanden am Medizinischen Zentrum der Duke-Universität entdeckt, wo geringer Gottesdienstbesuch mit höheren Mengen an Interleukin-6 in Zusammenhang gebracht wurde, einem entzündlichen Zytokin, das ein Anzeichen für Störungen des Immunsystems ist.»

Menschen mit Erkältungen, die gesellschaftlich stärker eingebettet sind, erkranken weniger oft an einem Schnupfen, reinigen ihre Nasengänge effektiver und verbreiten somit weniger Viren als weniger eingebundene, wie Sheldon Cohen von der Carnegie-Mellon-Universität in Pittsburgh im *Journal of the American Medical Association* 1997 mitteilte. Er und seine Kollegen untersuchten diese Verknüpfung an 276 freiwilligen gesunden Probanden im Alter zwischen 18 und 55 Jahren, die sie Erkältungsviren ausgesetzt hatten. Sie zitieren die Ergebnisse anderer Untersuchungen, die zeigen, dass Menschen mit vielen Beziehungen zu Freunden, der Familie, Kollegen und Vereinen länger leben als solche, die sich nur wenigen Gruppen zugehörig fühlen. Ihre Ergebnisse würden entgegen allen Erwartungen nahelegen, dass man sich mit geringerer Wahrscheinlichkeit erkältet, je mehr Menschen man in der Weihnachtszeit begegnet, ob in der Kirche oder bei einem Fest. Die Verfasser stellen die Theorie auf, dass die Einbindung in ein enges soziales Netz die Motivation fördern könnte, gut für sich selbst zu sorgen, indem sie das Gefühl für den eigenen Wert, die Eigenverantwortung und die eigenen Einflussmöglichkeiten stärkt und dem Leben einen Sinn gibt. Man hat auch einen Zusammenhang zwischen der Vielfalt gesellschaftlicher Kontakte und der Abnahme von Angst, Depression und «nichtspezifischen psychischen Belastungen» gefunden.

In ähnlicher Weise kann Frömmigkeit helfen, mit dem Gefühl der Hoffnungslosigkeit umzugehen, das von Susan Everson vom Institut für öffentliche Gesundheit in Berkeley, Kalifornien, mit Arterienverkalkung in Verbindung gebracht worden ist. Ihre vierjährige Untersuchung von 942 Männern mittleren Alters, über die sie 1997 in der Zeitschrift *Arteriosclerosis, Thrombosis and Vascular Biology* berichtete, verknüpft diesen Geisteszustand – definiert als ein Gefühl des Versagens oder einer ungewissen Zukunft – mit einem rascheren Fortschritt der Arteriosklerose, einer Krankheit, bei der Fett, Cholesterol, zelluläre Abfallprodukte und Kalzium sich in den Blutgefäßen sammeln und diese daran hindern, Sauerstoff und Nährstoffe an den Körper zu liefern, was schließlich zu einem Herzinfarkt oder Schlaganfall führen kann. Everson sagt, dass bei jenen, die sich als sehr hoffnungslos schilderten, die Zunahme von Arteriosklerose um 20 Prozent höher war als bei denen, die die Welt in einem freundlicheren Licht sahen. «Der Unterschied im Risiko entspricht dem zwischen jemandem, der täglich eine Packung Zigaretten raucht, und einem Nichtraucher», bemerkt sie.

Diese Ergebnisse werfen wiederum eine andere Frage auf: Wie weit gelten die gesundheitlichen Wohltaten des Glaubens auch für andere Aktivitäten, die stark gesellschaftlich eingebunden sind oder eine Art Lebensphilosophie vertreten, wie beispielsweise Yoga oder transzendentale Meditation? «Soweit ich weiß, sind sie noch nicht verglichen worden», sagt Koenig. «Ich habe aber das Gefühl, dass Yoga, TM oder soziale Einbindungen – ohne den Rahmen eines Glaubens, bei dem Verantwortung und lebenslange Verpflichtung betont werden – nicht ganz so wirksam sind.»

Wenn die gesundheitlichen Vorteile der Religiosität befriedigend nachgewiesen wären, gäbe das zu weiteren Fragen Anlass. Würden Ärzte aus medizinischen Gründen einen Glauben verschreiben? Und falls ja, würde es (zumindest in den Augen der religiösen Führer) eine Rolle spielen, ob jemand glaubt, weil er länger leben will oder weil er die religiöse Wahrheit einer Lehre spürt? Würden manche Religionen wirksamer sein als andere? Und würde diese Entdeckung eine Rückkehr zu den Weihnachtsfeiern von ehedem auslösen, bei denen der Glaube – und nicht der Konsum – im Mittelpunkt stand? Dale Matthews von der School of Medicine der Universität Georgetown glaubt, dass Ärzte Patienten mit «autonomen» religiösen Überzeugungen ermutigen sollten. «Ob der Tag kommen wird, an dem das Gesundheitsministerium warnt, es könne gesundheitsschädlich sein, den Gottesdienst nicht zu besuchen?» Er gibt zu: «Das weiß ich nicht.»

Schließlich stellt sich die Frage, ob die wissenschaftliche Perspektive die religiösen Überzeugungen untergräbt, die für so viele Menschen das Eigentliche von Weihnachten ausmachen. Die Furcht, dass die Wissenschaft zu einer Entfremdung der Menschen von Gott führen könnte, wurde bereits 1916 untersucht, als ein oft zitierter Überblicksartikel von James Leuba von der Bryn-Mawr-Universität in Pennsylvanien feststellte, dass 60 Prozent aller amerikanischen Wissenschaftler nicht an Gott glaubten.

Die Untersuchung führte damals zu einem Skandal. Sie veranlasste Politiker, vor den Gefahren des Modernismus zu warnen und die Forscher zu beschuldigen, sie entfremdeten ihre Studenten der Religion. Leuba selbst sagte vorher, dass die Areligiosität der Wissenschaftler in Zukunft zunehmen würde, wurde jedoch durch eine neuere Untersuchung, die seine Übersicht von 1916 wortwörtlich wiederholte, widerlegt. Der Anteil von Wissenschaftlern, die an einen Gott glauben, ist in den letzten achtzig Jahren trotz der gewaltigen Entdeckungen, die in diesem Jahrhundert gemacht wurden, fast unverändert geblieben. Edward Larson von der Universität von Georgia und sein Kollege Larry Witham aus Burtonsvill (Maryland) befragten 600 Wissenschaftler, die in der Ausgabe von 1995 von *American Men and Women of Science* aufgeführt waren, und kamen zu demselben Ergebnis wie Leuba – etwa 40 Prozent der Wissenschaftler glauben an Gott. Die Zukunft von Weihnachten und Chanukka scheint auch in unseren immer mehr von der Technologie beherrschten Zeiten gesichert.

11. KAPITEL

Wie fliegen Sie?

*Ich blieb die ganze mondhelle schneehelle Nacht über
wach, um das Rentier zu hören, das auf dem Dach
landen würde, und den mit Stechpalmenzweigen
geschmückten Stiefel zu sehen, wie er durch den Ruß
herunterkam. Aber schon bald streute mir der Schnee
den Schlafsand in die Augen, und obwohl ich durch
das vom Feuerschein flackernde Zimmer auf den
Kamin starrte, wo der schwarze, sackartige Strumpf
hing, schlief ich ein, bevor der Kamin zitterte und das
Zimmer weihnachtlich rot und weiß wurde. Aber am
Morgen war der Strumpf, obwohl kein Schnee auf dem
Schlafzimmerboden schmolz, prall und bis zum Rand
gefüllt; presste ich ihn zusammen, quietschte er wie ein
Schachtelteufel; er roch nach Mandarinen; ein pelziger
Arm hing heraus, wie der Arm eines kleinen Kängurus
aus dem Beutel seiner Mutter.*
Dylan Thomas, *Conversation about Christmas*

In Bilderbüchern und auf Weihnachtskarten sieht alles so einfach
aus. Engel haben ihre Flügel, und abgesehen von gelegentlichem

Ärger mit einem Rentier oder mit engen Kaminen und Schneestürmen, schafft es der Weihnachtsmann, zu Weihnachten Abermillionen von Geschenken zu bringen, ohne dabei sein Lächeln und seine gute Laune zu verlieren. Es helfen ihm lediglich seine Rentiere, vielleicht ein paar eifrige kleine Engel oder Heinzelmännchen oder sein alter Knecht Ruprecht. Offensichtlich können nur ahnungslose Kinder diese Märchen glauben, seit Generationen verbreitete Phantasiegespinste, die die Aufmerksamkeit von dem ablenken sollen, was zweifellos das spektakulärste Forschungs- und Entwicklungsprojekt ist, das dieser Planet je gesehen hat.

Was den Weihnachtsmann betrifft, stelle ich mir gerne vor, dass es irgendwo am Nordpol ein Heer von Wissenschaftlern gibt, die mit den neuesten Ergebnissen der Hochtemperaturphysik, der Gentechnologie und den gekrümmten Geometrien von Raum und Zeit experimentieren, einzig und allein, um alle Jahre wieder Millionen Kinder zu Weihnachten glücklich zu machen.

Man versetze sich mal in den Weihnachtsmann: Woher weiß er, wo Kinder wohnen und was sie sich wünschen? Wie kann er bei jedem Wetter fliegen, den Erdball in einer Nacht umrunden, Millionen Kilo Geschenke tragen und lautlos und mit unfehlbarer Genauigkeit auf den Dächern landen? Vor einigen Jahren beschäftigte sich das *Spy Magazine* in einem Artikel, der inzwischen über das Internet verbreitet wurde, mit diesen Fragen. Der Weihnachtsmann müsste über 214 200 Rentiere verfügen und hätte bei der gewaltigen Menge an Geschenken und deren überwältigendem Gewicht einen «enormen Luftwiderstand zu überwinden, was die Rentiere ähnlich erhitzen würde wie ein Raumschiff, das wieder in die Erdatmosphäre eintritt». Die Rentiere, so schloss der Artikel, «würden dabei fast augenblicklich in Flammen aufgehen, und bei dieser Explosion käme es zu einem ohrenbetäubenden Überschallknall. Die Rentiere würden in 4,26 Tausendstel einer Sekunde verdampfen, während der Weihnachtsmann Kräften ausgesetzt wäre, die die Schwerkraft um das 1 750 000fache überstiegen, was seine Knochen und Organe sofort vermatschen und ihn in einen wackeligen Klumpen rosaroter Masse verwandeln würde.» Kurzum: falls der Weihnachtsmann je am Weihnachtsabend Geschenke ausgeteilt hat, ist er jetzt tot.

Aber er ist nicht tot. Er bringt zu jedem Weihnachtsfest Geschenke, und zwar zuverlässig. Wenn er die oben angedeuteten Probleme bewältigen kann, dann nur mit Hilfe einer Technologie, die nicht von dieser Welt ist. Der Weihnachtsmann hat einen großen Markt: Auf der Welt gibt es nach einer Zählung von UNICEF 2106 Millionen Kinder unter achtzehn Jahren. In Anbetracht der heidnischen Ursprünge des Festes und des Werts, der auf Wohltätigkeit gelegt wird, können wir annehmen, dass der Weihnachtsmann jedem Kind Geschenke bringt und nicht nur den christlichen Kindern oder den 191 Millionen von Kindern, die in den Industrieländern leben. Schließlich ist ja Weihnachten.

Nehmen wir an, in jedem Haus wohnten statistisch gesehen 2,5 Kinder. Dann müsste der Weihnachtsmann am Heiligen Abend seinen Schlitten 842-millionenmal anhalten lassen. Setzen wir zudem voraus, dass diese Häuser gleichmäßig über die Landmassen der Erde verteilt sind. Bei einem Erdradius von 6400 Kilometern beträgt die Erdoberfläche 510 000 000 Quadratkilometer, wie sich durch Quadrieren des Radius und Multiplikation mit 4π ergibt. Nur 29 Prozent der Oberfläche ist Land, deshalb kann höchstens ein Bereich von 150 000 000 Quadratkilometern bewohnt sein. Ordnen wir also jedem Haushalt eine Fläche von 0,178 Quadratkilometern zu und nehmen wir an, dass die Grundstücke, auf denen die Familien wohnen, gleich groß sind, sodass die Entfernung jeweils die Quadratwurzel aus der Fläche ist, also 0,42 Kilometer.

Der Weihnachtsmann muss also in jeder Weihnachtsnacht eine Entfernung zurücklegen, die gleich der Anzahl der Schornsteine ist − 842 Millionen −, multipliziert mit diesem mittleren Abstand zwischen den Häusern, was insgesamt 356 Millionen Kilometer ergibt. Das klingt überwältigend, besonders, wenn man bedenkt, welch kurze Zeitspanne ihm dafür zur Verfügung steht. Glücklicherweise hat der Weihnachtsmann mehr als 24 Stunden Zeit, um die Geschenke abzuliefern. Nehmen wir den ersten Punkt auf unserem Planeten, der um Mitternacht des 24. Dezembers durch die Internationale Datumslinie geht. Von diesem Moment an kann er mit der Verteilung beginnen. Wenn er auf dieser Datumslinie bleibt, hat er 24 Stunden Zeit, um jedem Geschenke zu bringen. Wenn er aber entgegen der Rotationsrichtung der Erde, also sozusagen rückwärts, fährt, hat er noch einmal 24 Stunden Zeit zur Verteilung der Geschenke, also insgesamt 48 Stunden, oder 2880 Minuten, oder 172 800 Sekunden.

Dann, so lässt sich berechnen, bleiben dem Weihnachtsmann für jeden der 842 Millionen Haushalte etwas mehr als zwei Zehntausendstel einer Sekunde. Wenn sein Schlitten die gesamte Entfernung von 356 Millionen Kilometern in dieser Zeit zurücklegen soll, muss er mit einer mittleren Geschwindigkeit von 2060 Kilometer pro Sekunde rasen. Wenn wir Komplikationen mit der Lufttemperatur und der Feuchtigkeit außer Acht lassen und bedenken, dass die Schallgeschwindigkeit etwa 1200 Kilometer pro Stunde oder 0,3 Kilometer pro Sekunde beträgt, erreicht der Weihnachtsmann also Geschwindigkeiten von etwa 6395facher Schallgeschwindigkeit, also 6395 Mach.

Beim Durchbrechen der Schallmauer erzeugt ein Schlitten wie jeder Körper mindestens einen Überschallknall. So heißt die Schockwelle, die ausgeschickt wird, wenn der Schlitten die Druckwelle einholt, die er durch seine Bewegung erzeugt, erklärt Nigel Weatherill von der Universität von Wales in Swansea, der 1997 dem Thrust Supersonic Car beim Durchbrechen der Schallmauer half.

Der Weihnachtsmann erzeugt am Weihnachtsabend jedoch

keinen Überschallknall. In seinem Buch *Unweaving the Rainbow* berichtet Richard Dawkins, er habe mit diesem Argument ein sechsjähriges Kind von der Nichtexistenz des Weihnachtsmanns überzeugen können. Das Argument mag Biologen überzeugen, für Aerodynamiker jedoch läge der Verdacht näher, dass der Weihnachtsmann eine Möglichkeit gefunden hat, den Überschallknall zu unterdrücken. Beispielsweise, sagt Weatherill, könnte er die Berge und Täler einer Schockwelle durch die Täler und Berge von «Antischall»-Schockwellen aufgehoben haben, die ein zu diesem Zweck auf dem Schlitten montierter Speziallautsprecher erzeugt.

Die Lichtgeschwindigkeit ist eine für Signale absolute Grenze und kann nicht übertroffen werden (siehe jedoch unten), sodass wir überprüfen sollten, ob der Weihnachtsmann nicht etwa gegen ein Naturgesetz verstößt. Die Lichtgeschwindigkeit wird üblicherweise mit 300 Millionen Meter pro Sekunde angegeben, was sich – da ein Kilometer 1000 Meter hat – auf 300000 Kilometer pro Sekunde beläuft. Die Geschwindigkeit des Weihnachtsmannes beträgt nur ein 145stel der Lichtgeschwindigkeit – er ist also zu langsam, als dass er sich um die Auswirkungen der Einstein'schen Relativitätstheorie sorgen müsste. Dabei wird jedoch vorausgesetzt, dass er die Geschenke im Vorbeiflug in den Kamin wirft. Tatsächlich aber hält er bei jedem Haus an, sodass er doppelt so schnell sein muss wie oben berechnet (wenn er aus dem Stand startet, muss er die Entfernung zwischen den Häusern in zwei Zehntausendstel einer Sekunde zurücklegen). Er beschleunigt also in zwei Zehntausendstel einer Sekunde von 0 auf 4116 Kilometer pro Sekunde, das entspricht einer Beschleunigung von 20,5 Millionen Kilometer pro Sekunde pro Sekunde oder von 20,5 Milliarden Meter pro Sekunde pro Sekunde.

Die Beschleunigung aufgrund der Schwerkraft beträgt nur 9,8 Meter pro Sekunde pro Sekunde, also ist die Beschleunigung des Schlittens etwa zweimilliardenmal so groß wie die Beschleunigung, die durch die Schwerkraft der Erde verursacht wird. Wenn wir das Übergewicht des Weihnachtsmanns berücksichtigen und sein Gewicht mit etwa 200 kg ansetzen, fühlt er eine Kraft, die dem Produkt aus seiner Masse und seiner Geschwindigkeit entspricht, also etwa 4000 Milliarden Newton beträgt. Selbst Kampfpiloten können eine Beschleunigung, die die der Schwerkraft um ein Vielfaches übertrifft, nicht aushalten und tragen deshalb spezielle Atemgeräte und sogenannte g-Anzüge, damit das Blut im Kopf bleibt. Der Weihnachtsmann müsste eine Beschleunigung aushalten, die etwa zweimilliardenmal so groß ist. Wie oben schon gesagt, würde, mit den Worten des Physikprofessors Lawrence Krauss, unser wohlbeleibter Freund damit auf «klumpige Soße» reduziert.

Krauss erörtert ähnliche Probleme im Zusammenhang mit seiner Arbeit zur Physik von *Star Trek*. Das Raumschiff *Enterprise* nimmt sogenannte «Trägheitsdämpfer» zu Hilfe, um die Kräfte abzufangen, die Captain Kirk in seinem Hosenboden spürt. Der Weihnachtsmann ist auf ähnliche Verfahren angewiesen und muss sich in seinem Schlitten eine künstliche Welt erschaffen, in der die der Beschleunigung entgegenwirkende Kraft möglicherweise durch eine Art Schwerefeld aufgehoben wird.

Er hat noch ein weiteres Problem, nämlich seine Last an Spielzeug. Wenn wir annehmen, dass jedes der 2106 Millionen Kinder nicht mehr als einen mittelgroßen Baukasten erhält (900 g), muss er eine Last von 1895 Millionen Kilogramm befördern. Außerdem braucht er eine Menge Treibstoff, um diese gewaltigen Geschwindigkeiten zu erreichen. Wie man es auch dreht und wendet, der Weihnachtsmann hat etliche Hürden zu überwinden.

Larry Silverberg, Professor für Maschinenbau und Raumfahrttechnik an der Staatsuniversität von North Carolina und Mitglied des Marsmission-Forschungszentrums der NASA, hat seine Forschung der Aufgabe gewidmet, all diese quälenden Fragen wissenschaftlich fundiert zu beantworten. Silverberg fand dabei die Unterstützung von Robert Stanley und Jeffry Stock-Windsor, Doktoranden der Maschinenbautechnik, J. P. Thrower, Elektroingenieur, und Dan Deaton und Charles Grant, ebenfalls Maschinenbauer. Sie beschreiben den Schlitten des Weihnachtsmanns als ingenieurtechnisches Weltwunder und meinen, seine Funktionsweise gut genug zu kennen, um an ihn glauben zu können. «Der Weihnachtsmann hat offensichtlich die Nase vorn, wenn es darum geht, hochentwickelte wissenschaftliche Theorien auf den Bau seines Schlittens anzuwenden.» Kinder sollten keinem vertrauen, der sagt, es sei unmöglich, in einer Nacht überall auf der Welt Geschenke zu verteilen. Es gibt eine Möglichkeit, und sie hat plausible wissenschaftliche Grundlagen.

Nach Silverberg macht sich der Weihnachtsmann Teile von Albert Einsteins Relativitätstheorie zunutze. Die sogenannte Spezielle Relativitätstheorie geht von der Annahme aus, dass die Lichtgeschwindigkeit in Bezugssystemen, die sich mit einer konstanten Geschwindigkeit relativ zueinander bewegen, invariant ist und die Naturgesetze für alle Beobachter dieselben sind. Die Spezielle Relativitätstheorie wird wichtig, wenn der gesunde Menschenverstand versagt, weil wir mit hoher Geschwindigkeit reisen, besonders solcher in der Nähe der Lichtgeschwindigkeit. Die Lichtgeschwindigkeit ist konstant, unabhängig davon, wo ein Beobachter ist oder wie schnell er sich bewegt.

Deshalb kommt uns die Relativitätstheorie so ungereimt vor. Ein Schneeball, den der Weihnachtsmann wirft, wenn er auf seinem rasenden Schlitten sitzt, schiene sich für ihn viel langsamer zu bewegen als für unsere erdgebundene Wahrnehmung. Für einen irdischen Beobachter wäre die Geschwindigkeit des Schneeballs die Summe aus der Geschwindigkeit des Schneeballs, wie der Weihnachtsmann sie sieht, und der des Schlittens. Die Relativitätstheorie sagt, dass Licht diese selbstverständliche Regel verletzt. Die Geschwindigkeit des Lichts einer Fackel, die der Weihnachtsmann entzündet, wäre für ihn, der in dem rasenden Schlitten sitzt, dieselbe wie für jemanden, der unten im Schnee steht.

Nach unserer alltäglichen Erfahrung sind Zeit und Raum absolut. Zentimeter und Sekunden sind immer gleich lang, unabhängig davon, wo wir auf dem Planeten sind oder was wir gerade tun. Relativ zueinander bewegte Beobachter erhalten jedoch nur dann denselben Wert für die Lichtgeschwindigkeit – etwa der des Laserstrahls einer Weihnachtsbeleuchtung, der von einem Planeten zu einem anderen rast –, wenn sich ihre «Sekunden» oder «Zentimeter» unterscheiden. «Je schneller der Weihnachtsmann ist, umso mehr dehnt sich die Zeit und umso mehr schrumpft der Raum», sagt Silverberg. «Sie sehen selbst, es ist ganz einfach.»

Mit Hilfe der Speziellen Relativitätstheorie hat der Weihnachtsmann also die Möglichkeit, die Geschenke in einem Zeitraum abzuliefern, der für uns nur ein Augenblick ist. Silverberg schreibt: «Im Bezugssystem des Weihnachtsmanns – dann also, wenn er in seiner ‹Relativitätswolke› ist – vergeht die Zeit viel rascher als in unserem eigenen. In der Relativitätswolke sieht er uns im Wesentlichen gefroren, da sich die Zeit für uns (relativ) viel langsamer bewegt. Er braucht sich nicht einmal zu beeilen. Er hat alle Zeit der Welt.»

Die nächste Aufgabe bestand für Silverberg und seine Gruppe darin herauszufinden, wie der Weihnachtsmann diese gewaltigen Geschwindigkeiten erreicht. Selbst wenn eine Rakete den Schlitten auf diesen kleinen Bruchteil der Lichtgeschwindigkeit beschleunigen könnte, benötigte sie unmöglich viel Brennstoff. Dabei kommt die sogenannte Allgemeine Relativitätstheorie ins Spiel, mit der Einstein seine erste Theorie erweiterte. Demgemäß sollen für alle Beobachter, unabhängig davon, wie sie sich relativ zueinander bewegen, dieselben Naturgesetze gelten. Die Erkenntnis, die Einstein zur Allgemeinen Relativitätstheorie brachte, hat damit zu tun, dass der Weihnachtsmann, wenn er vom Dach fällt, sein eigenes Gewicht nicht spürt – bis er den Erdboden berührt. Die Theorie verallgemeinert Newtons Auffassung der Schwerkraft; sie wird nicht als Kraft gesehen, sondern als Krümmung der «Raumzeit», einer vierdimensionalen Einheit von Raum und Zeit. Beispielsweise umläuft die Erde die Sonne, weil die Raumzeit in eine Form gekrümmt wurde, die wie das Innere einer Glocke aussieht, in deren Mittelpunkt die Sonne ist.

Silverberg macht darauf aufmerksam, dass zwar *unser* theoretisches Verständnis der Raumzeit in den ersten Jahrzehnten dieses Jahrhunderts entstand, der Weihnachtsmann und die Seinen am Nordpol aber vermutlich schon viel länger darüber verfügten. Sie haben aus der Erfahrung gelernt, Einfluss auf Zeit, Raum und Licht zu nehmen – und können diese Phänomene nun sogar steuern: «Wir haben noch kaum begonnen, die Folgerungen aus der Relativitätstheorie zu erfassen. Aber der Weihnachtsmann und seine Helfer, die jahrhundertelange Erfahrung im Umgang und im Verständnis der Relativitätstheorie haben, kennen ihre Anwendungen – sie haben Relativitätswolken geschaffen, in die der Weihnachtsmann, sein Schlitten und alle Rentiere hineinpassen.»

Nach der Relativitätstheorie kann sich Materie höchstens mit Lichtgeschwindigkeit bewegen. Der Geschwindigkeit des Raums selbst jedoch sind keine Grenzen gesetzt: Der Schlitten kann in einer kleinen Raumblase ruhen, die den gewöhnlichen Raum mit «superluminaler» Geschwindigkeit durchfließt. Man könnte auch sagen, dass ein Objekt sich lokal mit geringer Geschwindigkeit bewegen kann, dabei aber gleichzeitig schneller ist als das Licht, weil sich das Gewebe der Raumzeit selbst ausdehnt.

Miguel Alcubierre vom College of Cardiff der Universität von Wales zeigte 1994, dass diese scheinbare Lücke durchaus vereinbar ist mit der modernen Physik, denn wenn die Raumzeit lokal so gekrümmt werden kann, dass sie sich hinter dem Schlitten des Weihnachtsmanns ausdehnt und vor ihm kontrahiert, dann wird der Schlitten zusammen mit dem Raum, in dem er sich befindet, vorwärts getrieben, reitet also praktisch auf einem Wellenberg. Die Raumzeit ist dann um den Schlitten herum gekrümmt, sodass er sich zwischen Schornsteinen bewegen kann, ohne lokal stark beschleunigt zu werden. Vielmehr dehnt sich die Raumzeit zwischen Santa und dem letzten Schornstein aus und bringt ihm den nächsten näher. Der Schlitten bewegt sich lokal niemals rascher als mit Lichtgeschwindigkeit, weil auch das Licht mit der expandierenden Raumwelle mitgenommen wird. Die begleitende «Welle» ermöglicht es, gewaltige Entfernungen praktisch augenblicklich zu überbrücken, und natürlich erst recht die Entfernungen zwischen Schornsteinen.

Der Weihnachtsmann kann noch weiter gehen und Teile des Universums zerschneiden und neu zusammenkleben, indem er raumzeitliche Abkürzungen verwendet, sogenannte «Wurmlöcher». Dieser Gedanke wurde von dem Mathematiker Ian Stewart von der englischen Warwick-Universität untersucht. Wenn man sich die Raumzeit gekrümmt vorstellt, ist der Weg durch ein Wurmloch kürzer, aber es ist ein Weg, der das gewöhnliche Universum verlässt. Der Weihnachtsmann würde an einer Stelle in das Wurmloch hineingelangen, durch das Wurmloch hindurchfahren und an einer anderen Stelle wieder herauskommen. Er könnte auch ein Ende des Wurmlochs mit seinem Fahrzeug transportieren und es so einrichten, dass sich das andere Ende in jedem von ihm besuchten Haus materialisiert. Dann gäbe es für ihn keine rußigen Schornsteine mehr und kein Steckenbleiben in Zentralheizungssystemen, sagt Stewart.

Wurmlöcher könnten auch Zeitreisen ermöglichen und bieten damit unbegrenzte Möglichkeiten, die Geschenke rechtzeitig abzuliefern. Diese Erkenntnis verdanken wir einer Arbeit, die 1988 von Michael Morris, Kip Thorne und Uli Yurtsever veröffentlicht wurde und auf dem sogenannten Zwillingsparadoxon beruht. Man stelle sich, sagt Ian Stewart, zwei identische Rentiere vor. Das eine bleibt auf der Erde, während sich das andere mit nahezu Lichtgeschwindigkeit in den Raum aufmacht, von wo es – nach irdischen Uhren – vierzig Jahre später wiederkehrt. Das auf der Erde ist dann um vierzig Jahre gealtert, das andere wegen der Zeitdilatation aber nur zwei oder drei. Wie Morris, Thorne und Yurtsever erkannten, kann eine Kombination von Wurmloch und Zwillingsparadoxon eine Zeitmaschine ergeben. Es kommt dann darauf an, erklärt Stewart, dass man ein Ende des Wurmlochs festhält und das andere mit etwas weniger als Lichtgeschwindigkeit hin und her zucken lässt. Vom Inneren des Wurmlochs betrachtet altern dann beide Enden gleich schnell, von außen gesehen aber altert das bewegte Ende langsamer, weil es so schnell ist.

Aus der Sicht der Helfer des Weihnachtsmanns, die sich am festen Wurmlochende aufhalten, würde die einen Tag lang dauernde Reise des bewegten Endes also zehn Tage dauern. Wenn sie aber, neugierig, wie zum Beispiel Heinzelmännchen sind, durch das Wurmloch hindurchlugten, würden sie die Dinge sehen, wie sie vor neun Tagen waren. Die Zeit verläuft also anders, wenn man sich von einem Ende des Wurmlochs zum anderen hindurchzwängt, und wenn man durch den gewöhnlichen Raum zum bewegten Ende reist und dann durch das Wurmloch hindurchtaucht, landet man sogar in der eigenen Vergangenheit.

Es gibt immer noch einige Probleme zu bewältigen. So riskieren Zeitreisende beispielsweise, dass sich Paradoxien ergeben, die den uns so selbstverständlichen Vorstellungen von Ursache und Wirkung spotten. Das klassische Paradoxon ergibt sich, wenn der Weihnachtsmann in der Zeit zurückgeht und seinen dreijährigen Großvater überfährt, was für ihn allerdings fatale Folgen hätte. Eine Möglichkeit, solche Paradoxa zu umgehen, könnte die Viele-

Welten-Deutung der Quantenmechanik bieten, der Theorie, die die subatomare Welt bestimmt. Diese umstrittene Deutung der Quantenmechanik ist jedoch, wie einer ihrer Kritiker meint, billig, was die Annahmen betrifft, und teuer, was die Welten anbelangt.

Wenn Sie dieser Deutung vertrauen (und viele tun es nicht), bringt uns jede Zeitdilatation in eine neue Fassung des Universums, die zugleich mit dem ursprünglichen existiert, aber durch eine vollkommen neue Art von Dimension von ihr getrennt ist. Es könnte dort draußen Abermilliarden Weihnachtsmänner geben, die in parallelen Universen Geschenke bringen. Das aber wirft neue Probleme auf. Bei all dem, was Alcubierre über ausgefallene und gekrümmte Raumzeiten sagt, die dem Weihnachtsmann Reisen mit Überschallgeschwindigkeiten ermöglichen, haben wir übersehen, dass er dazu zunächst das Gewebe der Welt zerstückeln muss.

Um die Raumzeit zu krümmen, ist nach Alcubierre exotische Materie nötig, die, anders als die uns vertrauten Stoffe, Materie abstößt, indem sie eine Antigravitationswirkung ausübt. Das gilt jedenfalls, solange wir uns an die Relativitätstheorie halten. Die Quantenmechanik dagegen lässt in der Größenordnung von Atomen und Molekülen durchaus Materie mit «negativer Energie» zu. Die große Frage ist, ob Materie diese Eigenschaft auch in der Größenordnung von Rentieren und Schlitten haben kann. Die neue Arbeit von Mitchell Pfenning und Larry Ford von der Tufts-Universität in Massachusetts beschäftigt sich mit genau dieser Frage und fand, dass diese Energie in einem ringförmigen Bereich um den Schlitten herumgewickelt sein müsste. Nach ihrer Rechnung wäre zur Aufrechterhaltung dieser Krümmung ungeheuer viel Gesamtenergie nötig – etwa zehnmilliardenmal mehr als die Energie, die in aller sichtbaren Masse des Universums steckt. Damit sind krümmungsgetriebene Schlitten wohl ausgeschlossen.

Vielleicht nicht für den Weihnachtsmann, meint Alcubierre. Die Arbeit von Pfenning und Ford beruht auf Näherungen, die, streng genommen, nur in einem Raum gelten, der nicht schon gekrümmt ist. Zurzeit kennen wir keine Theorie für diese Art von Berechnungen, nämlich eine Art von Verknüpfung von Quantentheorie und Relativitätstheorie. Nutzt der Weihnachtsmann etwa schon diese nächste Generation von Theorien, die der sogenannten Quantengravitation? In Anbetracht seines beobachteten Wirkens am Weihnachtsabend könnte das die Antwort sein.

Immer noch bleiben viele Fragen offen: Wie weiß der Weihnachtsmann überhaupt, wo die Kinder wohnen und welche Geschenke sie wollen? Obwohl sich altmodische Wunschzettel und Briefe an den Weihnachtsmann auch heute noch bewähren, vermuten Silverberg und seine Studenten, dass er sich ein strategisch angebrachtes Antennensystem zunutze macht, das elektromagnetische Signale von den Gehirnen der Kinder empfängt. Es gibt schließlich das Verfahren der sogenannten Magnetenzephalographie, das mit Hilfe eines SQUID (Superconducting Quantum Interference Device) winzige Magnetfelder aufdecken kann, die durch das Knistern der Hirnaktivität erzeugt werden. Dann könnten raffinierte Methoden der Signalverarbeitung die Daten filtern und herausfinden, wer die Kinder sind, wo sie wohnen und ob sie lieb und brav waren. Diese Daten werden an sein Schlitten-Leitsystem übermittelt, das mit Hilfe geeigneter Computersoftware die beste Route für die Lieferung festlegt.

Hier steht der Weihnachtsmann natürlich vor dem klassischen Dilemma des Handlungsreisenden, der eine Reihe von Städten, sagen wir N, nur einmal besuchen muss, und zwar so, dass die Gesamtstrecke möglichst kurz ist, da sein knauseriger Chef die Unkosten möglichst niedrig halten will. In der Weihnachtszeit erregt das Problem des reisenden Weihnachtsmanns immer wieder die Aufmerksamkeit vieler wissenschaftlich denkender Köpfe. Für eine Handvoll Städte und Straßen mag sich die kürzeste Route leicht bestimmen lassen, da es nicht viele Alternativen gibt. Wenn die Anzahl der Städte fünf ist, kann ein Computer die 120 Möglichkeiten leicht durchrechnen. Bei zehn Städten aber gibt es schon 3 628 800 Möglichkeiten.

Selbst mit den Rechnungsfähigkeiten der schnellsten verfügbaren Rechner gerät die zur Lösung des Problems nötige Zeit rasch außer Kontrolle. Bei nur 25 Städten ist die Anzahl der Möglichkeiten so ungeheuer, dass ein Computer, der eine Million Möglichkeiten pro Sekunde untersucht, 490 Milliarden Jahre brauchte, bis er alle gesichtet hätte, und das ist etwa das Vierzigfache des Alters des Universums. Für die Berechnung aller Wege zu 842 Millionen Haushalten brauchte er 10 hoch 7,15 Milliarden Jahre. Das bereitet selbst dem Weihnachtsmann Kopfschmerzen, wenn er effektiv sein will.

Silverberg verweist darauf, dass die heutigen Computer einen Weg berechnen könnten, der mit 99,99 Prozent Wahrscheinlichkeit der beste ist, was für die Zwecke des Weihnachtsmanns ausreichen würde. Dazu wird das Problem des reisenden Weihnachtsmanns in Teilprobleme zerlegt: Die Städte werden nach Ländern geordnet und nach der Anzahl der Kinder in dem Land gewichtet. Dann erhält jede Stadt eine Zahl zugeordnet, die der Anzahl der Kinder in dieser Stadt entspricht, und so weiter. «Wir beginnen mit der Optimierung nach Ländern, dann nach Städten und schließlich nach Haushalten. Wir können nötigenfalls noch mehr Unterteilungen einführen, aber schließlich lassen sich die nötigen Rechnungen mit heutigen, wenn auch schnellen, Computern durchführen», erklärt Silverberg. «Wenn Sie jemanden anrufen, stellen die Telefongesellschaften die Verbindung mit Hilfe von Schaltalgorithmen her, die Ähnlichkeit mit dieser Art von ‹suboptimalen Lösungen› haben.»

Die außerordentlich effektive Forschungs- und Entwicklungsabteilung des Weihnachtsmanns verfügt vermutlich auch über einen DNA-Computer, wie Leonard Adleman von der Universität von Southern California erkannte, der in einer wichtigen Arbeit das sogenannte Problem des «gerichteten Hamiltonpfads» behandelte, bei dem es darum geht, einen Pfad durch ein Netzwerk von Punkten zu finden. Dieses Problem hat große Ähnlichkeit mit dem, vor dem der Weihnachtsmann steht. Der Computercode besteht aus Milliarden Stücken eines einzelnen DNA-Strangs, bei dem jedes Stück entweder eine Stadt oder eine Route darstellt. Unter der ungeheuer großen Anzahl von Kombinationen, die sich ergeben, wenn komplementäre DNA-Stränge zusammengebunden werden, stellt eine mit überwältigender Wahrscheinlichkeit die gesuchte Lösung dar und kann mit herkömmlichen molekularbiologischen Verfahren herausgefischt werden: Die «Lösung» lässt sich an ihrer Länge und Zusammensetzung erkennen. Während heutige Supercomputer in einer Sekunde eine Trillion Operationen ausführen, könnten molekulare Computer möglicherweise milliardenmal so schnell rechnen. Das ist schnell genug, in Verbindung mit mathematischer Raffinesse, den effizientesten Weg für den Weihnachtsmann zu planen.

Aber seine Probleme sind immer noch nicht ganz gelöst. Wie kann ein Schlitten diese Millionen Tonnen von Geschenken tragen? Das ist nicht nötig, sagt Silverberg. Um dieses Problem anzugehen, das jedem Kind am Herzen liegt, nimmt er die von dem Nobelpreisträger Richard Feynman entwickelte Nanotechnologie zu Hilfe. Der Weihnachtsmann kann damit ein hierarchisch gegliedertes mobiles Herstellungssystem verwenden und das Geschenk bei jedem Kind an Ort und Stelle produzieren. Diese Maschinen basieren auf winzigen Siliziumchips, die auf eine Nadelspitze passen und einen Code tragen, der die Wunschliste des Kindes enthält. Sie lassen das Spielzeug buchstäblich wachsen, ein Atom nach dem anderen, und zwar aus dem Schnee und Ruß, den der

Weihnachtsmann auf seinem Weg aufsammelt. Große Geschenke erfordern Tausende von Nanomaschinen, die in konzertierter Aktion arbeiten und leicht zu einer Überbeanspruchung der technologischen Ressourcen des Weihnachtsmann führen könnten. Davor warnt Silverberg und rät Kindern, sich höchstens ein großes Geschenk pro Jahr zu wünschen.

DNA-Computer, Nanotechnologie und gekrümmte Raumzeit — das alles klingt gut und scheint angemessen. Wie aber fliegen Rentiere? Wie fliegen Engel? Bei den Rentieren steckt es in den Genen, sagt Silverberg. Nach Jahrhunderten der Züchtung und (in neuerer Zeit) der Gentechnik sind ihre Lungen so beschaffen, dass sie, wenn sie mit einer geeigneten Füllung aus Helium, Sauerstoff und Stickstoff gefüllt werden, Auftrieb erhalten. Während sie den Schlitten ziehen, ist dann das Fliegen für sie so einfach, als wenn er ein Floß auf dem Wasser wäre. Damit sie höhere Geschwindigkeiten erreichen, könnten sie außerdem mit Düsenantrieb versehen sein. Silverberg beruft sich dabei auf ein Fußballspiel, bei dem der Anstoß von einem düsenbetriebenen Maskottchen gemacht wurde. «Die Rentiere müssten nicht einmal besonders leichtgewichtig sein – obwohl das einfacher wäre. Unsere Mannschaft bei NC State vermutet, dass der Weihnachtsmann nur deswegen Rentiere benutzt, weil sie seine arktischen Lieblingstiere sind. Außerdem haben sie einen guten Gleichgewichtssinn, was bei der Landung auf Dächern hilfreich sein kann.»

Trotz dieser natürlichen Fähigkeiten könnte es nötig sein, dass die Rentiere Stabilisatoren entwickeln, damit der Weihnachtsmann, sein Schlitten und all die Geschenke nicht ins Kippen geraten, und das ist genetisch möglich. Bei der Fruchtfliege hat die Nobelpreisträgerin Christiane Nüsslein-Vollhard am Max-Planck-Institut für Entwicklungsbiologie in Tübingen erarbeitet, wie sogenannte homöotische Gene einen Körperteil auf einen anderen übertragen können, also eine Antenne an einem Bein wachsen lassen, ein Brustglied an einem Flügel, eine Nase an einem Bein und so weiter. «Vielleicht wurden Rentiere durch Manipulation dieser homöotischen Gene an das Fliegen angepasst», vermutet Matthew Freeman, Genetiker am Labor für Molekularbiologie in Cambridge: «Wissenschaftliche Forschungen haben gezeigt, dass die Gene, die bei Fliegen Gliedmaßen wie Flügel und Beine festlegen, dieselben sind wie bei Säugetieren und sogar ganz ähnlich arbeiten. Das genetische Können des Weihnachtsmanns hat also möglicherweise den Rentieren Stabilisatoren oder auch Flügel wachsen lassen.»

Ian Stewart fügt hinzu, dass wir möglicherweise die Bedeutung des auffälligsten Merkmals der Rentiere unterschätzt haben – die ihres Kopfschmucks. Er weist darauf hin, dass die Aerodynamik von Flügen mit Überschallgeschwindigkeit dem gesunden Menschenverstand sehr gegen den Strich geht, wenn auch vielleicht nicht mehr ganz so stark wie früher die guten alten Flugmaschinen, die schwerer sind als Luft und uns heute doch selbstverständlich sind. «Rentiere haben ein seltsames Gebilde oben auf ihrem Kopf, das wir ‹Geweih› nennen und von dem wir naiv annehmen, es sei dazu da, dass Männchen damit um Weibchen kämpfen», sagt er. «Das ist absoluter Blödsinn. Das ‹Geweih› ist in Wirklichkeit ein fraktaler wirbelabgebender Apparat. Wir haben es hier nicht mit Aerodynamik zu tun, sondern mit Geweihdynamik.»

Die Concorde erzeugt bei Überschallgeschwindigkeiten Auftrieb, indem sie an der Spitze ihrer Flügel einen großen spiraligen Wirbel erzeugt. Die Rentiere vollbringen bei ihren viel höheren Geschwindigkeiten mit den Enden ihres Geweihs etwas ganz Ähnliches, erklärt Stewart. «Diese setzen ein ganzes System von Wirbeln frei, die sorgfältig so gemacht sind, dass sie den bei solch hohen Geschwindigkeiten richtigen Auftrieb erzeugen (der nicht sehr groß ist). Die Rentiere hängen also beim Fliegen an ihrem Geweih – deshalb ist das Geweih oben und vorn.»

Zweifellos hat der Weihnachtsmann die optimale Geweihdynamik mit Hilfe von Supercomputern entwickelt und im Rentier mit Hilfe von Gentechnik umgesetzt. Genau wie Pinguine an Land komisch aussehen, während sie im Wasser in ihrem Element sind, zeigen auch die scheinbar erdgebundenen Rentiere ihre wahre Schönheit erst, wenn sie bei Geschwindigkeiten über Mach 6000 reisen. Aber natürlich können sie, wenn sie zu schnell sind, auch zusammen mit dem Schlitten verbrennen. Da sowohl die Rentiere als auch der mit Warp-Antrieb versehene Schlitten offensichtlich mit einem angemessenen Hitzeschild versehen sind, vermutet Silverbergs Team in North Carolina hier eine zusammengesetzte Nylon-ähnliche Kunstfaser am Werk, die von einer Hülle aus Harz umgeben ist, was sie sehr stark, leichtgewichtig, haltbar und kältebeständig macht. Eine andere Möglichkeit bieten auch die Siliziumstoffe, wie sie auf der Raumfähre Verwendung fanden.

«Es gibt noch mehr Berichte, die den Gedanken nahelegen, dass der Weihnachtsmann Hitzeschilder verwendet», sagt Silverberg. «Beim Durchgang durch die Ionosphäre würde ein Schlitten aus diesem Material wie ein heller Lichtfleck glühen, und das ist ein Anblick, den Kinder und andere zuverlässige Personen schon seit langem am Weihnachtsabend am Himmel beobachtet haben.» Das ist nur eine von vielen erstaunlichen Errungenschaften der Wissenschaft und Technik, die sicherstellen, dass die Gabentische am Heiligen Abend gedeckt sind und die Freude des Weihnachtsfests durch Geschenke erhöht wird.

Als letzte Möglichkeit muss allerdings in Betracht gezogen werden, dass der Weihnachtsmann für seine Besuche dasselbe Beförderungsmittel benutzt wie Captain Kirk, der sich vom Raumschiff *Enterprise* auf einen fremden Planeten hinunterbeamt. Nun hörte man in letzter Zeit, dass mit einer ersten vollständigen wissenschaftlichen Durchführung von Teleportation experimentiert wurde, also mit der Verwirklichung einer Star-Trek-Technologie, die vor einigen Jahren unter anderem Charles Bennett vom IBM ersonnen hatte.

Die Teleportation beruht auf der Quantentheorie, der revolutionärsten wissenschaftlichen Theorie dieses Jahrhunderts; sie wurde von Physikern wie Planck, Einstein, Bohr, Dirac, Born, Jordan und Heisenberg entwickelt, die erkannten, dass die älteren «klassischen» Theorien ihre Gültigkeit verlieren, wenn sie auf subatomare Teilchen angewendet werden. Die zahllosen Zeitschriftenartikel jedoch, die den ersten Teleportations-Experimenten gewidmet wurden, interessierten sich zumeist kaum für die Quantentheorie, sondern verwiesen auf Star Trek, um das Interesse ihrer Leser zu fesseln. Warum sie das taten, ist klar: Die Quantentheorie malt ein ziemlich verschrobenes Bild der Welt.

Die ersten Experimente zur Teleportation 1998 beschränkten sich auf ein einzelnes Lichtteilchen, ein Photon. Die Arbeitsgruppe, die sie unter Leitung des Wiener Physikers Anton Zeilinger, damals noch in Innsbruck, durchführte, teleportierte zudem keineswegs das ganze Teilchen, sondern den «Quantenzustand» des Photons, der, wie Energiezustand und Polarisation, eines der Kennzeichen eines Quantums ist. Das ist noch meilenweit entfernt von dem, was Captain Kirk tut, aber Zeilingers Forschungsergebnisse eröffnen faszinierende Möglichkeiten: Das leistungsfähige Forschungs- und Entwicklungslabor, das die weihnachtliche Aktivität des Nikolaus ermöglicht, könnte die Teleportationstechnologie auf einen Stand gebracht haben, der es unserem fülligen Freund durchaus ermöglichte, sich durch Kamine zu beamen, wenn er am Heiligen Abend die Geschenke bringt.

Das Beförderungsmittel der Star Trek – der Transporter – ergab sich als Lösung eines sehr praktischen Problems, das sich den Entwicklern der Fernsehreihe in den sechziger Jahren stellte. Gene Roddenberry, der Produzent, verfügte schlicht nicht über genügend Geld, um jede Woche einmal etwas so Aufregendes wie die Landung eines Raumschiffs zu inszenieren. Warum nicht auf die Teleportation zurückgreifen, die auf einen intellektuellen Streit zwischen den beiden wissenschaftlichen Giganten Albert Einstein und Niels Bohr, dem dänischen Vater der Atomphysik, zurückgeht?

Einstein fand keinerlei Gefallen an dem Gedanken, dass die Quantentheorie eine geisterhafte «Fernwirkung» zulassen könnte, bei der ein Teilchen ein anderes unabhängig von der Entfernung beeinflusst. Es widerstrebte ihm, dass die Gesetze der Quantentheorie Atomen eine anscheinend zufällige Wahl erlaubten. Die Quantentheorie hat noch mehr Besonderheiten. Sie behauptet nicht nur, jede Messung einer Quanteneigenschaft neige dazu, diese Eigenschaft zu verändern, sondern sogar, dass Quantenmaterie überhaupt keine Eigenschaften habe, die vom Akt der Beobachtung unabhängig seien. Atome und Elektronen können gleichzeitig an zwei Orten sein und sich widersprüchlich verhalten – gleichzeitig wie Teilchen und wie Wellen. Diese gespaltenen «Persönlichkeiten» gehorchen Gleichungen, die die Ergebnisse von subatomaren Versuchen in Form von Wahrscheinlichkeiten voraussagen und nicht als Gewissheiten. Einer der Pioniere der Quantentheorie sagte wehmütig: «Die Quantentheorie kann man nicht verstehen; man gewöhnt sich nur daran.»

Einstein aber wollte sich nicht an sie gewöhnen und ging 1935 mit einem Gedankenexperiment gegen diesen Anschlag auf die Wirklichkeit vor. Mit seinen Kollegen Boris Podolsky und Nathan Rosen bemerkte er, dass die Theorie nicht nur für einzelne Atome, sondern auch für Moleküle gelte, die aus vielen Atomen bestehen. So lässt sich beispielsweise der Zustand eines Moleküls aus zwei Atomen durch eine sogenannte Wellenfunktion beschreiben. Einstein erkannte, dass diese beiden Atome, auch wenn sie getrennt sind, immer noch durch dieselbe Wellenfunktion beschrieben werden können. In der Fachsprache heißt das, sie sind «verschränkt».

Dies hat eine seltsame Konsequenz: In dem Augenblick, in dem man an einem Atom eine Messung durchführt, nimmt das andere Atom augenblicklich denselben Zustand an, auch wenn es sich am anderen Ende der Welt befindet. Das verletze, sagte Einstein, seine Relativitätstheorie, die besagt, dass keinerlei Signal schneller sein kann als Licht.

Die technischen Möglichkeiten reichten in den dreißiger Jahren nicht aus, ein Experiment zur Erforschung dieses Paradoxons durchzuführen. Drei Jahrzehnte später jedoch fand der nordirische Physiker John Bell, damals am CERN, dem europäischen Forschungszentrum für Teilchenphysik in Genf, eine Möglichkeit zur Überprüfung.

Seit 1970 haben John Clauser von der Universität von Santa Barbara in Berkeley, Alain Aspect vom Institut des Optics in Orsay bei Paris etc. verschränkte Teilchen untersucht. Ihre Ergebnisse zeigen, dass sich sowohl der gesunde Menschenverstand als auch Einstein geirrt haben. Es gibt die von Einstein als gespenstisch belächelte Fernwirkung wirklich, und die Teleportation macht sich genau diese seltsame Eigenschaft der Quantentheorie zunutze.

Der Begriff der Fernwirkung beruht auf der Verschränkung, die es jedem, der sich die Teleportation zunutze machen will – vermutlich auch dem Weihnachtsmann und seinen wissenschaftlichen Hilfskräften –, ermöglicht, ein entscheidendes Problem zu umgehen. Damit die Helfer eine vollständige Anleitung dafür entwickeln könnten, wie der Weihnachtsmann von seinem Schlitten zu entfernen und im Kamin wiederaufzubauen ist, müssten sie den Quantenzustand jedes einzelnen der Atome kennen, aus denen der gute Mann besteht – also ihre Energie, ihren Ort und ihren Drehimpuls.

Der Quantentheorie zufolge bringt jedoch jeder Versuch, den vollständigen Zustand zu erfahren, ihn zugleich durcheinander. Das hängt mit der sogenannten Unschärferelation zusammen, die dem Grenzen setzt, was wir über subatomare Teilchen wissen können. Dieses Prinzip besagt, dass wir den Ort eines Teilchens, dessen Geschwindigkeit wir genau kennen, nur ungenau wissen. Entsprechend können wir dann, wenn wir genau wissen, wo etwas ist, nichts Genaues über seine Geschwindigkeit aussagen.

Dieser Gedanke, für den Werner Heisenberg mit dem Nobelpreis für Physik ausgezeichnet wurde, scheint die Quantenteleportation unglaubwürdig zu machen. Später jedoch, 1993, fanden Charles Bennett von IBM zusammen mit Gilles Brassard und Claude Crepeau von der Universität von Montreal in Kanada, Richard Jozsa von der Universität Oxford, Asher Peres vom Technion in Israel und William Wootters vom Williams College, Massachusetts, eine Möglichkeit, das Unschärfeproblem mit Hilfe der Verschränkung zu bewältigen.

Da in Einsteins Gedankenexperiment dann, wenn ein Atom eines Paars verschränkter Atome «gezwickt» wird, augenblicklich auch das andere «gezwickt» wird, bilden die Paare verschränkter Atome, wie Bennett und seine Mitarbeiter erkannten, sozusagen eine «Quantentelefonleitung» durch den Raum. Über sie kann der Quantenzustand eines Photons einem beliebig weit entfernten Photon mitgeteilt, sprich «teleportiert» werden. Das eröffnete die Möglichkeit, dass ein Transporter atomare Daten übermittelt.

Zeilingers Gruppe erzeugte ein Paar verschränkter Photonen, indem sie einen Laserstrahl auf einen bestimmten Kristall richtete. Die Beobachtung eines der Photonen veränderte augenblicklich den Quantenzustand des anderen, selbst dann, wenn die beiden Teilchen an entgegengesetzten Enden der Welt waren. Die von dieser Gruppe teleportierte Eigenschaft war die Polarisation, die sich im Rahmen des Wellenbildes des Lichts darauf bezieht, dass

Lichtwellen jeweils in bestimmten Ebenen schwingen. Auf Grund dieser Eigenschaft können gleich polarisierte Photonen eine Sonnenbrille durchdringen, Photonen jedoch, die senkrecht zu ihnen polarisiert sind, werden absorbiert oder reflektiert.

Bei der Teleportation wurden ein erstes Photon (das den zu übermittelnden Polarisationszustand hatte) und ein Photon eines Paars verschränkter Photonen einer Messung unterworfen. Diese Messung verschränkte das ursprüngliche Photon mit einem Partner des Paares, das selbst verschränkt war – wie eine Quanten-Gänseblümchenkette. Folglich erhielt ein drittes Photon – der andere Partner im verschränkten Paar auf der anderen Seite des Raums – Information über die Polarisation des ersten Photons. Mit anderen Worten: Ein Quantenzustand wurde von einem Photon an ein anderes weitergegeben. Wenn ebendiese Anordnung dazu eingesetzt würde, Kirk auf den Mond zu beamen, müsste der Transporter einen Kirk-Klon haben – und zwar nicht irgendeinen, sondern einen, der mit einem zweiten Klon in einem Transporter auf dem Mond verschränkt ist. «Sie wären wie identische Zwillinge, die noch keine Haarfarbe haben», sagte Zeilinger. «Aber sowie man sie beobachtet und ein Zwilling spontan eine Haarfarbe entwickelt, hat der andere dieselbe.»

Den ersten Klon kann man sich als unbeschriebenes Blatt vorstellen, eigentlich als Überlagerung aller Quantenmöglichkeiten, das der Teleporter mit Kirks Quantenbefindlichkeit «beschriftet». Wenn Kirk nach unten gebeamt werden will, ist dieser Klon auf Grund der Verschränkung mit dem zweiten Klon auf der Mondoberfläche korreliert. (Genau genommen ist es noch komplizierter: Um Kirk zu teleportieren, muss der Transporter weitere Informationen an den Mond senden, sodass der zweite Transporter den anfänglichen Quantenzustand des ersten Klons subtrahieren kann, der jetzt mit Kirks Quantenstatistik vermischt ist, damit das Wesen des «Captain-Kirk-Seins» im zweiten Klon bleibt.)

Zeilingers Experiment bedeutete einen entscheidenden Fortschritt, auch wenn Zeilinger das teleportierte Photon zerstören musste, um herauszufinden, ob es teleportiert worden war. Das ist, als ob Captain Kirk hätte zermalmt werden müssen, nachdem er erfolgreich auf einen Planeten gebeamt worden war. Das Problem der Zerstörung wurde in einem komplizierteren Teleportationsversuch gelöst, der 1998 von Jeff Kimble vom Caltech zusammen mit Samuel Braunstein von der Universität von Wales in Bangor und anderen durchgeführt wurde. Sie benutzten im Wesentlichen von einem Laserstrahl erzeugte Photonen und eine bestimmte Art eines optischen Kristalls, um den Zustand eines Photons auf ein anderes zu projizieren. Braunstein sagte, das sei die erste wirkliche «high fidelity»-Demonstration der Quantenteleportation gewesen, Zeilinger dagegen meint, seine Teleportationsexperimente seien genauso hi-fi gewesen – sie funktionierten allerdings nur bei einem von vier Versuchen.

So bemerkenswert dieses Forschungsergebnisse auch sind, es bleibt für die Wissenschaftler doch noch viel zu tun, bevor sie etwas bauen können, was auch nur entfernt einem Star-Trek-Transporter ähnelt. Wenn man den Weihnachtsmann zu einem bestimmten Punkt auf der Erde beamen wollte, brauchte man, so viel ist klar, zwei verschränkte unbeschriebene Kopien oder Quantenklone. Das ist schwierig. Selbst wenn jene Fragen nach Identität und Unterscheidbarkeit außer Acht gelassen werden, die Zeilinger als «tief philosophisch» bezeichnet, muss man doch den vollständigen Quantenzustand des Weihnachtsmanns kennen, also nicht nur den Energiezustand jedes einzelnen seiner Atome, sondern auch ihre gesamten wechselseitigen Verschränkungen. Das ist eine vollkommen unvorstellbare Aufgabe: Samuel Braunstein verweist darauf, dass man etwa 10 Gigabytes brauchte (etwa 100 000 000 000 Bits oder 10 CD-ROMs), um die vollen dreidimensionalen Einzelheiten eines Menschen mit einer Auflösung von 1 Millimeter in jeder Richtung zu beschreiben. Wenn man das auf atomare Auflösung überträgt, brauchte man die Leistung von 32 Bits (eine Eins mit 32 Nullen). Das ist so viel Information, dass ihre Übermittlung selbst mit den besten vorstellbaren optischen Fasern mehr als hundert Millionen Jahrhunderte brauchen würde. «Besser ginge man zu Fuß», sagt Braunstein. Tatsächlich berechnet Lawrence Krauss, dass der Transport der statistischen Daten von Mr. Spock auf einen anderen Planeten länger dauern würde, als die Welt alt ist.

Ich persönlich bevorzuge immer noch den krümmungsgetriebenen Schlitten. Der Weihnachtsmann könnte einige der damit verbundenen Probleme mit Hilfe der nächsten Generation von Computern gelöst haben – die interessanterweise ebenfalls auf der Quantentheorie fußen – und sich einige der Gedanken zunutze gemacht haben, die im Zusammenhang mit der Teleportation erforscht werden.

Die Väter des modernen Computers, Alan Turing und John von Neumann, rangen mit dem Gedanken, dass Computer den Gesetzen der Physik gehorchen müssen, damit eine geeignete physikalische Begründung der Informationswissenschaft gewährleistet ist. In neuerer Zeit haben Rolf Landauer, Richard Feynman, Paul Benioff, David Deutsch und Charles Bennett Folgerungen aus der Miniaturisierung untersucht und erforscht, wie die Mikroelektronik rasch auf den von der Quantenphysik beherrschten atomaren Bereich schrumpft.

Größe spielt schließlich für Computer keine Rolle, weil Information ihre Nützlichkeit unabhängig davon behält, welche physikalische Form sie hat oder wie klein ihre Grundgrößen sind – diese Eigenschaft haben beispielsweise Schuhe nicht unbedingt. Information kann also von Lichtteilchen, Elektronen oder rotierenden Atomkernen übermittelt werden, die alle den Quantengesetzen unterliegen. Das hat wichtige Folgen; die man verstehen kann, wenn man die Fähigkeiten klassischer Computer mit denen der Quantencomputer vergleicht.

Der gewöhnliche Schreibtisch-PC verarbeitet Information in Form von Binärzahlen, also Zahlen, die nur die Ziffern 1 und 0 enthalten, die er sich als die «An»- und «Aus»-Stellungen winziger Schalter, oder Bits, merkt. Im Gegensatz dazu können die Schalter in einem Quantencomputer überlagert und gleichzeitig «an» und «aus» sein. Diese sogenannten «Qubits» könnten zwei Rechnungen gleichzeitig durchführen. Zwei Qubits könnten also vier Dinge gleichzeitig tun, drei Qubits acht und so weiter. Je mehr Qubits, umso mehr Beschleunigung aufgrund von «Quantenparallelität»; das führt zu potentiell umwerfenden Leistungen.

Rolf Landauer von IBM erläutert, warum dieser Gedanke so schockierend ist: «Als Kinder haben wir das Zählen an unseren sehr klebrigen kleinen Fingern gelernt und wussten nichts von quantenmechanischen Überlagerungen. Wir haben nicht das richtige Gefühl mitbekommen. Wir dachten, wir könnten erst drei Finger aufzeigen und dann vier. Wir merkten nicht, dass es eine Überlagerung von beiden geben kann.»

Der mögliche Nutzen von Quantencomputern wurde erstmals klar, als Peter Shor von den AT&T-Laboratorien zeigte, dass sie Codes viel rascher entziffern können als herkömmliche Maschinen. Dann wies Lov Grover von den Bell-Laboratorien ihre Nützlichkeit beim Durchsuchen von Listen nach, so etwa bei der Jagd nach einem Namen in einem Telefonbuch, beim Vergleich von Terminkalendern oder auch bei der Suche nach dem besten Weg, um Geschenke zu verteilen – dem Problem des reisenden Weihnachtsmanns.

Bei der Entwicklung von Quantencomputern erzielte man Fortschritte, indem Information auf Teilchen gespeichert wurde, die in einer Magnetfalle gefangen sind, auf Lichtteilchen und auf «künstliche Atome», winzige Gebilde, sogenannte Quantenpunkte. Ein weiterer wichtiger Schritt gelang Isaac Chuang an der Universität Stanford in Zusammenarbeit mit Neil Gershenfeld vom MIT, als er zeigte, dass Quantenrechnungen auch bei Raumtemperatur mit gewöhnlichen Flüssigkeiten in einem Becherglas durchgeführt werden können. Dieser Schritt, der auch David Cory, Timothy Havel und Amr Fahmy in Harvard gelang, widerlegte die Annahme, dass die Quanteneffekte, die für die Computation nötig sind, nur in sehr kalten, von Menschen gemachten Systemen zu finden sind. Ihr Gerät wurde «Kaffeetassen-Quantencomputer» getauft.

Jedes Molekül des Computers enthält Atome, und die Atomkerne wirken wie winzige Stabmagneten. Es sind jedoch keine gewöhnlichen Stabmagnete, wie sie am Kühlschrank haften, denn sie können auf Grund der Kerneigenschaft «Spin» nur nach «oben» oder nach «unten» weisen. Deshalb kann jeder einzelne Atomkern als ein Qubit dienen, wenn man etwa einen nach oben weisenden Spin als «aus» definiert und einen nach unten weisenden als «an». Ein vorgegebener Spin bleibt relativ lange erhalten und lässt sich mit dem Verfahren der sogenannten nuklearen Magnetresonanz manipulieren, dem Verfahren also, mit dessen Hilfe Chemiker schon seit Jahren die Struktur von Molekülen untersuchen und das jetzt von Scannern genutzt wird, die die Struktur von Menschen ertasten.

So kann nach Chuang, der jetzt zur Forschungsgruppe von IBM gehört, jedes Molekül ein kleiner Computer sein und so viele Rechnungen gleichzeitig durchführen, wie es Möglichkeiten gibt, seine Spins anzuordnen. Es gelang ihm sogar, einige einfache mathematische Rechnungen mit Chloroformmolekülen durchzuführen. Die Auswirkungen, die seine Arbeit für die Wissenschaft von Weihnachten hat, liegen auf der Hand. Vielleicht führt der Weihnachtsmann die Quantenrechnung mit Hilfe eines Schnapsglases durch. Die ehrfurchtgebietenden Rechenmöglichkeiten, die ein Tropfen Glühwein oder das Schmelzwasser eines Schneeballs bergen, erlauben es ihm locker, mit den zahllosen E-Mails und Briefen umzugehen, die Leistung seines Teleporters zu verbessern oder die logistischen Probleme zu lösen, die sich ihm alle Jahre wieder zu Weihnachten stellen, wenn er allen Kindern dieser Welt Geschenke bringt.

Bleiben die Engel, die wie die Hirten, der Stern, die Weisen aus dem Morgenland, der Weihnachtsbaum und der Weihnachtsmann zu Weihnachten gehören. Können Engel fliegen, und wenn ja, wie machen sie es? Die Frage führt uns weit in eine Art naturwissenschaftlicher Angeologie des nächsten Jahrhunderts.

Halten wir zunächst fest, dass ihre Existenz durch die Heilige Schrift und auch außerhalb der christlichen Überlieferung bestätigt wird. Vernachlässigen wir die Hierarchie innerhalb der himmlischen Heerscharen und konzentrieren wir uns auf ihre Materialität, denn dass sie reine Geistwesen sind, wurde im Lauf der Jahrhunderte kräftig in Frage gestellt. Als Mittler und Boten sind sie in zwei Welten angesiedelt, was natürlich heißt, dass sie von einer in die andere gelangen müssen. Und dass sie dem Menschen dienen (zum Beispiel als Schutzengel, die oftmals recht schnell zur Stelle sein müssen), macht es durchaus vorstellbar, dass die kleinen Engelhelfer des Weihnachtsmanns in seiner Werkstatt eine Lehre absolvieren, was den *Homo faber* anbelangt.

Dass Engel zwischen den Welten agieren, legt nicht nur nahe, dass sie «fliegen», sondern dass sie zumindest teil- oder zeitweise den Gesetzen von Raum und Zeit gehorchen müssen. Als körperliche Wesen scheinen sie zudem einer gewissen Evolution zu unterliegen. Am Anfang tauchen sie männlich, in voller Jugendkraft, mit Tunika und Palladium bekleidet, auf, später scheint es eine Art feministischen Aufstand gegeben zu haben, denn weibliche Engel und sogar Putten, kleine kindliche Engel, erscheinen auf der Bildfläche. Und seit Ende des vierten Jahrhunderts fliegen sie, haben Flügel und Nimbus. Es gibt sechsflüglige Seraphim, es gibt die geheimnisvollen Engelwesen der byzantinischen Kunst, die als verschlungene Räder mit Augen tragenden Flügeln dargestellt sind – eine Technologie, die unsere Vorstellungskraft zurzeit noch übersteigt. Was immer wir über den Weihnachtsmann vermuten und wissen können, was Engel anbelangt, stehen wir ganz am Anfang.

12. KAPITEL

Weihnachten 2020

*«Geist der Zukunft», rief er, «ich fürchte dich mehr
als alle die Geister, die ich schon gesehen habe. Aber
da ich weiß, dass es dein Zweck ist, mir Gutes zu tun,
und da ich noch zu leben hoffe, um ein anderer Mensch
zu werden, als ich bisher war, bin ich willens, dich zu
begleiten, und tue es mit einem dankerfüllten Herzen.
Willst du nicht zu mir sprechen?»*
Charles Dickens, *Ein Weihnachtslied*

Ein Lichtstrahl meiner Bettlampe weckte mich. Ohne eine Dosis meiner Tageslicht-Intensitäts-Photonen hätte mich der Weihnachtstag noch mehr deprimiert als gewöhnlich. Der Flachschirm-Fernseher an der Wand nahm flimmernd den Betrieb auf und gewährte mir nach der Wettervorhersage und den digitalen Weihnachtsgrüßen, die mir mit freundlicher Unterstützung eines Cola-Herstellers übersandt wurden, einen Blick in die Welt draußen vor meiner Wohnung im 195. Stockwerk. Der Neuschnee lag tief und unberührt da, genau wie die Atmosphären-Ingenieure es versprochen hatten. Aus einem vorübergleitenden nikolausförmigen Luftschiff, dessen digitale Reklametafeln die Massen ermahnten, ihre letzten «Tele-Einkäufe» zu erledigen, erschallte «Stille Nacht». Und eine E-Mail sagte mir, dass die lokale Transgenetik-Farm ein 1,5 kg schweres hochfaseriges geklontes Truthahnbrust-Filet geliefert hatte, das mit einer Geschmack und Farbe verbessernden Mischung aus Fleischzartmacher-Enzymen und Maillard-Reagenten versetzt worden war.

Neben mir summte es. Mein 3-D-Fax empfing ein weiteres Geschenk über das Netz. Nachdem ich in der Sanikammer mit meinen nach Zimt schmeckenden, Zahnstein auflösenden Enzymen gegurgelt hatte, entschloss ich mich zu einem verstohlenen Blick und sah durch das Quarzglasfenster des 3-D-Faxgeräts Funken von rotem, blauem und grünem Licht, während sich Laserstrahlen im Dampf kreuzten und Polymerablagerungen zu einem Geschenk gestalteten. Ich gähnte. Das war wohl wieder eine dieser Designer-Nikolaus-Nachbildungen, die mit dem Gesicht des Senders oder Empfängers personalisiert werden konnten.

Glücklicherweise hatten die neuronalen Netze der Software in meinem Botschaftszentrum schon herausgefunden, von wem das Geschenk kam, seinen Wert bis auf den letzten Euro bestimmt und mit Hilfe eines spieltheoretischen Softwarepakets die entsprechende Gegengabe gefunden, die ebenfalls mit dem 3-D-Fax übermittelt werden konnte. Sie senden es zusammen mit einem von Fuzzy-Logik-Software liebevoll gestalteten und mit den angemessenen Glückwünschen versehenen persönlichen Dankschreiben – Frohe Kwanzaa/Weihnachten/Chanukka/Festtage. Ein Glück, dass wir uns über Geschenke keine Gedanken mehr zu machen brauchen.

Ich setzte meine Kopfhörer auf, um mir noch vor dem Mittagessen die letzten Angebote in der virtuellen Realität anzuschauen. Ein Klick, und man surft durch die Internetseite eines Einkaufszentrums und füllt seinen Cyber-Einkaufswagen mit den neuesten Techno-Wundern! Früher einmal hatten Fachleute prophezeit,

Weihnachtseinkäufe in virtuellen Geschäften würden eine einsame Sache sein. Aber jetzt, wo sich jeder als Avatar, sein digitales Alter Ego, bewegen kann, macht es Spaß, sich die Aufregung der letzten Minuten anzusehen, ohne das Gedrängel und Geschiebe der Einkaufswagen und die Kämpfe um die letzte Weihnachtsgans, den letzten Puter oder den letzten Lebkuchen selbst mitmachen zu müssen.

Sieh dir das an, dachte ich. Ein Rabatt auf geklonte Tannenbäume wurde verkündet. Es waren die letzten Gucci-Bäume, tränenförmig mit einem Designer-Logo *und* der Garantie, dass keine einzige Nadel auf meinen selbstreinigenden Boden fallen würde. Zwei Augenblicke und ein Kopfnicken später konnte ich sie mir ansehen. Ich atmete ein. Der Duftchip im Kopfhörer spürte das scharfe Inhalieren der klimatisierten Luft und imitierte den Duft der Tanne ganz leidlich, bis zum letzten Hauch von Alpha-Pinien. «Ich nehme ihn», sagte ich.

Nach den bei KaDeWe üblichen Formalitäten, quantenkodierten Kreditkarten und Extras (nein, ich wollte nicht, dass man das Quallen-Gen des Baums aktivierte – leuchtende Bäume sind so gewöhnlich) fiel mein Gucci-Baum, komplett mit Label, in meinen Einkaufswagen. Zwanzigtausend Euros, drei Stunden Lieferzeit von der Gewebeplantage bis zur Haustür, und mein alter biologisch abbaubarer Plastikbaum wurde in Zahlung genommen. Ein echtes Schnäppchen.

Weg mit dem VR-Helm und ab in die Küche. Der Truthahn war schon mit einem Genchip auf schädliche Bakterien überprüft worden und erforderte nur wenige Minuten Garzeit. Der kluge Herd hatte die geeigneten Beilagen, Gewürze und so weiter bereits ausgewählt. Der australische Shiraz Wein «Fat Wallaby» stand wohltemperiert auf dem Tisch, trinkbereit. Ich hatte diesmal sichergestellt, dass der Wein sich gut mit bewusstseinsverändernden Drogen vertragen würde, und deshalb diesen Rotwein mit gentechnisch gesteuertem geringem Alkoholgehalt gewählt. Aufgrund meiner Körpermasse und des Fettindex, die nach meinem kurzen Besuch in der Sanikammer auf dem neuesten Stand waren, hatte der Kleincomputer im Diätmate herausgefunden, welche Nahrung für mich gesund wäre, und murmelte etwas darüber, dass gekochte Kartoffeln weniger kalorienreich seien. Ich beschloss, das heute zu überhören, und ordnete an: «Brate sie in Butter!» Der Diätmate begann, für den zweiten Weihnachtstag einen Niedrigfett-Ausgleich zu planen.

Später kam der Höhepunkt der Feier – eine virtuelle Familienfeier aller Highfields. In diesem Jahr hatten wir einen Imaginationsberater der virtuellen Disneywelten zu Rate gezogen, einen der bekanntesten Lieferanten für Online-Versammlungen. Für unsere Feier baten wir um «eine Mischung aus Jingle Bell *und* Santas Behausung», mit allem Drum und Dran – Geschmacksvisionen, virtuellen Berühmtheiten, einfach alles. Es gab die üblichen lustigen Verkleidungen. Ich wählte ein Nikolaus-Gewand im Stil von Thomas Nast mit einem zur Jahreszeit passenden Zimtduft und einem geflügelten Rentier als Fortbewegungsmittel. Der Feedback-Sessel machte mich etwas seekrank, als es zum Flug abhob.

Es gab weitere Überraschungen: Fotos einiger längst verstorbener, geliebter Angehöriger, Ausschnitte aus ihrer Voice-Mail und einige der Familiengeschichten, die der Imaginationsberater zusammengestellt und mittels Computer verarbeitet hatte. Obwohl diese lieben Menschen schon lange nicht mehr unter uns weilten, lebten doch ihre digital wiederhergestellten Körper weiter, sandten uns kurze Weihnachtsgrüße und beantworteten sogar einige Fragen. Die Wirkung der Schwarzweißbilder und der knackenden Tonspur war geradezu unheimlich. Ich wette, dass einige VR-Helme anschließend feucht waren.

Die ältesten Familienmitglieder hatten zu Beginn dieser Woche einige Zeit damit verbracht, dem Imaginationsberater mitzuteilen, wer mit wem gut auskam, worum es bei den schlimmsten Familienzwisten ging und Ähnliches. Wenn also Gefahr bestand, dass Avatare in Streit gerieten, konnte hochqualitative Software mit einer virtuellen Berühmtheit ablenken oder uns sogar mit einem virtuellen Engelchen entführen. Online-Auseinandersetzungen können viel gefährlicher sein als im wirklichen Leben. Wer sich einmal im Cyberraum gezankt hat, kann das nicht leicht vergeben und vergessen. Die Opfer spielen sich die Szene immer wieder vor und brüten bis zum nächsten Weihnachtsfest darüber nach.

Vorsichtshalber, falls es zu Auseinandersetzungen kommen sollte, nahmen wir die üblichen pharmakologischen Mittel ein – Pheromon-Dopamin-Aufputschmittel, Serotonin-Wiederaufnahme-Hemmer –, um die Neurotransmitter in Festtagsstimmung zu bringen.

Natürlich wählten wir eine digital auf uns zugeschnittene Filmfassung von Dickens' *Weihnachtslied* für jene, die teilnehmen wollten, aber die Möglichkeit haben mussten, sich vor einigen der Verwandten zurückzuziehen. Man hat bei diesen Filmen viel Auswahl – zu viel. Das hatte in den Vortagen zu der üblichen Flut von E-Mail, Voice-Mail und Pic-Mail geführt. Wir einigten uns schließlich auf eine Darstellung im Stil von Dickens' Zeit, stritten aber darum, wer wen spielen sollte. Am Ende ließen wir Alec Guinness den Scrooge und Stan Laurel einen besonders pathetischen Bob Cratchit spielen. Der Supercomputer erledigte den Rest. Für die Tonspur hatten wir eines der Unterhaltungsarchive durchsucht, wobei wir ein neuronales Netz zu Hilfe nahmen, um unseren persönlichen Geschmack mit geeigneter Musik zu synchronisieren. Dann brauchten wir nur noch unsere Helme aufzusetzen. Ein künstliches Orchester mit Chor spielte und sang ein Weihnachtslied, und ein gespenstisches Bild von Marley erschien. Wie ich da unter meinem geklonten Baum saß, schluckte ich eine Smart-Pille, um mir einige meiner Kindheitserinnerungen zurückzurufen. Draußen rieselte leise der aus Silberjodidsamen gezüchtete Schnee. Mir wurde warm uns Herz. Es geht doch nichts über ein traditionelles Weihnachtsfest.

Die Formel
für das Weihnachtsdatum

Hier ist eine einfache Formel, nach der Sie – falls Sie Weihnachten gern langfristig planen – berechnen können, auf welchen Wochentag der erste Weihnachtstag fällt. Sie gilt für jedes Jahr (einschließlich der Schaltjahre) nach 1600.

1. Schreiben Sie das Jahr auf, an dem Sie interessiert sind, sagen wir 2010. Nennen Sie die Zahl der Jahrhunderte H (in diesem Fall 20) und die Zahl der Jahre J (in diesem Fall 10).

2. Dividieren Sie jetzt H durch 4, und merken Sie sich nur das ganzzahlige Ergebnis, das wir K nennen. In unserem Fall ist K gleich 5, da 20 geteilt durch 4 gleich 5 ist.

3. Machen Sie dasselbe mit J, merken Sie sich wiederum nur die ganze Zahl, und nennen Sie sie G. In unserem Beispiel ergibt sich G aus $10 : 4 = 2\frac{1}{2}$, ist also abgerundet 2.

4. Jetzt berechnen Sie D nach der Formel $D = 50 + J + K + G - (2 \times H)$. In unserem Fall ist $D = 50 + 10 + 5 + 2 - 40 = 27$.

5. Um schließlich den Wochentag zu erhalten, auf den der erste Weihnachtstag fällt, müssen Sie D durch 7 teilen; der Rest R ergibt den Wochentag nach der Tabelle:

R = 0 Sonntag
R = 1 Montag (und so weiter)

R = 6 Samstag

In unserem Fall ist D = 27, also ist D dividiert durch 7 gleich 3, Rest 6. Der erste Weihnachtstag fällt also 2010 auf einen Samstag. Diese Formel zeigt auch, dass der Heilige Abend im Jahr 2164 auf einen Dienstag fällt.

GLOSSAR

ABSOLUTER NULLPUNKT Kälter kann es an keinem Weihnachtsfest sein. Die tiefste überhaupt mögliche Temperatur ist $-273,16°$ C (zum Vergleich: Ein Gefrierschrank kühlt auf etwa $-15°$ C). Das als dritter Hauptsatz der Thermodynamik bekannte Naturgesetz besagt, dass nichts auf den absoluten Nullpunkt abgekühlt werden kann; Tieftemperaturphysiker sind dieser Temperatur jedoch schon auf wenige Milliardstel eines Grades nahe gekommen. Beim Abkühlen nehmen die durchschnittliche Energie und Bewegung der Moleküle ab. Man könnte denken, dass beim absoluten Nullpunkt jede Bewegung praktisch aufhören würde, aber nach der Quantentheorie müssen Moleküle auch bei solch extrem niedrigen Temperaturen immer noch ein bisschen wackeln.

AMINOSÄUREN Die molekularen Bausteine der Proteine.

ATOME Die Bausteine der Materie, die die Griechen für unteilbar hielten, sind, wie wir heute wissen, die kleinsten Einheiten, die die chemischen Kennzeichen eines Elements, ob Wasserstoff oder Helium, aufweisen. Jedes Atom besteht aus einem positiv geladenen Kern, der von einer Hülle negativ geladener Elektronen umgeben ist. Sie sind vor allem leerer Raum: Die meiste Masse ist im Kern konzentriert, der 100 000 mal kleiner ist als das gesamte Atom. In dem Punkt am Ende dieses Satzes haben mehr als eine Milliarde Atome Platz.

CHAOS Ein im Zusammenhang mit Weihnachtsvorbereitungen oft verwendeter Begriff, der in der Naturwissenschaft anscheinend willkürliches Verhalten beschreibt. Es ist ein Forschungsgegenstand der sogenannten Chaostheorie, eines Zweigs der Mathematik. Ein wesentlicher Teil dieses Begriffs findet seinen Ausdruck im Schmetterlingseffekt: Ein Schmetterling, der in der Nähe von Bethlehem mit den Flügeln schlägt, kann in Texas einen Tornado auslösen. Die Erdatmosphäre ist so «empfindlich», dass schon die kleinste Ungewissheit in den Wetterbedingungen eine längerfristige Wettervorhersage unmöglich macht.

CHROMOSOM Ein langer Strang von DNA, der ein Paket von Tausenden von Genen enthält. Mit Ausnahme der Eizellen und der Spermien enthält jede menschliche Zelle 23 Chromosomenpaare.

COMPUTER Ein Gerät, das mit Daten (Input oder Eingabe) nach Anweisungen (dem Programm) umgeht, die dem Computer gewöhnlich vorgegeben werden, und zu Ergebnissen (Output oder Ausgabe) führt. In einem Digitalcomputer werden alle Werte von diskreten Signalen dargestellt – etwa Einsen und Nullen – und nicht durch stetig veränderliche Größen, wie sie in einem Analogrechner gefunden werden.

DETERMINISMUS Die Theorie, wonach gewisse Umstände unweigerlich immer gleiche Konsequenzen haben. Beispielsweise enden ausschweifende Betriebsweihnachtsfeiern immer mit einem Kater.

DNA (Desoxyribonukleinsäure) Das, was das Erbgut vermittelt, bei Ochs und Esel wie bei den Heiligen Drei Königen. Ein kettenähnliches Molekül, das aus einer Reihe von «Basen» besteht, die in vier Formen vorkommen (Adenin, Guanin, Cytosin und Thymin oder kurz A, G, C und T). Das DNA enthält die genetische Blaupause für den Bau und die Zusammensetzung der Proteine, die Grundbausteine des Lebens. Dieser Bauplan wird durch die Reihenfolge der Basen bestimmt, die bei einer bestimmten Aminosäure einen Code mit drei Buchstaben bilden (beispielsweise ATT), die dann, wenn sie mit einem anderen DNA-Faden zusammenkommt, ein Eiweiß bilden. Der Weihnachtsmann hat wie alle Menschen etwa 3000 Millionen Basen in seinem Erbgut oder Genom, aber nur rund 100000 Gene, die Proteine herstellen.

ENTROPIE Eine Größe, die bestimmt, wie weit ein System in der Lage ist, sich unumkehrbar zu entwickeln – wie sehr beispielsweise Schneeflocken zum Schmelzen neigen. Wir können uns die Entropie auch als ein Maß für den Grad der Willkür oder der Unordnung in einem System vorstellen.

ENZYME Riesige Proteine, die als biologische Katalysatoren wirken und wichtige chemische Reaktionen in lebenden Zellen beschleunigen. Der Name stammt von den griechischen Worten für «in Hefe».

EVOLUTION Nach dem lateinischen Wort *evolutio* («Entfaltung, Entwicklung»). Der Gedanke einer gemeinsamen Herkunft aller Geschöpfe, einschließlich Menschen, Ochsen und Nachtigallen. In seiner modernen Form wurde er von Charles Darwin (1809–82) entwickelt und 1859 in seinem Buch *Der Ursprung der Arten* dargestellt. Die Evolution beruht auf ererbter Vielfalt (Varianten, die entweder die Fähigkeit ihres Trägers vermehren, Kopien von sich selbst anzufertigen und deshalb weitere Verbreitung zu finden, oder sie einschränken und deshalb dazu beitragen, dass die Art seltener wird) und der natürlichen Auslese (einem Kampf ums Dasein, bei dem nicht alle, die geboren werden, überleben und sich fortpflanzen können). Dieser Vorgang, so Darwin, hat im Lauf der Zeit zur Entwicklung neuer Lebensformen geführt – auf ihm beruht der Ursprung der Arten. Darwins Gedanken passten ausgezeichnet zu jenen der modernen Genetik, die behauptet, dass sich Vielfalt durch Mutationen oder zufällige Veränderungen in der DNA von einer Generation zur nächsten ergibt.

FRAKTALE GEOMETRIE   Vom lateinischen *fractus* («gebrochen»). Die Geometrie, die dazu dient, unregelmäßige Formen zu beschreiben, deren Teile nach Vergrößerung dieselbe Form haben wie vorher, also aus der Nähe so aussehen wie aus der Ferne. Fraktale haben das Kennzeichen der Selbstähnlichkeit, denn in ihnen wiederholt sich eine unendliche Reihe von Motiven in allen Maßstäben. Sie sind in der Natur überreichlich; Beispiele sind Wolken und Schneeflocken.

FULLERENE   Diese 1985 entdeckte Form des Kohlenstoffs, die sich von Karbon und Graphit unterscheidet, versetzte die Chemiker in Erstaunen, weil sie Kohlenstoffverbindungen jahrzehntelang gründlich erforscht hatten, ohne einen Hinweis auf sie zu finden. Das berühmteste Fulleren wird in flackernden Kerzenflammen gefunden; dieses Buckminsterfulleren, auch Buckyball genannt, ist ein Molekül, das aus sechzig Kohlenstoffatomen besteht. Bei diesen Molekülen fügen sich zwanzig sechseckige und zwölf fünfeckige Flächen wie bei einem Fußball zusammen. Sie erhielten ihren Namen aufgrund ihrer Ähnlichkeit mit den geodätischen Kuppeln des amerikanischen Architekten R. Buckminster Fuller.

FUZZY-LOGIK   In der Mathematik und den Computerwissenschaften eine Form der Darstellung des Wissens, die es ermöglicht, mit so ungenauen und kontextabhängigen Begriffen wie «kalt», «laut» und «weihnachtlich» umzugehen.

GENE   Die Einheit des Erbguts; Gene bestehen aus DNA und sind für die Weitergabe von Merkmalen von den Eltern an die Nachkommen, etwa die Neigung zur Gewichtszunahme nach zu reichlichem Essen, verantwortlich.

GENOM   Die Folge der DNA-Basen, die die Anweisungen zur Herstellung der Aminosäuren enthält.

GENTECHNIK   Eingriffe in das Erbgut, um Tiere und Pflanzen mit gewünschten Eigenschaften zu erhalten – beispielsweise Weihnachtsbäume, die nicht rasch nadeln.

GESCHLECHTSCHROMOSOMEN   Das für die Männlichkeit entscheidende

Chromosom ist das Y-Chromosom. Wenn ein menschlicher Embryo dieses Chromosom, eines der DNA-Bündel unserer Zellen, erbt, ist es dazu bestimmt, ein Junge zu werden. Das Y-Chromosom kommt bei Männern gepaart mit dem X-Chromosom vor, das viel mehr Information enthält. Frauen haben zwei X-Chromosomen.

GLUKOSE Ein Blutzucker, der den Körper mit Energie versorgt.

IMMUNSYSTEM Das Arsenal der Waffen, die dem Körper zu Verfügung stehen, um Eindringlinge wie Bakterien, Viren und Pilze zu bekämpfen.

INTRAKTABEL Bezeichnung für ein Problem, das wegen seiner Unzugänglichkeit in der zur Verfügung stehenden Zeit nicht gelöst werden kann. Ein Beispiel ist das Problem, das der Weihnachtsmann hat, wenn er herausfinden muss, auf welchem Weg er alle Geschenke am Heiligen Abend in möglichst kurzer Zeit zustellen kann.

IONOSPHÄRE Die Schicht der Erdatmosphäre zwischen 61 und 1000 km, die genügend freie Elektronen enthält, um die Ausbreitung von Radiowellen zu beeinflussen.

JUBEL Ausdruck ekstatischer Freude, der sowohl von Kindern (Juhu!) als auch Erwachsenen anlässlich eines überraschenden Geschenks geäußert wird. Er beginnt gewöhnlich mit einem tiefen Atemzug, dem eine Reihe spasmodischer unwillkürlicher Expirationen folgt, die durch das Öffnen und Schließen der Glottis gesteuert werden, des Wegs von der Kehle zu den Lungen. Die Muskeln wirken dann auf die Larynx und verlängern oder verkürzen die Stimmbänder, um aus den Luftexplosionen Töne zu erzeugen. Kopf und Hals gemeinsam dienen als ein Instrument, das den Klang beeinflusst.

KONJUNKTION Der Vorübergang eines astronomischen Objekts vor einem anderen, das es dabei verdeckt, wie beispielsweise, wenn der Mond zwischen die Erde und Jupiter gerät und ihn damit dem Blick verbirgt. Ein solches Ereignis könnte das Zeichen gewesen sein, das den Weisen aus dem Morgenlande die Geburt Jesu verhieß.

MAGNETRESONANZIMAGING (MRI) Ein nicht invasives, schmerzloses Abtastverfahren zur Untersuchung und Abbildung des Körperinneren, einschließlich seines Metabolismus. Es lässt sich auch dazu benutzen, den Glückspfennig im Weihnachtskuchen zu finden.

MAILLARD-REAKTION Eine chemische Reaktion zwischen Kohlenwasserstoffen und den Aminosären von Proteinen, die für das Bräunen gewisser Nahrungsmittel wie Krapfen, Pommes, Gänsen und Enten sorgt.

MEGA Vorsilbe, die die Multiplikation mit einer Million bezeichnet.

MOLEKULARBIOLOGIE Die Untersuchung der molekularen Grundlagen des Lebens, einschließlich der Biochemie von Molekülen wie der DNA.

MUTATION Veränderungen im Genom, die durch zufällige oder absichtliche Veränderungen in der DNA zustande kommen, aus der das Erbgut eines Organismus besteht. Beispielsweise könnte eine Genmutation einer der Gründe für die Dickleibigkeit des Weihnachtsmanns sein.

NANOTECHNOLOGIE Der Bau von Geräten auf molekularer Grundlage (*nanos* ist das griechische Wort für Zwerg). Gelegentlich wird vermutet, dass der Weihnachtsmann sich bei der Herstellung von Geschenken dieser technischen Verfahren bedient.

NEURONALE NETZE Mathematische Modelle lernfähiger Computer, die ungeheuer verwobene Netzwerke von Nervenzellen im Gehirn (Neuronen) nachahmen.

NEUROTRANSMITTER Eine Chemikalie, die Signale zwischen Nervenzellen vermittelt. Ein Absinken der Rate, in der Neurotransmitter freigesetzt werden, könnte der Grund für die undeutliche Sprache, Unbeholfenheit, die langsamen Reflexe und die Hemmungslosigkeit sein, die gelegentlich bei Weihnachtsfeiern mit üppigem Alkoholverbrauch zu beobachten sind.

NUKLEINSÄURE Eine kompliziert gebaute organische Säure, die die Grundlage des Erbguts darstellt. Sie besteht aus einer langen Kette von Einheiten, die Nukleotide heißen und in zwei Fassungen vorkommen, die DNA und RNA genannt werden.

PARTHENOGENESE Fortpflanzung ohne geschlechtliche Vereinigung.

PHASENÄNDERUNG Eine Veränderung des Aggregatzustands eines Stoffes, etwa bei Übergang des Schneemanns zu Wasser, von Wasser zu Wasserdampf oder von Eis zu Dampf.

PHEROMON Ein von einem Tier abgegebener chemischer Stoff, der das Verhalten anderer Tiere beeinflusst.

PHOTOSYNTHESE Wohl die wichtigste irdische chemische Reaktion, die es Weihnachtsbäumen und anderen Pflanzen ermöglicht, Sonnenenergie aufzunehmen und sie in eine Form umzuwandeln, die lebende Zellen erhalten kann. Das wichtigste Produkt der Photosynthese, die sich in sogenannten Chloroplasten abspielt, ist die chemische Substanz Adenosintriphosphat, der Brennstoff aller Zellaktivitäten. Dessen Energie wird von Geschöpfen auf einer höheren Stufe der Nahrungskette genutzt, etwa von Menschen.

POLYMERE Ungeheuer vielseitige Moleküle, die sich überall in der Natur finden, aber auch synthetisierte Verbindungen, die viele kommerzielle Anwendungen finden. Polymere bestehen aus langen Atomketten; ihre Vielseitigkeit beruht auf Unterschieden in der Art, Zahl und Anordnung dieser Atome. Die Kettenglieder sind kleine Einheiten oder Monomere. Beispiele für Polymere sind Lignin (die Fasern des Weihnachtsbaums), Kartoffelstärke und die Zellulose im Geschenkpapier. Ein besonders wichtiges Polymer ist DNA, die genetische Blaupause der Lebewesen.

PROTEIN   Eine Klasse großer Moleküle, die in Lebewesen gefunden werden und aus Strängen von Aminosäure bestehen, die zu komplexen, aber wohldefinierten dreidimensionalen Strukturen gefaltet sind. Die Proteine Myosin und Aktin bilden die Fasern, die den Muskeln der Weihnachtsgans ihre Beschaffenheit verleihen.

QUANTENTHEORIE   Die revolutionärste wissenschaftliche Theorie des Jahrhunderts, die auf Laser, Mikroelektronik und Weihnachtskerzen angewandt werden kann. Sie wurde 1900 von Planck begründet und bis 1928 insbesondere auch von Göttinger Physikern entwickelt, die erkannten, dass die früheren «klassischen» Theorien nicht für subatomare Teilchen gelten, weil Energie sich auf dieser mikroskopischen Ebene in plötzlichen winzigen Sprüngen (Quantensprüngen) ändert. Diese Elektronensprünge lassen sich in Kerzenflammen und Feuerwerken beobachten. Rot entspricht einem kleinen Quantensprung und blau einem relativ großen.

REAKTION   In der Chemie die Verbindung oder Trennung von Atomen oder Molekülen, wobei sich chemische Veränderungen einstellen.

RELATIVITÄTSTHEORIE   Diese Theorie beschäftigt sich mit den Begriffen Raum, Zeit und Materie und wurde von Albert Einstein (1897–1955) in Verallgemeinerung von Gedanken entwickelt, die von Isaac Newton stammen. Die von der Relativitätstheorie vorhergesagten Wirkungen liegen an den Grenzen unserer Erfahrung, in den Bereichen des ganz Kleinen, des ganz Schnellen, des ganz Großen und des ganz Schweren. Die 1905 veröffentlichte *Spezielle Relativitätstheorie* geht von der Annahme aus, dass die Lichtgeschwindigkeit und die Naturgesetze für Beobachter, die sich relativ zueinander mit konstanter Geschwindigkeit bewegen, dieselben – also invariant – sind.

Die ein Jahrzehnt später veröffentlichte *Allgemeine Relativitätstheorie* verallgemeinert diese Sichtweise weiter darauf, dass die Naturgesetze für alle Beobachter gelten sollen, unabhängig davon, wie sie sich relativ zueinander bewegen. Einstein stellte sie auf, als er erkannte, dass ein von einem Dach fallender Mann sein eigenes Gewicht nicht fühlen würde; diese Theorie sieht die Schwerkraft nicht wie Newton als eine Kraft, sondern als die Krümmung der Raumzeit, als vierdimensionale Mischung von Raum und Zeit. Möglicherweise liefert diese Theorie die Erklärung dafür, wie zu Weihnachten alle Weihnachtsgeschenke gleichzeitig geliefert werden können.

REZEPTOREN Auslöser in den Membranen unserer Zellen, die die Wirkung von Drogen ermöglichen. Hormone und Drogen sind wie Schlüssel, die zu den Schlössern der Rezeptoren passen. Wenn eine Chemikalie einen bestimmten Rezeptor aktiviert, löst dieser eine bestimmte Reaktion aus. Beispielsweise aktivieren Geschlechtshormone ihre Rezeptoren, die dann bestimmen, ob aus einem befruchteten Ei ein Junge wird oder ein Mädchen. Das lokal wirkende Hormon Prostaglandin sendet die Botschaft, Fett zu speichern, indem es an einen Rezeptor andockt, wenn wir an Weihnachten zu viel essen.

RNA (Ribonukleinsäure) Das genetische Material, das die DNA in Proteine übersetzt. In einigen Viren ist es auch das wichtigste Erbgut.

SCHNEE Niederschlag in Form kleiner Eiskristalle, die einzeln oder in wirren Ansammlungen, sogenannten Flocken, fallen können. Die Kristalle bilden sich in Wolken aus Wasserdampf.

SPIELTHEORIE Ein Zweig der Mathematik, der sich mit solchen strategischen Problemen beschäftigt, wie sie sich im Geschäftsleben, im Handel, bei der Evolution und bei der Kriegsführung ergeben, wenn man annimmt, dass die daran Beteiligten unweigerlich versuchen zu gewinnen. Zu ihrem Anwendungsbereich gehört auch der weihnachtliche Geschenkekauf.

STATISTISCHE MECHANIK Der Zweig der Physik, der sich bemüht, die Eigenschaften makroskopischer Systeme (also solcher, die groß genug sind, um mit dem bloßen Auge gesehen zu werden) durch ihre atomaren und molekularen Bestandteile und ihre Wechselwirkungen auszudrücken.

SUPERCOMPUTER Die schnellste, leistungsfähigste Form eines Computers.

TERA Eine Vorsilbe, die die Multiplikation mit einer Billion bedeutet.

THERMODYNAMIK Die Wissenschaft von Wärme und Arbeit.

UPC Die auf der Erde allgegenwärtigste Form weißer und schwarzer Streifen. Das Kürzel steht für Universal Product Code, besser bekannt als Strichcode. Das Muster von Strichen und Zwischenräumen lässt sich mit einem Tastgerät ablesen, was in Verbindung mit einem Computer heute im Handel gebräuchlich ist, um einen Überblick über den Lagerbestand von Lebensmitteln, Büchern oder Schallplatten zu ermöglichen und um sicherzustellen, dass der alljährlich zu Weihnachten steigende Bedarf befriedigend gedeckt werden kann.

VERNETZUNG   Der Vorgang, der eine Gans zäh werden lässt; dazu gehört die Bildung von Nebenverbindungen zwischen unterschiedlichen Ketten in einem Polymer, wie bei den Proteinen im Fleisch.

VIRTUELLE REALITÄT   Eine hochentwickelte Form der Computersimulation, bei der der Teilnehmer in eine künstliche Umwelt eintaucht.

VIRUS   Kleinster Krankheitsüberträger. Viren bestehen aus einem Stück des Erbguts, das von Protein umgeben ist und das einen Durchmesser von 15 bis 300 Nanometer hat (ein Nanometer ist ein Tausendmillionstel eines Meters). Viren verursachen viele der Krankheiten, wie Grippe und Schnupfen, die Menschen oft um Weihnachten herum plagen. Es ist umstritten, ob Viren Lebewesen sind, denn sie können sich nur fortpflanzen, wenn sie die molekulare Maschinerie anderer Zellen überfallen und besetzen (sie tun das, indem sie unsere Zellen mit ihrem genetischen Code «umprogrammieren» und in Virenfabriken verwandeln). Obwohl es sichere und wirksame Medikamente gegen Viruskrankheiten gibt, lassen sich Viren nur schwer bekämpfen, ohne auch die von ihnen parasitierten Zellen in Mitleidenschaft zu ziehen. Deshalb lässt sich eine ganz gewöhnliche Erkältung so schwer auskurieren.

WEIHNACHTEN   «Eine religiöse Feier, die sich gewöhnlich durch Völlerei und Trunkenheit, Gefühlsduselei, Schenkorgien, öde Veranstaltungen und Pflege der Häuslichkeit auszeichnet» (Ambrose Bierce).

WINTERSONNENWENDE   Der Zeitpunkt, an dem die Sonne während ihres scheinbaren jährlichen Laufs ihren tiefsten Stand, also ihre größte negative Deklination hat; auf der Nordhalbkugel ist das zum Winteranfang am 21./22. Dezember der Fall.

ZELLE   Ein diskreter, von einer Membran umgebener Teil lebender Materie, die kleinste Einheit, die unabhängig existieren kann.

ZWEITER HAUPTSATZ DER THERMODYNAMIK   Nach Meinung des Schriftstellers C. P. Snow kann sich niemand gebildet nennen, der ihn nicht kennt. Knapp gesagt stellt er fest, dass die Entropie genannte Größe in einem abgeschlossenen System nicht abnehmen kann. Weniger vornehm und «spezieller» kann man dafür sagen, dass sich Wassermoleküle in einer Pfütze nicht von selbst zu einem Schneemann zusammenfinden.

BIBLIOGRAPHIE

Addinall, Peter, «A Response to R. J. Berry on ‹The Virgin Birth of Christ›», *Science & Christian Belief*, Band 9, Nr. 1 (1997), S. 65–72.

Atkins, Peter, *Molecules*, Scientific American Library, New York 1987.

Bartos-Höppner, Barbara, *Weihnachts-ABC*, Loewes, Bayreuth 1982.

Belk, Russell, «It's the Thought That Counts: A Signed Diagraph Analysis of Gift-giving», *Journal of Consumer Research*, Band 3 (1976), S. 155–162.

Belk, Russell, «Gift-giving Behaviour», *Research in Marketing*, Band 2 (1979), S. 95–126.

Bentley, W. A., und Humphreys, W. J., *Snow Crystals*, Dover, New York 1962.

Bentley, W. A., und Perkins, G. H., «A Study of Snow Crystals», *Appleton's Popular Science*, Band 53 (1898), S. 75–82.

Berry, Sam, «A Response to P. Addinall», *Science & Christian Belief*, Band 8, Nr. 2 (1996), S. 101–110.

Berry, Sam, «The Virgin Birth of Christ», *Science & Christian Belief*, Band 9, Nr. 1 (1997), S. 73–78.

Bjorntorp, Per, «Obesity», *The Lancet*, Band 350 (1997), S. 423–426.

Blanchard, Duncan, «Wilson Bentley, Pioneer in Snowflake Photomicrography», *Photographic Applications in Science, Technology und Medicine*, Band 8, Nr. 3 (1973), S. 26–28, 39–41.

Bonython, Elizabeth, *King Cole: A Picture Portrait of Sir Henry Cole, KCB*, 1808–1882, London, Victoria and Albert Museum.

Boyer, Bryce, «Christmas Neurosis», *Journal of the American Psychoanalytic Association*, Band 3, Nr. 3 (1955), S. 467–488.

Braun, J., Glebov, A., Graham, A. P., Menzel, A., Toennies, J. P., «Structure and Phonons of the Ice Surface», *Physical Review Letters*, Band 80 (1998), S. 2638.

Bulmer-Thomas, Ivor, «The Star of Bethlehem», *Quarterly Journal of the Royal Astronomical Society*, Band 3, Nr. 4 (1992), S. 363–374.

Butts, Robert, *William Whewell's Theory of Scientific Method*, University of Pittsburgh Press, Pittsburgh 1968.

Caplow, T., «Christmas Gifts and Kin Network», *American Sociological Review*, Band 47 (1982), S. 383–392.

Carlslaw, H. S., und Jaeger, J. C., *Conduction of Heat in Solids*, Oxford University Press, Oxford 1959.

Cheal, D., *The Gift Economy*, Routledge, Chapman and Hall, New York 1988.

Chown, Marcus, «O Invisible Star of Bethlehem», *New Scientist*, Band 148, Nr. 2009/2010 (1995), S. 34−35.

Clayton, Chris, «Bethlehem's Star», *Astronomy Now* (Dezember 1996), S. 57−59.

Cullmann, Oscar, *Die Entstehung des Weihnachtsfestes und die Herkunft des Weihnachtsbaumes*, Quell, Stuttgart 1990.

Dawkins, Richard, *Unweaving the Rainbow*, Allen Lane, London 1998.

Day, Peter, und Catlow, Richard, *The Candle Revisited*, Oxford University Press, Oxford 1994.

De Courcy, Geraldine, *Christmastide in Germany*, Inter Nationes, Bonn 1957.

Dickens, Charles, *The Christmas Books*, Band I, Penguin Books, London 1985.

Dolara, P., et al., «Analgesic Effects of Myrrh», *Nature*, Band 379, Nr. 6560 (1996), S. 29.

East, Robert, *Consumer Behaviour. Advances and Applications in Marketing*, Prentice Hall, Hemel Hempstead 1997.

Emsley, John, *The Consumer's Good Chemical Guide*, W. H. Freeman, Oxford 1994.

Emsley, John, *Molecules at an Exhibition*, Oxford University Press, Oxford 1998.

Epstein, David und Raphael, «Bentley's Magnificent Obsession», *National Wildlife* (Dezember 1963/Januar 1964), S. 32−34.

Faraday, M., *The Chemical History of a Candle*, Chatto & Windus, London 1908. Deutsch: *Naturgeschichte einer Kerze*, P. Buck, Hg., Franzbecker, Bad Salzdetfurth 1980.

Ferrari d'Occhieppo, Konradin, *Der Stern von Bethlehem in astronomischer Sicht*, Gießen 1994.

Ford, Brian, «Even Plants Excrete», *Nature*, Band 323, Nr. 6090 (1986), S. 763.

Friesser, M., *Die Kometen im Spiegel der Zeiten*, Hallwag, Bern 1985.

Furnham, Adrian, «Beware of Relations Bearing Gifts», *New Scientist*, Band 120, Nr. 1, 644 (1988), S. 80.

Furst, P., «Mushrooms − Psychedelic Fungi», *The Encyclopaedia of Psychoactive Drugs*, Burke Publishing, London 1986.

Gibbs, W. W., «Übergewicht, ein Zivilisationsproblem», *Spektrum der Wissenschaft*, November 1996.

Golby, J. M., und Purdue, A. W., *The Making of Modern Christmas*, B. T. Batsford, London 1986.

Gotoda, Takanari, «Born in Summer?», *Nature*, Band 377, Nr. 6551 (1995), S. 672.

Greenberg, Leon, «Alcohol in the Body», *Scientific American*, Band 189, Nr. 6 (1953), S. 86–90.

Grimm, H.-U., *Die Suppe lügt. Die schöne neue Welt des Essens*, Klett-Cotta, 3. Aufl. Stuttgart 1997.

Hagstrom, Warren, «What Is the Meaning of Santa Claus?», *The American Sociologist*, Band 1 (1966), S. 248–254.

Halvorsen, Odd, «Epidemiology of Reindeer Parasites», *Parasitology Today*, Band 2, Nr. 12 (1986), S. 334–339.

Hapgood, Fred, «When Ice Crystals Fall from the Sky Art Meets Science», *Smithsonian*, Band 6, Nr. 10 (1976), S. 67–73.

Harding, Patrick, Lyon, Tony, und Tomblin, Gill, *How to Identify Edible Mushrooms*, HarperCollins, London 1996.

Harrison, Albert, Struthers, Nancy, und Moore, Michael, «On the Conjunction of National Holidays and Reported Birthdates: One More Path to Reflected Glory?», *Social Psychology Quarterly*, Band 51, Nr. 4 (1988), S. 365–370.

Hillier, Bevis, *Greetings from Christmas Past*, The Herbert Press, London 1982.

Holmes, Michael, «Revolutionary Birthdays», *Nature*, Band 373, Nr. 6514 (1995), S. 468.

Hughes, David, *The Star of Bethlehem Mystery*, Dent, London 1979.

Humphreys, Colin, «The Star of Bethlehem», *Science & Christian Belief*, Band 5, Nr. 2 (1993), S. 83–101.

Humphreys, Colin, und Waddington, W. G., «Dating the Crucifixion», *Nature*, Band 306, Nr. 5945 (1983), S. 743.

Keathley, D. E., «Biological Enhancement of Christmas Tree Production in Michigan», *Michigan Christmas Tree Journal*, Nr. 36 (1993), S. 38–40.

Keverne, Eric, Martel, Fran, und Nevison, Claire, «Primate Brain Evolution. Genetic and Functional Considerations», *Proceedings of the Royal Society London*, Band 262 (1996), S. 689.

Koenig, Harold, *Is Religion Good for Your Nealth?*, Haworth Press, New York 1997.

Koenig, H. G., Coehen, H. J., Blazer, D. G., et al., «Religious Coping and Depression in Elderly Hospitalized Medically Ill Men», *American Journal of Psychiatry*, Band 149 (1992), S. 1693–1700.

Koenig, H. G., et al., «Religion and Anxiety Disorder: an examination and comparison of associations in young, middleaged, and elderly adults», *Journal of Anxiety Disorders*, Band 7 (1993), S. 321–342.

Koenig, H. G., et al., «Attendance at Religious Services, Interleukin-6, and Other Biological Indicators of Immune Function in Older Adults», *International Journal of Psychiatry in Medicine*, Band 27 (1997), S. 233–250 (1997, eingereicht).

Koenig, H. G., et al., «The Relationship between Religious Activities and Blood Pressure in Older Adults», *International Journal of Psychiatry in Medicine* (1998, in Druck).

Koolman, J., Moeller, H., Röhm, K.-H. (Hg.), *Kaffee, Käse, Karies ... Biochemie im Alltag*, Wiley-VCH, Weinheim 1998.

Laroche, M., Kim, C., Saad, G., und Browne, E., «Determinants of In-Store Information Search Strategies Pertaining to a Christmas Gift Purchase» (Arbeitspapier, Concordia University, 1997).

Leader-Williams, N., *Reindeer on South Georgia*, Cambridge University Press, Cambridge 1988.

Lehmann, Hedi, *Volksbrauch im Jahreslauf*, Heimeran, München 1964.

McCullough, M. E., Larson, D. B., Koenig, H. G., Milano, M. G., «Systematic Review of Published Research on Religious Commitment and Mortality, 1967–1996», *Journal of the American Medical Association* (1997, eingereicht).

McElduff, Patrick, und Dobson, Annette, «How Much Alcohol and How Often?», *British Medical Journal*, Band 314 (1997), S. 1159–1164.

McGee, Harold, *On Food and Cooking: The Science and Lore of the Kitchen*, Collier Books, New York 1984.

Martin, W. T., «Religiosity and United States Suicide Rates, 1972–1978», *Journal of Clinical Psychology*, Band 40, Nr. 5 (1984), S. 1166–1169.

Matthews, Robert, «Odd Socks: A Combinatoric Example of Murphy's Law», *Mathematics Today*, März-April 1996, S. 39–41.

Matthews, Robert, «Hurry Up and Wait», *New Scientist* (19. Juli 1997), S. 24–27.

Mehling, Marianne, *Die schönsten Weihnachtsbräuche*, Droemer Knaur, München/Zürich 1980.

Miller, Daniel (Hg.), *Unwrapping Christmas*, Clarendon Press, Oxford 1995.

Molnar, M.R., «An Explanation of the Christmas Star Determined from Roman Coins of Antioch», *The Celator*, Band 5, Nr. 12 (1991), S. 8–12.

Molnar, M.R., «The Coins of Antioch», *Sky & Telescope*, Band 83 (1992), S. 37–39.

Molnar, M.R., «The Magi's Star from the perspective of Ancient Astrological practices», *Quarterly Journal of the Royal Astronomical Society*, Band 36 (1995), S. 109–126.

Montague, Carl, et al., «Congenital Leptin Deficiency Is Associated with Severe Early-onset Obesity in Humans», *Nature*, Band 387, Nr. 6636 (1997), S. 903–908.

Moore, Peter, «Why Be an Evergreen?», *Nature*, Band 173, Nr. 5996 (1984), S. 703.

Morris, Desmond, *Christmas Watching*, Jonathan Cape, London 1992.

Mullet, Mary B., «The Snowflake Man», *American Magazine*, Band 99 (1925), S. 28–31.

Nittmann, J., und Stanley, H.E., «The Connection between Tipsplitting Phenomena and Dendritic Growth», *Nature*, Band 321, Nr. 4/5 (1986), S. 663–668.

Nittmann, J., und Stanley, H.E., «Non-deterministic Approach to Anisotropic Growth Patterns with Continuously Tunable Morphology», *Journal of Physics A*, Band 20, Nr. 4/5 (1987), S. 1185.

North, Adrian, und Hargreaves, David, «The Musical Milieu: Studies of Listening in Everyday Life», *The Psychologist*, Band 10, Nr. 7 (1997), S. 309–312.

Ohlsson, R., Hall, K., und Ritzen, M. (Hg.), *Genomic Imprinting: Causes and Consequences*, Cambridge University Press, Cambridge 1995.

Otnes, C., Yum, Y., Lowrey, T., «Ho, Ho, Woe: Christmas Shopping for ‹Difficult› People», *Advances in Consumer Research*, Band 19, Association for Consumer Research, Provo, Utah 1992.

Oxman, T.E., Freeman, D.H., Manheimer, E.D., «Lack of social participation or religious strength and comfort as risk factors for death after cardiac surgery in the elderly», *Psychosomatic Medicine*, Band 57 (1995), S. 5–15.

Pargament, Kenneth, *The Psychology of Religious Coping: Theory, Research, and Practice*, Guilford Press, New York 1997.

Parkinson, Clarie, *Breakthroughs: A Chronology of Great Achievements in Science and Mathematics, 1200–1930*, Mansell, London 1985.

Pollay, R., «It's the Thought That Counts: a case study in Christmas excesses», *Advances in Consumer Research*, Band 14, Association for Consumer Research, Provo, Utah 1986.

Pond, C. M., Mattacks, C. A., Colby, R. H., und Tyler, N. J., «The anatomy, chemical composition and maximum glycolytic capacity of adipose tissue in wild Svalbard reindeer (*Rangifer tarandus platyrhynchus*) in winter», *Journal of the Zoological Society of London*, Band 229 (1993), S. 17–40.

Pond, C. M., *The Fats of Life*, Cambridge University Press, Cambridge 1998.

Pond, C. M., «An Evolutionary and Functional View of Mammalian Adipose Tissue», *Proceedings of the Nutrition Society*, Band 51 (1992), S. 367–377.

Pond, C. M., «The Structure and Organization of Adipose Tissue in Naturally Obese Non-hibernating Mammals», in *Obesity in Europe '93: Proceedings of the Fifth European Congress of Obesity*, J. Libbey & Co., London 1994, S. 419–26.

Pretl, George, Cutler, Winnifred, Christensen, Carol, Huggins, George, Garcia, Celso-Ramon, und Lawley, Henry, «Human Axillary Extracts», *Journal of Chemical Ecology*, Band 13, Nr. 4 (1987), S. 717–731.

Proebsting, Bill, und Montano, Jose, «Needle Abscission in Douglas Fir», *Christmas Tree Lookout*, Band 23, Nr. 2 (1990), S. 30–32.

Ridley, Matt, *The Origins of Virtue*, Viking, London 1996.

Rudgley, R., *The Alchemy of Culture*, British Museum Press, London 1993.

Samuel, Delwen, «Investigation of Ancient Egyptian Baking and Brewing Methods by Correlative Microscopy», *Science*, Band 273 (1996), S. 488–490.

Samuel, Delwen, «Archaeology of Ancient Egyptian Beer», *Journal of the American Society of Brewing Chemists*, Band 54, Nr. 1 (1996), S. 3–12.

Sansom, William, *Christmas*, Weidenfeld and Nicolson, London 1968.

Schatzman, Morton, «Does Christmas Drive You Crackers?», *New Scientist*, Band 120, Nr. 1644 (1988), S. 46–48.

Sen, S., et al., «In-vitro Micropropagation of Afghan Pine», *Canadian Journal of Forest Research*, Band 24 (1994), S. 1248–1252.

Sen, S., et al., «Micropropagation of Conifers by Organogenesis», *Plant Physiology*, Band 12 (1993), S. 129–135.

Sherry, J., und McGrath, M., «Unpacking the Holiday Presence: A Comparative Ethnography of Two Gift Stores», in: E. Hirschmann (Hg.), *Interpretive Consumer Research*, Association for Consumer Research, Provo, Utah 1989.

Simons, Paul, *Weird Weather*, Little Brown and Company, London 1996.

Singer, Charles, et al., *History of Technology*, Band 4, Clarendon Press, Oxford 1958.

Smith, Sheryl, et al., «GABA receptor alpha-4 subunit suppression prevents withdrawal properties of an endogenous steroid», *Nature*, Band 392, Nr. 6679 (1998), S. 926−930.

Smith, T. K., Musk, S. R. R., und Johnson, I. T., «Allyl isothiocyanate selectively kills undifferentiated HT29 cells in vitro and suppresses aberrant crypt foci in the colonic mucosa of rats», *Biochemical Society Transactions*, Band 24 (1996), S. 381.

Sterba, Richard, «On Christmas», *Psychoanalytic Quarterly*, Nr. 13 (1994), S. 79−83.

Stern, Kathleen, und McClintock, Martha, «Regulation of Ovulation by Human Pheromones», *Nature*, Band 392, Nr. 6672 (1998), S. 177.

Stille, Eva, *Christbaumschmuck*, 2. durchgesehene Aufl., Hans Carl, Nürnberg 1985.

Stoddard, Gloria May, *Snowflake Bentley, Man of Science, Man of God*, Concordia Publishing, St. Louis 1979.

Verhagen, Hans, et al., «Reduction of Oxidative DNA-damage in Humans by Brussels Sprouts», *Carcinogenesis*, Band 16, Nr. 4 (1995), S. 969−970.

Vines, Gail, «My Best Friend's a Brussels Sprout», *New Scientist*, Band 152, Nr. 2061 (Dezember 1996), S. 46−49.

Weber-Kellermann, Ingeborg, *Das Weihnachtsfest*, C. J. Bucher, Luzern und Frankfurt/M. 1978.

Weber-Kellermann, Ingeborg, *Saure Wochen, frohe Feste*, C. J. Bucher, München und Luzern 1985.

Yeo, Richard, *Defining Science: William Whewell, Natural Knowledge, and Public Debate in Victorian Britain*, Cambridge University Press, Cambridge 1993.

REGISTER

James Kakalios
Physik der Superhelden
Superman, Spiderman & Co – jeder kennt die Comic-Heroen mit ihren unglaublichen Fähigkeiten, die sämtlichen Naturgesetzen zu spotten scheinen. Aber tun sie das wirklich? Eine umfassende Erklärung des Superhelden-Universums aus wissenschaftlicher Sicht.
rororo 62316

Spannende Lektionen zwischen Fiktion und Wissenschaft

Andreas Eschbach
Das Buch der Zukunft
Wie sieht die Welt in hundert Jahren aus? Bestsellerautor Andreas Eschbach denkt aktuelle Entwicklungen weiter – im Klimawandel und der Bevölkerungsentwicklung ebenso wie in der Nanotechnologie. Seine Nachrichten aus der Zukunft sind ein packender Ausblick auf das, was uns wirklich bevorsteht. rororo 62357

Paul Halpern
Schule ist was für Versager
Was wir von den Simpsons über Physik, Biologie, Roboter und das Leben lernen können
Spülen die Toiletten auf der nördlichen und der südlichen Halbkugel in unterschiedliche Richtungen, wie Lisa behauptet? Oder: Woraus bestehen Kometen, wie der den Bart entdeckt? rororo 62385

Weitere Informationen in der Rowohlt Revue *oder unter* www.rororo.de